AF275392

El último latido de Laika

EUGENIO MANUEL FERNÁNDEZ

El último latido de Laika

*Animales asombrosos
en la historia y la ciencia*

GUADALMAZÁN

GUADALMAZÁN • COLECCIÓN DIVULGACIÓN CIENTÍFICA
Edición al cuidado de MARÍA VICTORIA GARCÍA ORTIZ
Director editorial ANTONIO CUESTA

www.editorialguadalmazan.com

TALENBOOK, S.L.
C/ Cervantes, 26 · 28014 · Madrid

Imprime: CPI BLACK PRINT
ISBN: 978-84-19414-40-3
Depósito Legal: M-19974-2024
Hecho e impreso en España-*Made and printed in Spain*

*Para mi hija Vega. Inquieta, observadora y
una verdadera amante de los animales.*

Índice

Prólogo

Si algo sé acerca de los nombres —y creedme si os digo que he estudiado mucho sobre el asunto— es que son trascendentales, absolutamente fundamentales. Empleamos el nombre común para identificar rápidamente el tipo de organismo que tenemos frente a nosotros, y el nombre científico para clasificarlo taxonómicamente; sin embargo, solo el nombre propio nos permite percibir la verdadera singularidad de cada individuo. En *El último latido de Laika*, Eugenio Manuel teje multitud de fascinantes historias sobre enigmáticos animales con algo en común, todos están dotados de nombre propio.

Viajar más allá de los confines de nuestro planeta de la mano —o la pata— de animales pioneros en la exploración espacial; deslumbrarnos con criaturas cuyo pelaje o plumaje desafía las normas de su especie; sacar del anonimato a aquellos que han hecho célebres a científicos de renombre; descubrir que el arte o la música no son exclusivamente humanos; ver cómo hay seres que marcaron la diferencia en conflictos bélicos; agradecer a aquellos que allanaron el camino a las investigaciones más modernas; admirar a verdaderas estrellas del cine o la televisión; romper récords imposibles para nuestra especie; otorgar nombre propio a mascotas muy famosas, y recordar y honrar a cientos de animales que nos han acompañado a lo largo de la historia... Todo esto es lo que ha logrado magistralmente el autor de este libro.

Tanto mi niño interior, como mi versión adolescente —y por supuesto mi yo adulto—, se han asombrado y han disfrutado plenamente al sumergirse en estas páginas, protagonizadas exclusivamente por animales, por muchos animales.

Eugenio Manuel se convierte en todo un Félix Rodríguez de la Fuente de la divulgación científica e histórica. Nos introduce en el emocionante universo de la zoología, de la mano de protagonistas con nombre propio. Animales que nos emocionarán, maravillarán y cautivarán; revelando la crucial importancia que, en algún momento de sus vidas, han tenido para la historia de la ciencia y para nuestra propia y bípeda historia. Disfruta de la lectura.

CARLOS LOBATO FERNÁNDEZ

Introducción

Tama fue una gata calicó que saltó a la fama al convertirse en jefa de estación en la línea Kishigawa, en la prefectura de Wakayama, Japón. La carrera de Tama despegó cuando la estación estuvo a punto de cerrar en 2004. Fue cuando Toshiko Koyama la adoptó. Gracias a su carisma y al apoyo de la comunidad, Tama fue oficialmente nombrada jefa de estación en 2007, lo cual desencadenó en Japón un fenómeno conocido como «*nekonomics*», que significa literalmente «economía del gato». Su impacto económico en la región y su popularidad llevaron a su ascenso como «superjefa de estación» y posteriormente como «directora ejecutiva» de la empresa ferroviaria. Tras su fallecimiento en 2015, fue honrada con un funeral sintoísta y consagrada como una diosa espiritual en un santuario de gatos cercano. Lo más interesante es que ha dejado un legado perdurable en la comunidad y ha sido sucedida por su suplente, Nitama.

En el mundo animal, existen historias fascinantes que van más allá de la simple observación de la naturaleza. En este libro, nos sumergimos en un viaje extraordinario a través de doce capítulos temáticos que exploran las vidas de animales con nombre propio, que han dejado una marca indeleble en la historia y la imaginación humana. Nombres como el de Tama, con historias llenas de interés y emoción.

En el primer capítulo nos elevaremos a los cielos, pues hablaremos de animales que han estado en el espacio, como nuestra adorable Laika. En el segundo capítulo profundizamos en algo que, tal vez, nunca hayas pensado: animales albinos. El caso que te vendrá a la cabeza es el de Copito de Nieve, pero hay muchos más. No podían faltar primates, es el tema que se aborda en el capítulo tercero, con James Goodall y otras primatólogas. También debe estar presente la inteligencia animal, en la que podrás navegar a lo largo del cuarto capítulo. En el capítulo quinto nos acercamos al triste mundo de la guerra, pues hay muchos animales que han pasado a la historia por formar

El logo del Museo Tama en la estación Kishi, Wakayama, Japón, presenta a la célebre gata calicó Tama, luciendo su gorra de jefa de estación [MergeIdea].

parte del campo de batalla. En el capítulo sexto hablamos de ingeniería genética y, por supuesto, aparece la mediática oveja Dolly. El mundo pop también está vivo en nuestro libro, en el capítulo séptimo. Y el mundo de los récords animales, hay marcas de todos los tipos en el octavo capítulo. Los capítulos noveno y décimo van de la mano, donde se tratan animales asesinados y animales asesinos. ¿Y qué decir de las mascotas? En el penúltimo capítulo hablamos de las mascotas más famosas de la historia. Hay una multitud de animales que no pueden aparecer en este libro, pues sería demasiado extenso. Así que el capítulo doce es una miscelánea de animales que no quería dejar fuera.

Pero ¿cómo es que llegamos a nombrar a los animales con nombres que parecen humanos? Hay razones tan diversas como el vínculo emocional, la necesidad de identificación, su personalidad, la tradición, para facilitar la comunicación, servir como vehículo para la enseñanza de órdenes, debido al estilo de vida, la curiosidad, el sentido de pertenencia, respeto al animal, por gusto personal, sentimiento de identidad, etc. Da igual la razón, pueden existir incluso más. Todos queremos nombrar a animales que han sido importantes en nuestras vidas, aunque no sean nuestras mascotas.

Ya que hablamos de mascotas, ¿tienes una mascota a la que adoras? ¿Tuviste una que extrañas? Cuéntanos cómo le pusiste su nombre y por qué lo elegiste. En el penúltimo capítulo te animo a que compartas una fotografía en tus redes: puedes citarme y usar el *hashtag* #LaikaMascotas. En X soy @EugenioManuel, en Instagram @eugeniomafeag y en Facebook búscame por mi nombre completo.

Con este libro queremos sostener que «la muerte no es el final». Podemos rendir homenaje a cada una de las criaturas que han pasado por la Tierra. No nos olvidaremos de ellas, ni con el último latido de Laika.

COSMOPERRAS Y ASTROMONOS

«Era rusa y se llamaba Laika. / Ella era una perra muy normal.
Paso de ser un corriente animal, / a ser una estrella mundial».

Laika, Descanso dominical, NACHO CANO.

Una mirada con ojos del siglo XXI a la carrera espacial nos puede dejar una sensación agridulce: la guerra y la experimentación animal tiene mucho que ver con nuestra conquista del espacio. Si se habla de animales y viajes espaciales, rápidamente viene a nuestra mente la perra Laika, junto con su triste final. Lo que más duele es que el surgimiento de la carrera espacial no tuvo fines científicos, sino políticos. A pesar de todo, hoy tenemos un legado que ha hecho progresar al ser humano hasta el punto de tener internet en los móviles o saber si debemos llevar paraguas a la escapada del fin de semana. Sentimientos encontrados que no pueden eludirse, pero que debemos analizar desde el prisma de la ciencia, la tecnología y el progreso.

Sello postal mongol con la efigie de Laika.

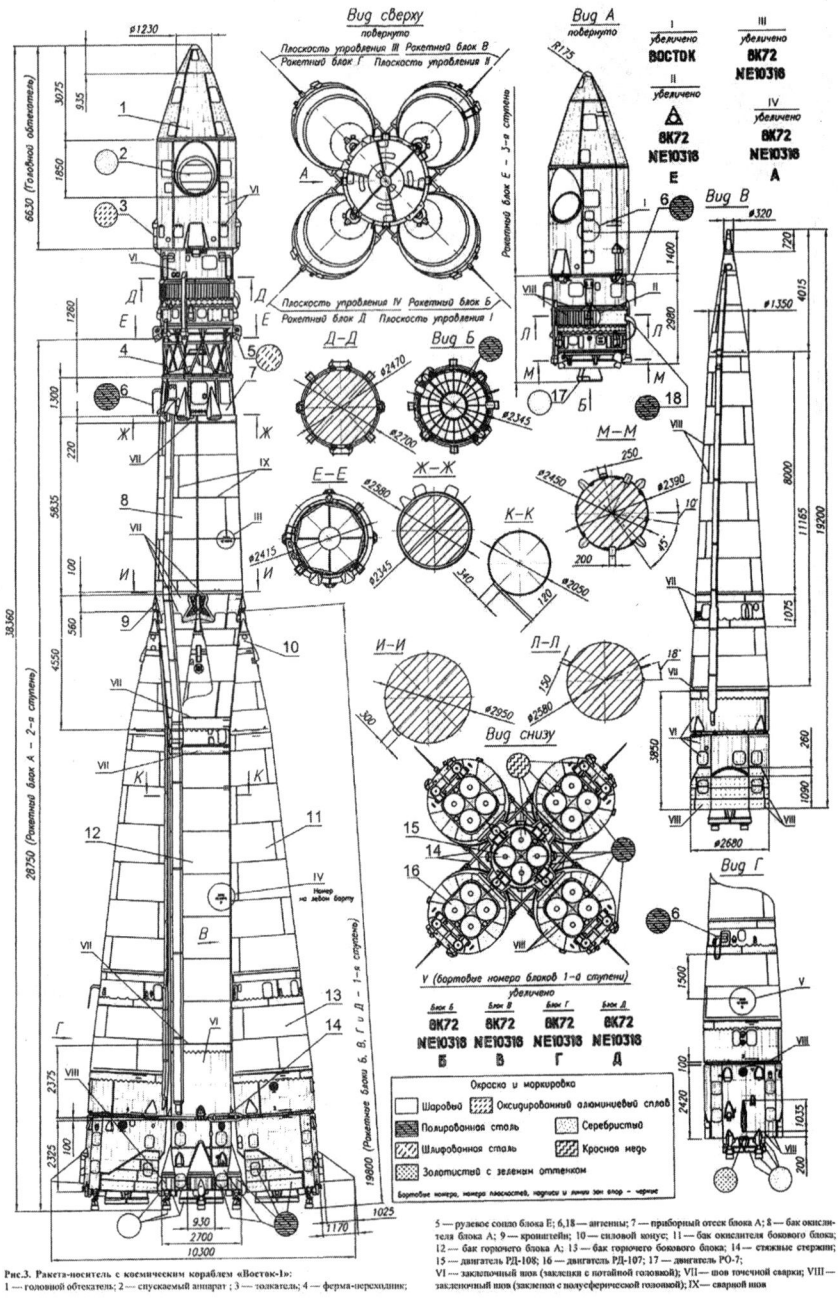

Рис.3. Ракета-носитель с космическим кораблём «Восток-1»:
1 — головной обтекатель; 2 — спускаемый аппарат ; 3 — толкатель; 4 — ферма-переходник;

5 — рулевое сопло блока Е; 6,18 — антенны; 7 — приборный отсек блока А; 8 — бак окислителя блока А; 9 — кронштейн; 10 — силовой конус; 11 — бак окислителя бокового блока; 12 — бак горючего блока А; 13 — бак горючего бокового блока; 14 — стяжные тяжени; 15 — двигатель РД-108; 16 — двигатель РД-107; 17 — двигатель РО-7;
VI — заклёпочный шов (заклёпки с потайной головкой); VII — шов точечной сварки; VIII — заклёпочный шов (заклёпки с полусферической головкой); IX — сварной шов

El R-7 Semiorka (su nombre en ruso significa «el séptimo») fue el primer misil balístico intercontinental desplegado durante la Guerra Fría, entre 1959 y 1968. Una versión modificada de este cohete se utilizó para lanzar el Sputnik, el primer satélite artificial, a la órbita terrestre. Además, el R-7 sirvió como base para el desarrollo de la familia de lanzadores soviéticos Soyuz, Molniya, Vostok y Vosjod.

DE LA GUERRA AL ESPACIO:
LA HERENCIA DE LOS MISILES

Los misiles alemanes v2 no fueron solo modelo para EE. UU., en la URSS también hicieron sus pinitos. Una vez terminada la Segunda Guerra Mundial, los soviéticos probaron los v2 capturados a los alemanes durante el conflicto. Y tras las pruebas hubo un fruto que sería, más tarde, el inicio de la conquista espacial: el misil R-1. Este misil no solo tuvo aplicaciones bélicas, sino que sufrió diversas modificaciones con varios fines científicos: investigación de la atmósfera superior, estudio de rayos cósmicos, radiación solar, investigación sobre el viento en capas superiores, estudio del espectro solar y la capa de ozono, entre otros. Por supuesto que también se destinó a lo que aquí nos atañe: transporte de cargas biológicas recuperables. Eso suena mejor que decir: pusieron animales en la ojiva de los misiles y los lanzaron a 5000 km/h.

El ingeniero Serguéi Pávlovich Koroliov fue el padre de la balística soviética de la segunda mitad del siglo XX y el impulsor de la carrera espacial rusa. No solo fue uno de los que consiguió fabricar el R-1, sino también los misiles que vendrían después, con importantes modificaciones que acabarían llevando un hombre al espacio. Al R-1 le sucedería el R-2, que tenía el doble de alcance que el v2 alemán. El alcance del R-3 se llegó a multiplicar por seis, pues si el R-2 llegaba a 550 km, el R-3 podía alcanzar bases en Inglaterra, a 3000 km. El que siguió al R-3 fue el R-5 Pobeda. En 1952 se cancela el proyecto del R-3 y se comienza el desarrollo del R-5, un cohete en una fase con un menor alcance (1200 km) pero mayor fiabilidad. Tanto el R-2 como el R-5 fueron usados para llevar animales a bordo.

Con la llegada del R-7 vendría el primer misil balístico intercontinental de la historia. Fue un verdadero fracaso como arma, entre otros, debido a su elevado coste y a su poca precisión. Solo se llegaron a mantener seis R-7 operativos en este sentido. Y menos mal, pues podía mandar cargas nucleares a Europa y

EE. UU. El verdadero éxito de los misiles R-7 fue la carrera espacial: sus modificaciones han logrado poner en órbita 1705 satélites con tan solo 76 fracasos. La vida de esta prolífica obra de ingeniería duró desde 1962 hasta 1968 y llevaría mucha carga biológica hacia el espacio. El misil balístico intercontinental R-7 fue el modelo a seguir para el desarrollo de los lanzadores Vostok, Vosjod y Soyuz.

El diseño de la Vostok 1 de Gagarin en el Museo Estatal de Historia de la Cosmonáutica Tsiolkovsky, Kaluga, Rusia.

LAS PERRAS CALLEJERAS

De forma equívoca, se ha afirmado alguna vez que Laika es el primer ser vivo en el espacio. No lo fue. Tampoco fue el primer perro. Ni siquiera el primer mamífero. Los primeros seres vivos enviados al espacio fueron moscas de la fruta (*Drosophila melanogaster*), junto con semillas de maíz (*Zea mays*), el 20 de febrero de 1947, por los norteamericanos con un misil v2 que había sido capturado como botín a los alemanes. El primer mamífero fue el macaco Rhesus (*Macaca mulatta*) Albert II. Tampoco fue Laika la primera perra en llegar al espacio de forma estricta. Esto se debe a que muchos de los vuelos suborbitales anteriores rebasaron el límite de los 100 km que nos separa, por definición, del espacio. Por tanto, fueron muchas las perras que estuvieron en el espacio antes que Laika. Y también tenían nombre propio y su lugar en la historia de la carrera espacial.

Volvamos a la URSS. En total fueron 57 los cohetes lanzados por los soviéticos con perras a bordo, aunque el número de canes fue inferior al número de lanzamientos, pues algunas repitieron viaje, a modo de cosmoperras experimentadas. Estamos hablando en todo momento de perras, no de perros, pues todos los individuos enviados fueron hembras. Y no unas perras cualesquiera: todas eran perras callejeras. ¿Por qué callejeras? Porque soportarían mejor el estrés del espacio. ¿Y por qué hembras? Debido a su temperamento más dócil y por las especificaciones técnicas de los trajes, diseñados para recoger heces u orines en caso de necesidad.

Los científicos eligieron perros porque son uno de los animales más adecuados para mantener largos periodos de inactividad, como si fuesen adolescentes en clases de Física o Matemáticas. Las perras eran sometidas a un entrenamiento específico para soportar las duras condiciones que encontrarían durante su viaje: velocidad extrema, sensación del aumento de la gravedad, ingravidez, etc. Uno de los puntos clave del entrenamiento con-

Sello postal búlgaro (1961) que muestra algunos de los
cosmocanes soviéticos [World of Stamps].

sistía en confinarlas en pequeñas cajas durante periodos de 15 a
20 días. Y no acababa ahí la preparación, pues les ponían trajes,
las metían en simuladores y eran sometidas a centrifugadoras
para emular los efectos que sufrirían sobre sus cuerpos.

No dejaban detalles desatendidos, escogiendo también con-
cienzudamente la alimentación. Se les suministraba una gela-
tina rica en proteínas y fibras que alargaba de forma temporal
las deposiciones, para así intentar evitar la expulsión de heces
durante los vuelos. Esto provocó que en torno al 60 % de las
perras sufrieran estreñimiento y cálculos biliares.

Se lograron hacer efectivos veintiocho vuelos suborbitales.
Con el misil R-1 fueron quince, entre 1951 y 1956. El misil R-2 sirvió para once misiones que elevarían a las perras hasta 200 km,
entre 1957 y 1960. En este caso, llevaban trajes de presión y esca-
fandras de cristal acrílico. Finalmente, el R-5 puso en marcha
tres vuelos, en 1958, con una altitud de 450 km.

Dezik y Tsygan (gitana en ruso) son los nombres de las primeras perras en realizar un vuelo suborbital, en agosto de 1951. Llegaron hasta una altitud de 110 km y fueron recuperadas ilesas. Sin embargo, Dezik no correría el mismo destino en el siguiente vuelo, pues fallecería junto a Lisa 1 en un maltrecho viaje en el que no se desplegó el paracaídas. Quien tuvo más suerte fue Tsygan, que sería adoptada por el científico espacial Anatoly Blagonravov, personaje clave en la cooperación internacional de los vuelos espaciales tripulados.

A estas dos pioneras les seguiría Lisa 2, Ryzhik, Smelaya y Malyshka. La siguiente sería Bolik, pero se escapó (hizo bien) y fue sustituida por ZIB, que es el «original» acrónimo de «sustituto del extraviado Bolik». A Otvazhnaya y Snezhinka las acompañó el conejo (*Sylvilagus cunicularius*) Marfusha, que significa «pequeña Marta».

Belka y Strelka regresaron con vida tras orbitar la Tierra. Una misión que validó la viabilidad de los vuelos espaciales tripulados y preparó el camino para el primer vuelo humano de Yuri Gagarin en 1961. Museo de Cosmonáutica de Moscú [Natalia Kirsanova].

Monumento a Laika en Moscú [Asetta].

UNA DECISIÓN CRUCIAL

El Sputnik 1 fue el primer satélite artificial humano en orbitar la Tierra. Fue lanzado por la Unión Soviética el 4 de octubre de 1957 ante los ojos incrédulos del mundo. Se trataba de una esfera de aluminio de unos 83 kg y 58 cm de diámetro, con cuatro largas y finas antenas de unos 2,5 m de longitud. El satélite transmitió datos de temperatura durante veintidós días antes de que sus fuentes de energía se apagaran. Realizó 1440 órbitas y luego se quemó al reingresar en la atmósfera terrestre el 4 de enero de 1958, tras 92 días en el espacio.

Pero tan solo un mes antes de que el Sputnik 1 ocupara las portadas de los periódicos mundiales, el primer ministro soviético, Nikita Jrushchov, hacía una petición asombrosa a Vladimir Yazdovsky: desarrollar y construir un segundo modelo de Sputnik y tenerlo preparado para su lanzamiento de cara a la conmemoración del 40 aniversario del inicio de la Revolución bolchevique. Pero esta vez con un animal a bordo. La fecha clave era el 7 de noviembre de 1957, por lo que tenían menos de un mes para desarrollarlo. El Sputnik 2 construido fue una cápsula cónica de cuatro metros de alto con una base de 2 m de diámetro y más de 500 kg de masa, es decir, seis veces más que su predecesor. Albergaba varios compartimentos destinados a alojar transmisores de radio, un sistema de telemetría, una unidad programable, un sistema de control de regeneración y temperatura en cabina e instrumental científico. En una cabina sellada y separada del resto viajaría el primer ser vivo terrestre que orbitaría la Tierra, la simpática y adorable perra Laika.

UNA LADRADORA UNIVERSAL

Laika llegó al estrellato tras una selección de entre diez perras de la calle. Era una perra mestiza de 5 kg, posiblemente un cruce de *husky* y *terrier* o *spitz*. Tendría unos tres años. El equipo tecnocientífico ruso le dio varios apodos: Kudryavka («rizadita»), Zhuchka («bichito»), y Limonchik («limoncito»). Aunque fue Laika («ladradora») el nombre que tomó más atención popular, la prensa norteamericana la apodó Muttnik, como un juego de palabras con el satélite Sputnik («*mut*» es uno de los términos que se usan para perros mestizos). Laika era extremadamente dócil y nunca se peleaba con otros perros, por lo que no le fue difícil entrar en esa primera selección de diez cosmoperras. «Laika era tranquila y encantadora», llegó a decir el Dr. Vladimir Yazdovsky, el encargado de la dirección del programa de perros de prueba utilizados en cohetes.

La selección debía continuar, no podían quedarse con diez perras para un solo vuelo. Quedaron tres de estas diez después de un primer filtro: Albina, Mushka y Laika. Albina fue la perra suplente, Mushka la perra destinada a pruebas tecnológicas y Laika la elegida para ser el primer ser vivo terrestre puesto en órbita por seres humanos. La elegida para hacer un viaje de ida, pero no de vuelta. Esa era la realidad: los ingenieros sabían subir a Laika, pero no bajarla. Según declaró uno de los técnicos que preparó la cápsula de Laika: «después de la colocación de Laika en el contenedor y antes de cerrar la escotilla, le besamos la nariz y le deseamos buen viaje, sabiendo que no iba a sobrevivir al vuelo». Era la primera vez que se enviaba un animal a realizar órbitas a la Tierra. Se sabía tan poco acerca de los efectos sobre el organismo que no albergaban ninguna esperanza de su bienestar, pero sí tenían la certeza absoluta sobre su muerte.

«Quería hacer algo bueno por ella, ya que le quedaba muy poco tiempo de vida», dijo el Dr. Vladimir Yazdovsky años después de la tragedia, quien se la llevó a casa unos días para que jugase con sus hijos. La conciencia de Yazdovsky pedía una despedida digna para esta adorable perrita universal.

Laika sería enviada a orbitar la Tierra a bordo de la nave Sputnik 2 el 3 de noviembre de 1957, aunque fue situada en su cámara tres días antes del lanzamiento. La cápsula de Laika estaba equipada con un dispositivo de absorción de dióxido de carbono, un generador de oxígeno y un ventilador que debía saltar si la temperatura subía a 15 °C. Laika tenía comida en abundancia, en forma gelatinosa, para siete días, además de una bolsa para recoger los residuos. Los arneses se colocaron para poder restringir sus movimientos, pues en la cápsula no había espacio para dar vueltas. Podían monitorizar la frecuencia cardíaca, la frecuencia respiratoria, la presión arterial y los movimientos de Laika. Para tomar estas constantes, Yazdovsky y Gazenko realizaban una cirugía en las perras para conectar los cables de los transmisores. Ciborgs perrunos del siglo xx.

El ritmo respiratorio de Laika aumentó de tres a cuatro veces lo normal tras el lanzamiento, mientras que su frecuencia cardiaca subió a más del doble, de 103 a 240 latidos por minuto. Una vez en órbita, se desprendió parte del aislamiento térmico, por lo que el interior ascendió a 40 °C. Se necesitaron tres horas de microgravedad para bajar la frecuencia cardíaca de Laika a 102 latidos por minuto, tres veces más de lo esperado durante los entrenamientos.

Aunque la pérdida de Laika generó una reacción inmediata por parte de algunas asociaciones de defensa animal, no tuvo el eco que hoy esperaríamos, pues el activismo animalista era minoritario en aquella época. La prensa norteamericana dio poca importancia al hecho de la muerte de Laika, aunque los británicos sí pusieron el grito en el cielo. Pero pasaron los años y el debate del maltrato animal fue ganando la partida en las discusiones éticas de la experimentación científica. Se comenzaron a trazar líneas rojas y los científicos del programa se mostraron arrepentidos. «Cuanto más tiempo pasa, más lamento lo sucedido. No debimos haberlo hecho... ni siquiera aprendimos lo suficiente de esta misión como para justificar la pérdida del animal», llegó a afirmar Oleg Gazenko treinta años después del sacrificio.

Realmente lo de Laika fue un sacrificio, sea por la versión oficial originaria o por la versión real que se hizo pública tantos años después. Mediante un movimiento propagandístico, los soviéticos anunciaron que Laika murió seis horas después del lanzamiento, mediante una eutanasia que evitaría el sufrimiento de una muerte por falta de oxígeno. Pero lo cierto es que Laika murió por sobrecalentamiento y estrés. «Resultó prácticamente imposible crear un control de temperatura fiable en tan poco tiempo», declaró el científico Dimitri Malashenkov —miembro del equipo del Sputnik 2— en un artículo publicado para el Congreso Mundial del Espacio de 2002, celebrado en Houston.

El Sputnik 2 realizó 2570 órbitas alrededor de la Tierra, durante 163 días, y se desintegró al entrar en contacto con la atmósfera el 14 de abril de 1958. Los ladridos de Laika se convirtieron en la estela dejada por el Sputnik 2 en su reentrada en la atmósfera.

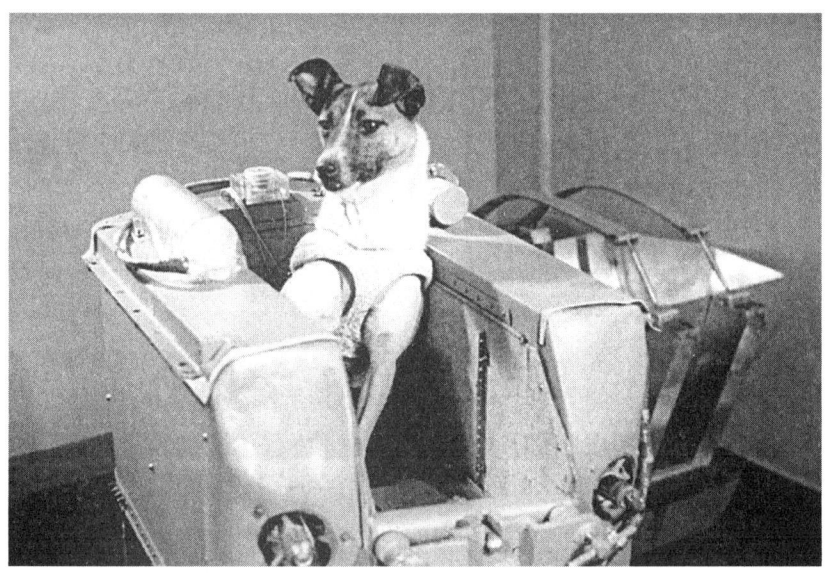

Laika, el primer animal en orbitar la Tierra.

AVENTURERAS SIBERIANAS

Damka («reina de las damas») y Krasavka («pequeña belleza») son los nombres de dos perras callejeras que vivieron una auténtica aventura siberiana. Estaba previsto que el 22 de diciembre de 1960 realizasen un viaje orbital dentro el programa Vostok, pero su misión sufrió una serie de imprevistos que lo complicaron todo. Fueron lanzadas desde el cosmódromo de Baikonur a bordo de la nave Vostok 1K. La etapa superior del cohete falló y este volvió a entrar en la atmósfera, después de alcanzar un apogeo suborbital de 214 km. El asunto tenía muy mala pinta y los ánimos no estaban muy arriba —igual que el cohete—, más teniendo en cuenta que, ese mismo verano, las perras Lisichka y Chayka habían muerto en la primera misión de la Vostok 1K. Desde entonces, para este tipo de casos, la nave debía eyectar a las perras y luego autodestruirse. Pero el sistema de eyección falló y el mecanismo de destrucción sufrió un cortocircuito. Los animales aún estaban en la cápsula cuando esta alcanzó la superficie. El mecanismo de autodestrucción de respaldo se programó para que actuase en sesenta horas.

Sesenta eran las horas que tenían para encontrar a Damka y Krasavka en el desierto más frío del planeta, a unos 3500 km del lugar del lanzamiento. Y las encontraron. Damka también era conocida como Shutka, que significa «broma» en ruso, mientras que Krasavka era conocida como Kometka, es decir, «pequeño cometa». Todo apuntaba a que Damka y Krasavka habían fallecido, pues la puerta se había congelado a -43 °C y no se escuchaban signos de vida. Sin embargo, el segundo día de búsqueda se sintieron ladridos que inflaron los ánimos de los científicos. Cuatro días después hallaron la cápsula, en la ciudad de Tura, entre los ríos Ognekte y Yukteken. Envolvieron en mantas a las perritas y acabaron sobreviviendo. Si el sistema de eyección no hubiese fallado, las perritas habrían muerto de frío. Los ratones y otros animales pequeños que las acompañaban no pudieron soportar el ambiente gélido y sí perecieron.

Se desconoce el destino de Damka, pero Krasavka fue adoptada por el científico Oleg Gazenko. Vivió catorce años y llegó a tener varios cachorros.

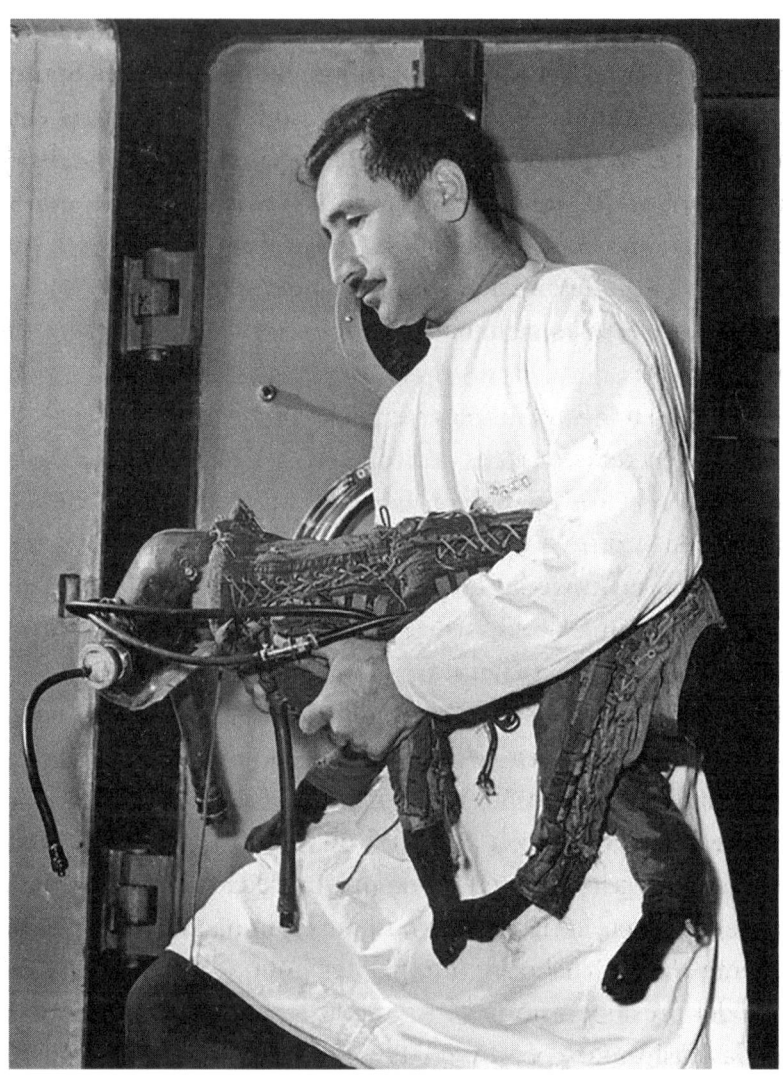

Oleg Georgievich Gazenko (1918-2007) fue un oficial militar ruso de la antigua Fuerza Aérea Soviética y directivo en el programa espacial soviético.

DE LA COSMOPERRA DE KENNEDY AL
PRIMER PASEADOR ESPACIAL

Hay dos perras que no tienen la fama universal de Laika pero que sí han pasado a la historia como las primeras en orbitar la Tierra y volver vivas. Son Belka («blanquita») y Strelka («flechita»), que giraron sobre nuestras cabezas en agosto de 1960. Lo hicieron a bordo del Korabl-Sputnik 2, llamado a veces Sputnik 5, aunque realmente el cohete era el Vostok. En concreto el vuelo número 12, ya que el 11 falló con las perras Lisichka y Chayka a bordo. Las dos perritas murieron como consecuencia de un incendio ocurrido tan solo diecinueve segundos después del lanzamiento. El cohete se desintegró en menos de treinta segundos. Sin embargo, unas semanas después, Belka y Strelka correrían mejor suerte.

Con Belka y Strelka iban un conejo grisáceo, cuarenta y dos ratones, dos ratas, plantas y hongos. Una especie de arca de Noé que trajo a la Tierra vivos a todos los individuos. Dos cámaras de televisión diseñadas por el instituto NII-380 permitieron ver a las perras en gravedad cero. A pesar de los entrenamientos, trataron de liberarse de sus arneses e, incluso, Belka llegó a vomitar en la cuarta órbita, razón por la cual se redujo a tres el número de órbitas en las misiones posteriores. Y el de Yuri Gagarin, el primer ser humano en orbitar la Tierra, a una sola órbita.

Tanto Belka como Strelka se convirtieron en estrellas mediáticas en la URSS, fueron paseadas por colegios e instituciones y nunca más participaron en una misión espacial. Strelka, por su parte, tuvo seis cachorros con un perro llamado Pushok. El presidente Nikita Jrushchov le regaló en 1961 a Caroline Kennedy, hija del presidente John F. Kennedy, una de las cachorras, llamada Pushinka («peludita»). Se cruzó luego esta con Charlie, el perro del presidente, un auténtico romance en mitad de la Guerra Fría. El presidente norteamericano escribió una carta a su homólogo con palabras familiares e, incluso, simpáticas: «la

Los cosmocanes Veterok y Ugoljok

señora Kennedy y yo estamos especialmente agradecidos por Pushinka. Su vuelo desde la URSS a EE. UU. no fue tan dramático como el viaje de su madre, aunque sí que fue un viaje largo, lo soportó bien». En la actualidad las Belka y Strelka se encuentran disecadas en el Museo de la Cosmonáutica de Moscú.

Las últimas perras del programa espacial soviético no son tan conocidas, pero también tienen sus historias. En diciembre de 1960 las perritas Pchyolka y Mushka tuvieron que ser sacrificadas en pleno vuelo. Pasaron un día en órbita a bordo del Korabl-Sputnik-3 (Sputnik 6). Luego vendría el turno de Chernushka, que fue lanzada en marzo de 1961, junto con un ratón, una cobaya e Ivan Ivanovich, el primer paseador espacial de perros. En realidad, Ivan Ivanovich era un muñeco de pruebas, como los *dummies* de los vehículos. En la reentrada, este *dummy* espacial fue eyectado y recuperado tras descender en paracaídas, mientras que Chernushka, el ratón y la cobaya eran recuperados vivos dentro de la cápsula. Pero la nave sufrió un error en la navegación que obligó a los soviéticos a destruirla de forma telemática, para que las potencias extranjeras no tuvieran la oportunidad de inspeccionarla. Con Zvyozdochka se repetiría la maniobra del muñeco, en el mismo mes de marzo de 1961. El propio Gagarin puso el nombre de Zvyozdochka, que significa «estrella». De hecho, las pruebas iban encaminadas a preparar el mítico vuelo orbital de Yuri Gagarin, el 12 de abril de 1961. Pero a los canes soviéticos aún les depararían aventuras, pues en febrero de 1966 despegaron Veterok y Ugolyok a bordo del Cosmos 110 para estar veintidós días en órbita, lo cual supone el vuelo más largo realizado por perros.

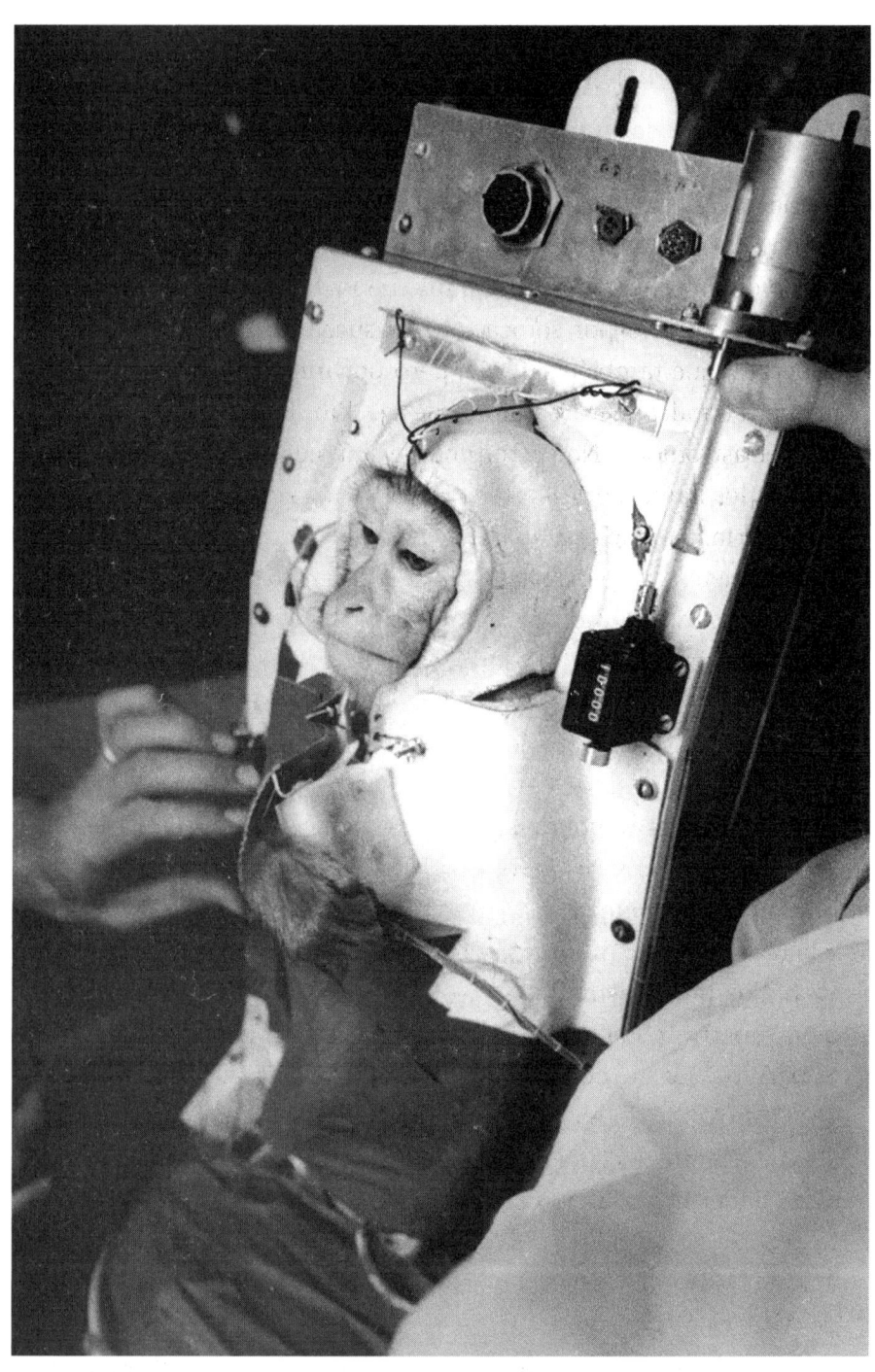

La mono ardilla Miss Baker [NASA].

ALBERT Y LOS PRIMEROS
ASTROCHIMPANCÉS DE LA HISTORIA

Vamos a EE. UU., Albert I fue un macaco Rhesus que se convirtió en el primer mono medio astronauta de la historia. Se lanzó a bordo de un cohete v2 el 11 de junio de 1948 y alcanzó una altura de 63 km. Murió por sofocación. Le sucedió un año después a Albert II, que también falleció, pero por impacto, aunque fue el primero en alcanzar una altura de 134 km. Este Albert sí fue el primer astromono. No fueron muy originales con los nombres y a todos los llamarían Albert. Albert III murió cuando el v2 que lo transportaba explotó, a una altura de 10,7 km. El primero en tripular cohetes v2 fue Albert IV, otro que pereció, esta vez al estrellarse el cohete, el 8 de diciembre de 1949. Ya en el año 1951 los primates viajarían en cohetes Aerobee. Albert V murió por un fallo en el paracaídas. Albert VI, también llamado Yorick, fue el primer primate que sobrevivió a un vuelo espacial, aunque moriría dos días más tarde del aterrizaje. Los monos Patricia y Mike viajarían con éxito por debajo de los 100 km, en el año 1952.

Los primeros seres vivos en regresar con vida del espacio a bordo de un cohete Júpiter AM-18 fueron el macaco Rhesus Able y la mono ardilla (*Saimiri sciureus*) Miss Baker, el 28 de mayo de 1958. Sus nombres representan las dos primeras letras del alfabeto fonético conjunto Ejército/Armada de los Estados Unidos. Superaron los 16 000 km/h y soportaron una aceleración de 38 g. Abble murió en el transcurso de una operación destinada a extraerle un electrodo que se le había infectado. Por su parte, Miss Baker llegaría vivo hasta noviembre de 1984, con los veintisiete años cumplidos. Able fue disecado y puede verse en el Museo Nacional del Aire y el Espacio del Instituto Smithsoniano de Aire, en Washington.

Los primates norteamericanos también saltaron al programa Mercury. Los macacos Rhesus Sam y Miss Sam volaron a bordo de dos cohetes Little Joe. Pero fue el chimpancé Ham el primero

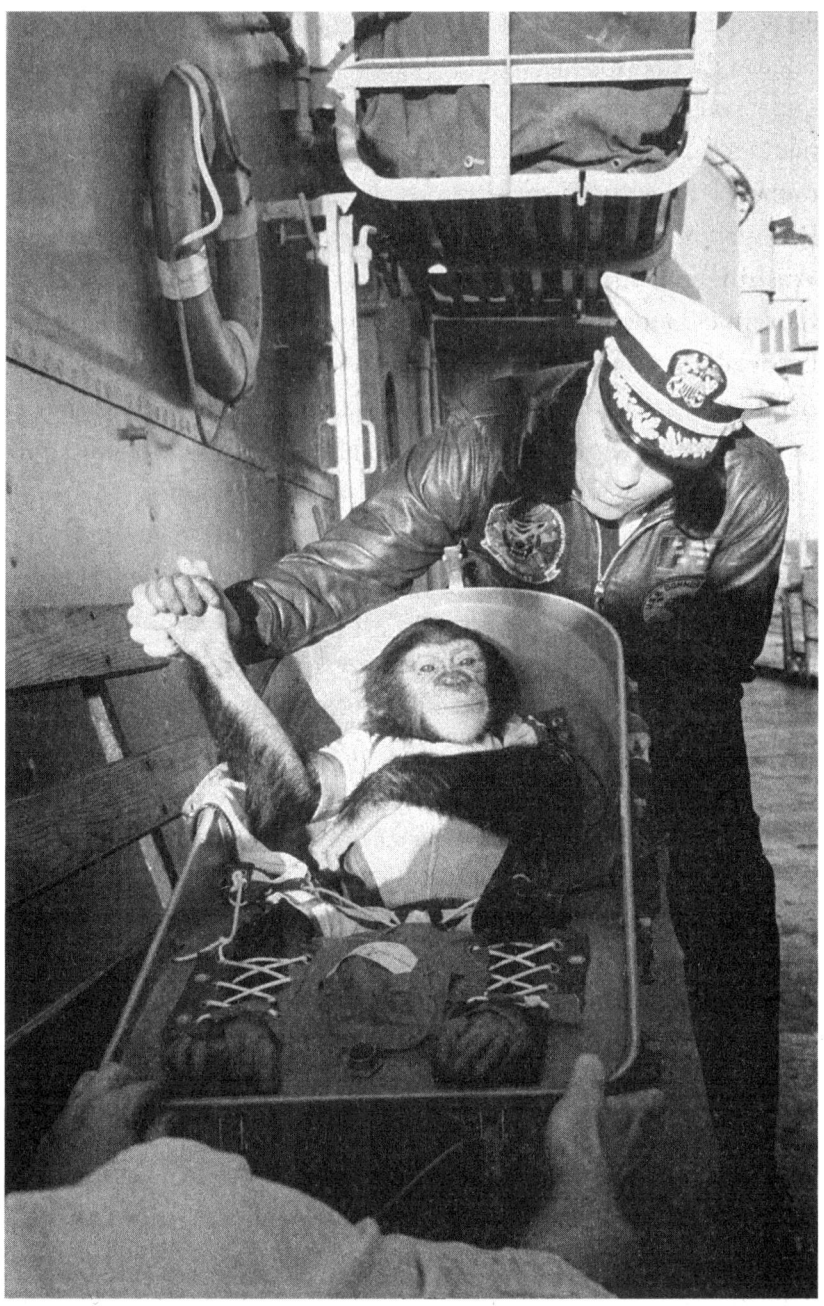

Después de su vuelo a bordo del cohete Mercury Redstone, el chimpancé Ham fue recibido con el famoso «apretón de manos» de bienvenida por el comandante del barco de recuperación. Este hecho es significativo ya que Ham fue uno de los dos primates en ser lanzado al espacio y regresar con éxito, marcando un hito en la carrera espacial [NASA].

en viajar al espacio a bordo de una nave Mercury Redstone. Fueron dieciséis minutos de vuelo, el 31 de enero de 1961, por lo que se adelantarían en diez semanas al mítico vuelo del cosmonauta Yuri Gagarin. El nombre de Ham es el acrónimo del laboratorio donde recibió su entrenamiento: Hollomans AeroMedical. Dos años después del lanzamiento se retiró en el zoológico de Washington, aunque fue trasladado en 1980 al zoológico de Carolina, donde murió en 1983. Sus restos descansan en el Paseo Espacial Internacional de la Fama, en Alamogordo, Nuevo México. Allí reza una placa: «Ham, el primer astrochimpacé del mundo».

Enos fue el segundo astrochimpancé lanzado por la NASA y el tercer homínido después de Ham y Gagarin, el 29 de noviembre de 1961. Completó 1250 horas de entrenamiento, lo cual supuso una preparación mucho más intensa que la recibida por el pionero Ham. Fue seleccionado para el vuelo del Mercury-Atlas 5 tan solo tres días antes del lanzamiento. Aunque la misión estaba destinada a cubrir tres órbitas, se canceló en la segunda debido a problemas de sobrecalentamiento y errores en el sistema de condicionamiento que expusieron a Enos a setenta y seis —innecesarias— descargas eléctricas. El vuelo del Enos no fue más que una prueba general para el lanzamiento del 20 de febrero de 1962, el que convertiría a John Glenn en el primer norteamericano en orbitar la Tierra. Enos murió el 4 de noviembre de 1962 por motivos poco espaciales y muy terrenales: una disentería.

Otras misiones norteamericanas también han llevado primates. Goliath fue un mono ardilla que murió en noviembre de 1961 sobre un cohete Atlas, y Scatback un macaco Rhesus que realizó un vuelo suborbital un mes después y falleció al desaparecer el cohete en la reentrada. En 1969, el macaco Bonny participó en la primera misión de larga duración sobre un Biosatélite 3, desde el 29 de julio hasta el 8 de julio. Murió al aterrizar. Y en 1985 todavía se hacían vuelos con primates. El Challenger llevó dos monos ardillas a otro vuelo de larga duración, pero esta vez con nombres menos afortunados, bastante prosaicos y más difíciles de recodar: Nº 3165 y Nº 384-80.

Mientras EE. UU. y la URSS jugaban a ver quién lanzaba más seres vivos al espacio, Francia levantaba con timidez la mano. En octubre de 1963 enviaron al espacio a Félicette, una gata parisina callejera, blanca y negra. Francia ya se había convertido en el tercer país en lanzar animales al espacio cuando envió a una rata llamada Hector, el 22 de febrero de 1961, desde el Sahara. Pero querían enviar mamíferos superiores. Igual que las perras soviéticas, serían entrenadas catorce gatas (*Felis catus*) para vuelos espaciales, a las cuales se les implantaban electrodos en el cráneo para monitorizar su actividad neurológica. Todas eran hembras, igual que las perras soviéticas, por su temperamento y comportamiento más tranquilo. El entrenamiento, de unos dos meses, fue similar al de los humanos y consistía en simular la fuerza centrífuga, el ruido del cohete y el confinamiento en contenedores.

Félicette, la gatanauta parisina.

El 17 de octubre, seis gatas finalistas fueron seleccionadas para el vuelo. Se eligió una gata con la designación C 341 con una suplente. Fue elegida por su comportamiento y por su pequeño peso, de 2,5 kilogramos. A los electrodos del cráneo se le sumaron otros cuatro en las patas para la telemetría de la actividad cardíaca. Dos micrófonos monitoreaban su respiración. C 341 se convertiría en Félicette y sería enviada al espacio en el cohete sonda Véronique AGI 47, otro heredero de los misiles de la Segunda Guerra Mundial. Sin embargo, este cohete fue desarrollado en el Año Geofísico Internacional, en 1957, para la investigación biológica. Félicette realizó un vuelo suborbital, de trece minutos, estando cinco minutos en ingravidez. Los paracaídas se desplegaron nueve minutos después del lanzamiento y se pudo comprobar que el ritmo cardíaco ascendió en el descenso. Los datos biológicos de la misión fueron transferidos a los medios de comunicación y bautizaron a C 341 como «Félix», en honor a la serie «Félix el gato». El Centro de Investigación y Educación en Medicina Aeronáutica (CERMA), por pura coherencia, cambió su nombre al femenino. Félicette fue rescatada por un helicóptero después de su vertiginoso descenso, sana y salva, siendo la primera gata espacial. La primera gatanauta de la historia.

Félicette fue sacrificada dos meses después para realizar investigaciones científicas. La segunda gatanauta francesa murió en la misión, pues el cohete sufrió un error en el ángulo de lanzamiento. ¿Qué pasó con las otras doce gatas? Nunca fueron gatanautas de verdad. Una de ellas empezó a tener problemas de salud por infecciones en la zona de los electrodos, por lo que se los extrajeron y fue adoptada por el grupo de investigación con el nombre de Scoubidou. Alrededor de su cuello tenía una trenza hecha con «scoubidou», el típico hilo de plástico con el que se hacen pulseras. El resto de las gatas fueron tristemente sacrificadas. Dejaron el mundo gatuno para siempre y empezaron a trabajar con monos.

BELISARIO EL RATÓN-CAÑÓN Y JUAN EL MONONAUTA

En la década de 1960 Argentina también quiso unirse a la carrera espacial mediante el proyecto BIO, de la Comisión Nacional de Investigaciones Espaciales (CNIE). Esta comisión estuvo activa desde 1960 hasta 1991, siendo entonces sustituida por la Comisión Nacional de Actividades Espaciales (CONAE). El objetivo principal del proyecto BIO era lanzar seres vivos al espacio y traerlos sanos y salvos. Y lo consiguieron. De hecho, es el cuarto país del mundo en enviar material biológico al espacio y recuperarlo con éxito.

El 11 de abril de 1967 se lanzaba a Belisario, un ratón albino (*Mus musculus*) que merece el honor de ser el primer organismo vivo lanzado en un cohete desde Argentina y ser recuperado con vida. Belisario fue seleccionado por su carácter dócil entre varios individuos con nombres curiosos: Alfa, Gamma, Alejo, Aurelio, Anastasio, Braulio, Benito, Cipriano y Coc. A Belisario lo metieron en el interior de una biocápsula acoplada al cohete Yarará, de fabricación nacional. Más que un ratonauta era un ratón-cañón que llegó a una altura de 2300 metros. Belisario tenía cinco

El ratón argentino Belisario es presentado a la prensa.

meses de edad y un peso de 170 gramos, aunque en su periplo de casi una hora perdió ocho gramos. Durante el vuelo se registraron datos cardíacos y respiratorios, además de las temperaturas externas e internas. El paracaídas se abrió a los veintiocho segundos de su ascenso vertical y se tardarían cincuenta minutos en encontrarlo. El éxito del experimento radica en que se consiguió transmitir los datos biológicos de un animal vivo en vuelo.

Belisario seguiría viviendo sano y salvo hasta el final de sus días en el Instituto de Biología Celular donde había nacido. Un mes después, su compañero Celedonio tuvo peor suerte tras el lanzamiento desde Chamical a bordo del cohete Orión II: el paracaídas se enredó en el motor y la biocápsula se precipitó al vacío.

Los argentinos no se contentaron con lanzar en cohetes a los primos de Stuart Little, quisieron hacer la prueba con mamíferos superiores. Y aquí entra en escena el mono Juan, que sería lanzado en el cohete Canopus II el 23 de diciembre de 1969. Hablamos ya de un animal de 1,4 kg y con una longitud de 45 cm. Sí, un mono pequeño, pero bastante más grande que Belisario y que alcanzaría 82 km, en los confines de la atmósfera.

RATONES EN LA LUNA

Los norteamericanos también han enviado ratones al espacio. Los más famosos son Fe, Fi, Fo, Fum y Phooey. Son los cinco ratones que fueron nombrados por la NASA como A3326, A3400, A3305, A3356 y A3352, cuatro machos y una hembra. Se eligieron de la especie *Perognathus longimembris* porque se tenían bien documentadas sus respuestas biológicas, además de por su pequeño tamaño, su facilidad de mantenimiento y su capacidad de soportar el estrés ambiental. Se les implantaron monitores de radiación bajo el cuero cabelludo para estudiar el efecto de los rayos cósmicos.

Fe, Fi, Fo, Fum y Phooey eran compañeros de viaje de Eugene Cernan, Harrison Schmitt y Ronald Evans, tripulantes de la misión Apolo 17 que decidieron cambiarles el nombre a los roedores y apodarlos de una forma más familiar y cariñosa. Los viajes que llevaron hombres a la Luna constaban siempre de tres astronautas. Mientras que dos bajaban en el módulo lunar para dar saltos por la superficie, otro se quedaba en el módulo de comando y servicio orbitando nuestro satélite para recogerlos tras su ratito de diversión. En la misión Apolo 17 fue Evans el que se quedó en el módulo de comando con los cinco ratones. Completaron juntos 75 vueltas a la Luna. Cuatro de los cinco ratones sobrevivieron a la misión y no se determinó la causa de fallecimiento del quinto. Sin embargo, los supervivientes fueron sacrificados para su estudio. Fe, Fi, Fo, Fum y Phooey demostraron que la aventura espacial no es solo para humanos. Quizás algún día veamos a un ratón paseando por la superficie de Marte. ¡Las posibilidades son infinitas!

Este sobre conmemorativo de la misión espacial Apollo 17 incluyó un error en el que se mostraban y mencionaban seis ratones, aunque en realidad solo fueron cinco los que participaron. Posteriormente se corrigió el error usando la misma ilustración pero eliminando un ratón y ajustando el texto.

COPITO DE NIEVE Y OTROS ANIMALES ALBINOS

«Más allá de un cristal, hay una montaña de carne y pelo blanco. Sentado contra una pared, está tomando el sol. La máscara facial es de un rosa humano, trabajada por las arrugas; incluso el pecho muestra una piel lisa y rosada, como la de los hombres de raza blanca».

Palomar, ITALO CALVINO.

La Sagrada Familia, la Casa Batlló, el Palau de la Música y el Camp Nou tienen en común ser considerados lugares de visita casi obligada en Barcelona. Son iconos de la ciudad, al igual que el carismático gorila Copito de Nieve que, a pesar de que murió en 2003, aún sigue viva su huella. El único gorila albino del que se tiene constancia en el mundo.

Copito de Nieve era un gorila occidental (*Gorilla gorilla*) capturado en la Guinea Española, concretamente en la selva de Nko. La Guinea Española era por entonces una colonia española, pero desde 1968 se hizo independiente y hoy es Guinea Ecuatorial. A Copito de Nieve lo encontró Benito Mañé en la provincia de Río Muni, el 1 de octubre de 1966. Lo de «lo encontró» es una forma de suavizar la historia, pues asesinaron a toda la familia del simio. Su captor lo halló agarrado con fuerza al cuerpo de su madre y lo llamó inicialmente «*Nfumu ngui*» («gorila blanco» en lengua fang) y lo tuvo cuatro días en Bata, en su propia casa.

Portada de la revista *National Geographic*, Vol 131, Nº 3,
de marzo de 1967 [Stacys book boutique].

Mañé se lo acabó vendiendo a Jordi Sabater Pi, un primatólogo español que por entonces era conservador del Centro de Experimentación Zoológica de Ikunde, como dependencia del zoológico de Barcelona. Jordi comentó en un documental que inicialmente le dijo que no le pagaría si el gorila no sobrevivía. Sabater lo bautizó «Floquet de Neu» («pequeño copo de Nieve» en catalán) y finalmente pagó por él quince mil pesetas y dos botellas de ginebra.

El estado del gorila era lamentable, pues tan solo pesaba nueve kilogramos y estaba enfermo y desnutrido. En base a la dentición tendría entre dos y tres años. Estuvo un mes en Ikunde con el profesor Sabater en un proceso de adaptación. Llegó a Barcelona en noviembre de 1966. Josep Maria de Porcioles, alcalde de Barcelona en aquel momento, le brindó una recepción oficial y lo llamó «Blancanieves». La presentación oficial a la sociedad fue el 30 de noviembre de 1966 y el *Tele/eXpres* publicó un reportaje con una foto cuyo titular era «Blancanieves ya está en el zoo». Sería tan impactante su presencia que le hicieron hasta un DNI. El nombre que le dio Sabater, Copito de Nieve, se hizo popular cuando la prestigiosa revista *National Geographic* lo presentó en su portada de octubre de 1967 con su nombre en inglés, Snowflake. El artículo estaba firmado por el profesor Arthur Riopelle, director del Centro Regional del Delta para la Investigación de los Primates de la Universidad de Tulane, en Nueva Orleans (EE. UU.) y fue titulado «*Snowflake, the world's first white gorilla*» («Copito de Nieve, el primer gorila albino del mundo»). El propio Sabater lo llamaba Copi, Floquet y, más tarde, Nfumu.

Pasó los siguientes once meses en el piso del veterinario del Zoo Roman Luera i Carbó, en la calle Urgell. Su esposa, María Gracia Palacín, fue la que hizo de madre adoptiva de Copito de Nieve durante todo este tiempo. Incluso se iría de vacaciones con la familia al Montseny y a Menorca.

Apenas unos meses después de llegar a Barcelona Sabater recibió una propuesta para la Expo de Montreal (Canadá): un millón de dólares por Copito y todos los gastos pagados del viaje para él y su familia. El cuidador declinó la oferta y se quedó en el zoológico de Barcelona. Allí se convirtió en el mayor atractivo del parque, que sufrió un aumento notorio en el número de visitantes.

Eran tan desconocedores de lo extraordinario que era que los responsables del zoo enviaron un telegrama diciendo «por favor, mande más gorilas blancos». A Copito le gustaba jugar y trepar, le encantaba el agua. Tenía una sociabilidad innata y conectó rápidamente con Muni, el primer gorila que adquirió el zoo después de él. Su vida en cautiverio hizo que estuviese en contacto permanente con gente, por lo que se convirtió en un sujeto idóneo para el estudio. Aquí solo cabe destacar que la llegada del Copito de Nieve al zoo de Barcelona marcó un antes y un después, se cometieron errores (por ejemplo, el propio recinto) que se irían solventando en generaciones futuras.

Copito de Nieve tuvo veintiún hijos de tres parejas diferentes, de los cuales seis sobrevivieron hasta la edad adulta. Ninguno de ellos fue albino, aunque todos deberían portar el gen, como veremos en seguida. Copito de Nieve y su pareja Ndengue tuvieron su primera cría en abril de 1973, pero solo sobrevivió quince días. Ndengue era su pareja preferida y tuvo con ella siete descendientes. Yuma y Bimvili son las otras dos hembras con las que tuvo familia, un total de catorce. Muchos gorilas tienen problemas de esterilidad cuando están en cautiverio, así que Copito de Nieve puede considerarse un ejemplar muy prolífico. Las tres hembras procedían, al igual que Copito, de Guinea Ecuatorial. La familia siguió creciendo y en 1999 nacieron las dos primeras nietas, Nimba y Batanga.

A raíz de los estudios realizados por el profesor Sabater y su discípula Montserrat Colell, se vio que Copito no era especialmente muy brillante, intelectualmente hablando. Es posible que el albinismo condicionara sus capacidades. Sin embargo, tenía buena salud, aunque tuvo que ponerse a dieta porque durante un tiempo presentó obesidad. Fue en 2001 cuando se le detectaron los primeros síntomas de cáncer de piel, por una úlcera en el pecho, y su salud comenzó a deteriorarse. Ese mismo año y al año siguiente fue intervenido quirúrgicamente dos veces más. Así es, en noviembre de 2002 le extirparon un tumor de la axila. En septiembre de 2003 se hizo público que Copito de Nieve iba a fallecer. A estas alturas Copito se rascaba constantemente una llaga inmensa entre el pecho y la axila derecha. En sus últimos días de vida dejó de comer y de jugar con su familia.

El 24 de noviembre de 2003 fallecía. Sufría un cáncer de piel irreversible y el empeoramiento empujó a los veterinarios a practicarle la eutanasia. En el transcurso de su última cena se le administró un sedante por vía oral. Ya dormido, se le inyectó una anestesia total para que pasara su última noche al lado de su familia. A primera hora de la mañana lo trasladaron a la clínica del zoo, donde se le aplicó la inyección letal y murió a las 6:40 h de la mañana. Su cuerpo de 1,63 m de altura fue donado a la ciencia y posteriormente incinerado, para luego ser enterrado en el parque de la Ciutadella de Barcelona. Se descartó la posibilidad de disecar a Copito, pero sí se mandó construir una estatua hiperrealista para mantener viva la llama de Copito, el gorila con melena de marfil, que durante 37 años fue un icono de la ciudad de Barcelona. En el momento de su muerte tenía entre 38 y 40 años.

Grabado del 50 aniversario de «Floquet de Neu» (Copito de Nieve).

PLATE 1.

MACACUS (MAIMON) BRACHYURUS. Tem.
WHITE MAIMON
M.Temmincks Coll.
Native of India.

Los macacos de Moor son conocidos por su pelaje oscuro, por lo que un individuo albino es particularmente notable y raro. Grabado realizado por Lizars a partir de una ilustración del coronel Charles Hamilton Smith. Esta obra apareció en la *Biblioteca del Naturalista* de William Jardine, publicada en Edimburgo en 1836.

EL LEGADO DE COPITO

El 19 de noviembre de 2003, el astrónomo español José Manteca (conocido como Pepe Manteca) descubrió un cuerpo con órbita desconocida desde el observatorio de Begas (Barcelona). Según el mismo Manteca dice en su página web, «avisado al Minor Planet Center se confirmó la roca la madrugada el día 26 de noviembre 2003 dándole el nombre provisional de 2003 WZ87». Habían pasado solo unas horas desde que la muerte de Copito de Nieve dejara una herida en la población catalana, así que el observatorio propuso llamarlo Copito, nombre que mantiene y que ha sido aceptado por el Minor Planet Center. En la actualidad está catalogado como (95962) Copito.

El nombre de Copito de Nieve ha trascendido a su propia existencia. Prueba de ello es, por ejemplo, la beca Copito de Nieve, otorgada por la Fundación Zoo de Barcelona y destinada a potenciar los proyectos de investigación sobre los primates. Fue tan fotografiado que incluso apareció en la portada del álbum *Rooty* del dúo de música dance Basement Jaxx. No fueron los únicos, el músico francés Enzo Enzo incluyó el tema «Copito de Nieve de Barcelone» en su álbum *Toutim*.

En la cultura popular ya estaba la leyenda de la existencia de gorilas blancos antes de que Copito naciera. Un ejemplo temprano es el relato *El gorila blanco*, de Elmer B. Mason, publicado en 1915 en torno a un gorila albino sagrado. En 1945 se estrenaba una película también titulada *El gorila blanco*, dirigida por Harry L. Fraser y protagonizada Ray «Crash» Corrigan. La historia va de un escurridizo y feroz simio blanco que es rechazado por los gorilas negros. Separado de su gente, se presenta solitario y enojado, combatiendo con el espalda plateada y los humanos que se encuentra por el camino. Muy alejado de nuestro dulce y sociable Copito de Nieve. *Le Gorille Blanc* fue una novela escrita por el famoso autor belga de ciencia ficción Henri Vernes, en 1957. El libro sigue las hazañas del piloto y aventurero Bob Morane y su amigo Bill Ballantine mientras viajan a África para investigar la desaparición de una expedición científica. Una vez allí, Bob y Bill se enfrentan a una serie de peligros, incluyendo animales salvajes, tribus hostiles y un misterioso gorila blanco.

En el ideario popular, los gorilas o simios blancos han sido representados como violentos, a los que hay que temer. En *Grandes misterios africanos* de Lawrence G. Green (1937) podemos encontrar el siguiente párrafo:

> «En el distrito de Upper Tano de la colonia de Costa de Oro [ahora Ghana] se investigó hace algunos años un persistente rumor nativo sobre un «hombre salvaje de los árboles». Los nativos temían los ataques de esta criatura, descrita como un gigante blanco. Mataba niños y a veces se llevaba a una mujer sobre su hombro. Un cazador blanco salió a resolver el misterio y casi pierde la vida en el intento. Se encontró cara a cara con el gorila, un espécimen de pelo blanco, y no logró matarlo con el primer disparo. Luego el gorila se abalanzó sobre él con un rugido, rompiéndole ambos brazos. Debilitado por la herida, el gorila se alejó poco después y el cazador sobrevivió».

Lo más curioso es que las leyendas sobre gorilas blancos que hay en África no existen en Guinea Ecuatorial o sus alrededores, donde fue encontrado Copito. En la película de Disney *John Carter* (2012) aparecen unos supuestos monos blancos contra los que luchan los protagonistas. Supuestos monos porque no son nada monos, son más bien unos monstruos blancos gigantescos con cuatro brazos que, una vez más, están muy alejados de la ternura que desprendía nuestro eterno Copito de Nieve.

No solo ternura, también Copito era un espejo donde mirarse. Así, Italo Calvino habla de Copito de Nieve en su novela *Palomar* (1983) para divagar sobre la soledad, el cautiverio y la muerte. El poeta Billy Collins, laureado de los Estados Unidos entre 2001 y 2003, le dedicó el poema «Buscando» en su libro *Balística* (2008):

«Recuerdo que alguien una vez admitió / que todo lo que recordaba de Anna Karenina / era algo sobre una cesta de picnic, / y ahora, después de consumir un libro / dedicado al tema de Barcelona / —su gente, su historia, su arquitectura compleja— / todo lo que recuerdo es la mención / de un gorila albino, el habitante de un parque / donde alguna vez se encontraba la Ciudadela de los Borbones. / Su pura palidez se eleva por encima / de todos los nombres y fechas notables / mientras los paseantes nocturnos se detienen ante él / y señalan para mostrar a sus hijos. / Estos lugareños lo llamaban Copito de Nieve, / y aquí ha sido mencionado nuevamente de forma impresa / en la esperanza de mantener viva su pálida llama / y ayudarlo, a pesar de su nombre, a sobrevivir / en este poema donde ha encontrado otra jaula. / Oh, Copito de Nieve, / No tenía interés en la capital de Cataluña, / —su gente, su historia, su arquitectura compleja— / no, tú eras la razón / por la que mantuve encendida mi luz hasta tarde en la noche / pasando todas esas páginas, buscándote en todas partes».

El cine finalmente ha dado una imagen agradable de Copito de Nieve y, con ella, una visión menos sensacionalista de los simios albinos. Nos referimos a la película *Copito de Nieve*, de Andrés G. Schaer y protagonizada por Claudia Abate Ortiz y Elsa Pataky. La trama de la película está algo alejada de la realidad, pues nos muestra un gorila rechazado por sus homólogos debido a su pelaje blanco. Sin embargo, Copito de Nieve no solo estuvo aceptado por todos los compañeros y compañeras que tuvo, sino que, como se ha dicho, se llegó a convertir en el espalda plateada del grupo. A pesar de todo, la película es entretenida y nos presenta la imagen más tierna de Copito de Nieve.

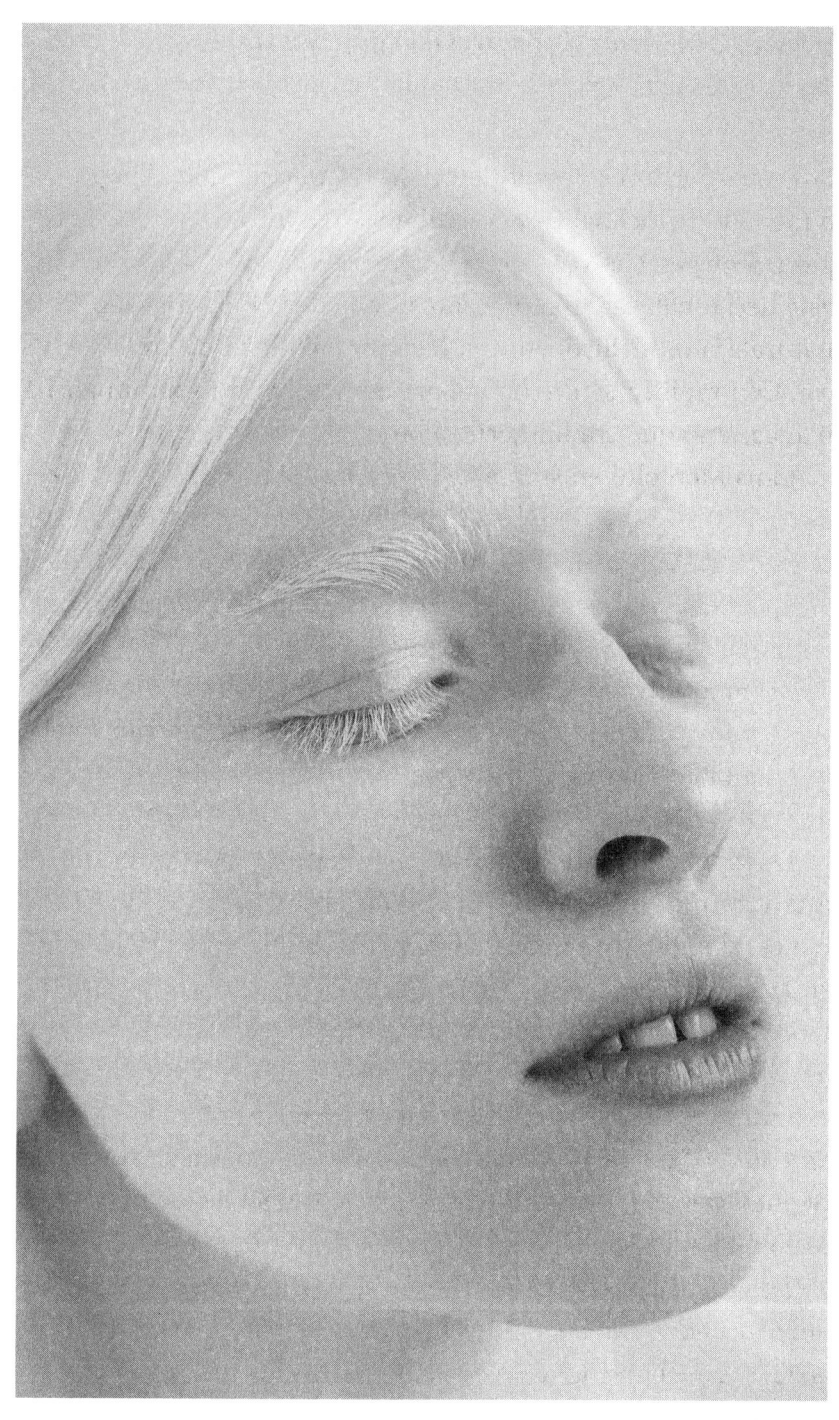

Una chica albina posa en un estudio fotográfico [Oneinchpunch].

EL ALBINISMO DE COPITO

Los investigadores descubrieron que Copito tenía mala visión y a menudo fruncía el ceño o ponía las manos a modo de visera para proteger sus ojos de la brillante luz solar. Posiblemente este hecho habría desembocado en una difícil procreación en la naturaleza o, incluso, en una baja probabilidad de supervivencia. Con rapidez se dieron cuenta de que no era solo un gorila blanco, sino que era un gorila albino.

Lluís Montoliu en su libro *Albinismo* (Alba, 2018) dice:

> «El albinismo es una condición genética (congénita, heredada) que afecta a los humanos (y al resto de animales) y que globalmente se caracteriza por alteraciones importantes en la visión que pueden, o no, aparecer asociadas a la ausencia o disminución de pigmento (melanina) en la piel, los ojos o el pelo».

Es decir, afecta al «resto de animales». En otro apartado de este capítulo ahondaremos en ello, presentando algunos animales albinos. Aquí nos centraremos en por qué se produce el albinismo y cuáles son sus consecuencias. Pero antes de todo eso sería necesario remarcar que no existe solo un tipo de albinismo, sino que hay varios tipos. ¿Qué tienen todos en común?, un importante déficit visual. ¿Qué es lo que no tienen en común?, pues que no todas las personas albinas carecen de pigmentación. A pesar de ello, el albinismo se ha estudiado tradicionalmente por esta falta o déficit de pigmentación. Las personas albinas no son enfermas, aunque se estudia dentro de las enfermedades raras dada su baja prevalencia, menos de 1 por cada 2000 personas. El albinismo es una condición genética, igual que ser alto, bajo o miope.

La melanina es el pigmento que da color a la piel. Se trata de un compuesto oscuro que solo puede producirse en las llamadas células pigmentarias. Hay dos tipos de células pigmentarias, los melanocitos —que se encuentran en la piel, el pelo, en el iris, en el oído interno e, incluso, en el corazón— y las células del epitelio pigmentado de la retina —que se encuentran precisamente en el fondo de la retina del ojo—. Los melanocitos se encuentran en la piel, el pelo, en el iris, en el oído interno e, incluso, en el corazón. El proceso de producción de melanina se llama melanogénesis y es controlado por una serie de enzimas y hormonas. Cuando los melanocitos son estimulados por la radiación ultravioleta del sol, producen más melanina para proteger la piel de los efectos dañinos de la radiación. La melanina se sintetiza a partir del aminoácido tirosina, que se convierte en dopaquinona por la acción de la enzima tirosinasa. La dopaquinona luego se convierte en diferentes formas de melanina, como la eumelanina (de color negro-marrón, es responsable del tono de piel más oscuro) o la feomelanina (amarillenta-rojiza, es responsable de tonos de piel más claros). El proceso de producción de melanina también está influenciado por factores genéticos, hormonales y ambientales, como la exposición al sol, la edad y la presencia de ciertas enfermedades. La cantidad y el tipo de melanina producida varían de una persona a otra, lo que explica las diferencias en el tono de piel y cabello.

Esquema del pigmento natural melanina $C_{18}H_{10}N_2O_4$ [IT Tech Science].

Las personas pelirrojas solo producen feomelanina, no eumelanina. Es lo que ocurre por ejemplo con los orangutanes, que además de pelaje rojizo y amarillento, tienen piel rosada o pálida, lo cual se debe a la carencia de eumelanina en su piel. La función exacta de la coloración pelirroja en los orangutanes no está clara. Se cree que puede servir de camuflaje en el dosel del bosque donde viven, o que puede ser una señal visual de su edad, salud y capacidad reproductiva para atraer parejas. Sin embargo, la coloración pelirroja también puede ser simplemente un rasgo neutral, sin ninguna función adaptativa específica. Bonnie es una orangutana famosa, hibridada de orangután de Sumatra (*Pongo abelii*) y orangután de Borneo (*Pongo pygmaeus*). Saltó a la fama porque comenzó a silbar espontáneamente al escuchar a sus cuidadores, un comportamiento poco habitual entre primates no humanos. Lady Janny es otra orangutana conocida, en este caso ha pasado a la historia por inspirar al mismísimo Charles Darwin. Su cautiverio en el zoológico de Londres se mantuvo desde noviembre de 1837 hasta su muerte, en mayo de 1839. En 1838 Darwin había regresado a Londres de su viaje en el Beagle, trabajando en sus colecciones y comenzando a desarrollar su teoría de la evolución de las especies. Era fácil humanizar a Jenny, pues se le vestía con ropa humana y se le enseñó a beber té, además de otras actividades para entretener a los visitantes. Eran otros tiempos en la gestión de los zoos, afortunadamente vivimos en una época en la que el respeto al animal es primordial. El caso es que Darwin quedó maravillado y, tras conocer y estudiar a Jenny, dijo que ningún hombre debería «alardear de su orgullosa preeminencia». Seguramente habría quedado también admirado de Ken Allen (1971-2000), «El Houdini Peludo». Ken Allen fue un orangután de Borneo residente del zoológico de San Diego que se hizo famoso por sus tres intentos de huida del recinto. Fue sacrificado por causas muy similares a las de Copito de Nieve, por un cáncer de próstata cuando tenía veintinueve años.

Dejemos de lado la feomelanina y los orangutanes para volver al albinismo. La melanina se conserva dentro de los melanosomas, unos orgánulos celulares que se forman a partir de los lisosomas, dentro de las células pigmentarias. En estos compartimentos, los melanosomas, se encuentran también todas las enzimas necesarias para la biosíntesis de la melanina. Se aísla del resto de orgánulos porque la melanina es tóxica para la célula. El albinismo se puede producir cuando falla algunas de las enzimas de los distintos pasos para la fabricación de melanina. ¿Y cuándo ocurre esto? Pues va a depender de los progenitores y de las mutaciones producidas en los genes asociados al albinismo.

Para entender bien cómo se transmite el albinismo de una generación a otra hay que recordar unos conceptos básicos de genética. Un gen es una unidad de información genética que está contenida en el ADN. Cada gen contiene información sobre una característica o rasgo específico que se expresa en un organismo. De un mismo gen se heredan dos copias, uno de cada progenitor y cada una de las maneras en que se manifiesta un gen se llama alelo. Los genes pueden ser dominantes o recesivos, dependiendo de cómo se expresan en un individuo. Esto es válido para personas o para cualquier ser vivo.

Un gen recesivo solo se expresa cuando se hereda de ambos padres. Esto significa que, si una persona hereda un solo gen recesivo de uno de sus padres y un gen dominante del otro, el rasgo asociado con el gen recesivo no se expresará en la persona, pero aún puede ser transmitido a su descendencia. La transmisión de un gen recesivo sigue las leyes de la herencia mendeliana. En general, cada persona hereda dos copias de cada gen, una de cada progenitor. Si una persona hereda dos copias del mismo gen recesivo de ambos padres, entonces el rasgo asociado con ese gen se expresará en esa persona.

La herencia del albinismo es compleja y puede variar según el tipo de albinismo y las características genéticas de los padres. En general, el albinismo es un rasgo recesivo, lo que significa que una persona debe heredar dos copias del gen recesivo asociado con el albinismo para expresar el rasgo.

Llamemos B al alelo dominante que es «no ser albino» y A al alelo recesivo «ser albino». Tenemos las siguientes combinaciones entre una pareja fértil, si relacionamos los alelos de cada progenitor:

POSIBILIDAD 1

Progenitor 1 BB & Progenitor 2 BB	
Descendencia	
BB	BB
BB	BB

Ninguno es albino

POSIBILIDAD 2

Progenitor 1 BB & Progenitor 2 BA	
Descendencia	
BB	BA
BB	BA

Ninguno es albino, pero hay una probabilidad del 50 % de ser portador del gen

POSIBILIDAD 3

Progenitor 1 BA & Progenitor 2 BA	
Descendencia	
BB	BA
AB	AA

Hay una probabilidad del 25 % de ser albino, del 50 % de ser portador y del 25 % de no ser ni portador ni albino

POSIBILIDAD 4

Progenitor 1 AA & Progenitor 2 BB	
Descendencia	
AB	AB
AB	AB

Toda la descendencia es no albina pero sí portadora

POSIBILIDAD 5

Progenitor 1 AA & Progenitor 2 BA	
Descendencia	
AB	AA
AB	AA

Hay una probabilidad del 50 % de ser albino y una probabilidad del 50 % de ser portador y no albino

POSIBILIDAD 6

Progenitor 1 AA & Progenitor 2 AA	
Descendencia	
AA	AA
AA	AA

Hay una probabilidad del 100 % de ser albino

En resumen, una individuo será albino si sus dos progenitores son albinos (Posibilidad 6), tendrá una probabilidad del 50 % de ser albino si tiene un progenitor albino y el otro es portador (Posibilidad 5) o tendrá una probabilidad del 25 % si sus dos progenitores portan una copia (Posibilidad 3).

Pero esto es una forma muy general y simplificada de verlo, pues habíamos dicho anteriormente que había muchos tipos de albinismo. El más común es el albinismo oculocutáneo de tipo 1 (OCA1) y la prevalencia mundial se estima en 1 de cada 40 000 personas. Hay hasta veinte genes cuyas mutaciones pueden causar algún tipo de albinismo, si los unimos todos, la prevalencia sube a 1 de cada 17 000 personas. En general, se distinguen dos tipos principales de albinismo en humanos: el albinismo oculocutáneo y el albinismo ocular.

— ALBINISMO OCULOCUTÁNEO (OCA): es el tipo más común de albinismo y se caracteriza por la ausencia o reducción significativa de la melanina en la piel, el cabello y los ojos. Se divide en diferentes subtipos según los genes involucrados: OCA1, OCA2, OCA3, OCA4, OCA5, OCA6, OCA7 Y OCA8.

— ALBINISMO OCULAR: se caracteriza por la ausencia o reducción de melanina en los ojos, pero no en la piel o el cabello. Este tipo de albinismo también se divide en diferentes subtipos según los genes involucrados: OA1, OA2 Y OA3.

Cabe destacar que algunos autores clasifican los distintos tipos de albinismo de manera diferente, y que existen otras clases de albinismo menos comunes o aún en investigación. Hay algunos OCA menos frecuentes que afectan a múltiples órganos (son sindrómicos, los anteriores eran no sindrómicos), tales como el síndrome de Hermansky-Pudlak (HPS, hay diez subtipos) o el síndrome de Chediak-Higashi (CHS).

El albinismo oculocutáneo de tipo 1 (OCA1), el más común, se debe a mutaciones en el gen de la tirosinasa (TYR), en el cromosoma humano 11. Sin embargo, este no es el albinismo que presentaba Copito de Nieve. En su caso se trata de OCA4, que se debe al cambio de un único aminoácido en la proteína de membrana del gen MATP (SLC45A2). Es, sin embargo, un albinismo poco habitual en humanos. El albinismo de Copito de Nieve se conoce con precisión gracias al ADN que se conserva de él. Javier Prado-Martínez es el primer firmante de un estudio liderado por investigadores del Instituto de Biología Evolutiva (CSIC-Universidad Pompeu Fabra): «The genome sequencing of an albino Western lowland gorilla reveals inbreeding in the wild». Se publicó en mayo de 2013 en la revista *BMC Genomics*, diez años después de la muerte del gorila. El estudio del genoma de Copito de Nieve reveló que sus padres posiblemente fuesen tío y sobrina, es decir, es producto de una endogamia. No fue un miembro de la casa de los Austrias, pero sí que reinó en el zoo de Barcelona.

JORDI SABATER PI: EL GENIO EN LA SOMBRA

La pasión de Jordi Sabater Pi por la naturaleza le venía de la niñez: «Recuerdo que mi padre, sensible y amante de la naturaleza, nos llevaba los días festivos de excursión por el campo en los aledaños de Barcelona. Esta práctica que incluía la observación comentada de plantas y animales fue importante en la formación de mi substrato como naturalista». Compartió treinta años de su vida con los indígenas de la etnia fang de Guinea Ecuatorial. Lo llamaban «el hombre que nunca bebe agua». Él mismo responde a este apodo: «Lo hacía para no infectarme. Bebía la savia de unas lianas que estaba muy buena». Este primatólogo español nació en Barcelona el 2 de agosto de 1922. Residió en Guinea Ecuatorial desde 1940 hasta 1969, justo después de declararse la independencia.

La realidad es que se fue a Guinea por necesidades económicas de la familia, y allí dedicó sus horas libres a estudiar el idioma indígena con la ayuda de unos manuales que le proporcionaron los religiosos de las misiones católicas francesas. Su idea inicial era hacer un estudio etnológico de los fang. A partir de su amplio epistolario, el Dr. Dietrich Stark, profesor de zoología de la Universidad de Frankfurt, le sugirió estudiar los póngidos (gorilas y chimpancés) de Río Muni. De la siguiente forma recuerda Sabater el primer contacto con su nuevo objeto de estudio: «El contacto con estos primates me impresionó mucho. Su aspecto gigante, pero apacible y humanoide, emergiendo silenciosos entre la espesura de la floresta ecuatorial, dejaron en mí una huella indeleble». A mediados de la década de los 50, el zoo de Barcelona impulsó el Centro de Adaptación y Experimentación Zoológica de Ikunde, donde Copito de Nieve pasó cuatro días junto al profesor Sabater, que era el conservador del centro. Ya en el zoo de Barcelona, Sabater continuó sus trabajos en etología, consiguiendo ser becado por National Geographic. Hasta entonces había sido autodidacta, no había pisado la universidad, pero llegó el salto hacia la vida académica como estudiante de psicología: «Cursé la carrera contento y muy motivado, tuve buenos y dialogantes profesores, con varios de los cuales establecí una estrecha relación personal y profesional que sigo manteniendo». Más adelante se convirtió en el introductor de la asignatura de etología en una universidad española. En 1981 se convirtió en doctor con su tesis «Aportación a la eto-ecología comparativa de los gorilas (*Gorilla gorilla gorilla*) y chimpancés (*Pan troglodytes troglodytes*)». Mantuvo una amplia correspondencia con Dian Fossey y Jane Goodall, y se convirtió en el primer español en especializarse en primatología.

El primatólogo barcelonés Jordi Sabater Pi.

«En la selva habría muerto antes de cumplir cinco años», decía Sabater al referirse a Copito de Nieve. La introducción de este gorila en el zoo de Barcelona es su aportación más conocida, pero no la más valiosa para la ciencia. Destaca especialmente por ser el primero en observar que los chimpancés fabricaban palos para coger termitas e ingerir cierto tipo de arena con cualidades medicinales. Otro de sus trabajos importantes es relativo a los nidos de chimpancés y gorilas. Hizo el primer estudio exhaustivo al respecto, a partir de quince variables que inciden en la nidificación, algunas de las cuales son los materiales empleados, la estructura, la técnica seguida o la postura de permanencia en los nidos.

Sabater publicó artículos en revistas importantes, pero también escribió libros para todos los públicos. Entre ellos, su autobiografía *Okorobikó* (La Magrana, 2003) y *Copito para siempre* (Península, 2003), este último con ilustraciones del propio autor. Jordi Sabater Pi falleció en su domicilio el 5 de agosto de 2009, a la edad de 87 años.

OTROS ANIMALES ALBINOS FAMOSOS

Copito de Nieve ha saltado las fronteras y, como hemos dicho, se hizo internacional cuando fue portada de *National Geographic*. Seres humanos albinos famosos hay algunos. Tal vez uno de los primeros de los que se tiene constancia sea Noé. Sí, ese, uno de los personajes más conocidos del Antiguo Testamento. Nos llega este conocimiento no a través de las Sagradas Escrituras aceptadas por las iglesias cristianas, sino por el *Libro de Enoc*, perteneciente a la Biblia de la Iglesia ortodoxa de Etiopía y de Eritrea. Teniendo en cuenta que Noé fue hijo de Lamech, leamos el siguiente pasaje del libro mencionado: «Tras un tiempo, mi hijo Matusalén tomó una esposa para su hijo Lamech. Ella quedó embarazada de él y dio a luz a un hijo que tenía la carne blanca como la nieve y roja como una rosa; el pelo de su cabeza era blanco como la lana y largo y sus ojos eran hermosos». Parece que está describiendo a un hijo albino. Dada la baja probabilidad de que eso ocurra y la sorpresa del padre, en el *Libro de Enoc* leemos luego: «Entonces su propio padre Lamech le tuvo miedo. Y marchó de allí para ver a su propio padre Matusalén y le dijo: He tenido un hijo que es diferente a los otros niños. No es humano sino que se parece a la descendencia de los ángeles, es de una naturaleza diferente a la nuestra, siendo en conjunto distinto a nosotros». Pero son los animales albinos los que nos interesan en este libro, como es el caso de Snowdrop, un pingüino que vivió desde 2002 hasta su muerte en 2004 en el zoo de Bristol.

Se conocen en torno a una docena de caimanes albinos en el mundo. Claude, nacido en 1995, es uno de ellos. Este caimán del Misisipi (*Alligator mississippiensis*) fue rescatado de la naturaleza porque su condición lo hacía susceptible. Además de no poder

Aligator americano albino [Nichole Casebolt].

camuflarse entre otros caimanes, tenía la vista muy afectada. Desde 2008 reside en la Academia de las Ciencias de California. Un año después tuvieron que amputarle un dedo de la garra derecha por la infección ocasionada a raíz de la mordedura de otro caimán. Otro ejemplo es Perl («Perla»), un caimán albino de 2,5 m que habita en Gatorland, Orlando. Este parque abrió sus puertas en 1949 y en la actualidad, entre otras actividades, ofrece espectáculos de «Gator Wrestlin». Se trata de una actividad en la que una persona trata de someter a un cocodrilo o caimán mediante el uso de técnicas de lucha y fuerza física. Esta práctica es más común en algunos lugares de Estados Unidos, donde hay una gran cantidad de cocodrilos y caimanes. Sin embargo, es importante destacar que el «Gator Wrestlin» es una actividad altamente peligrosa y cruel para los animales. Los cocodrilos y caimanes son animales salvajes que no están acostumbrados a interactuar con los humanos de manera amistosa, y suelen ser agresivos y territoriales. Además, el estrés y daño físico que pueden sufrir los animales durante este tipo de prácticas puede ser grave y duradero. Por estas razones, muchos grupos de defensa de los derechos de los animales y organizaciones medioambientales han cuestionado y criticado esta actividad, y algunos estados han prohibido la práctica del «Gator Wrestlin» por completo.

Mahpiya Ska («Nube blanca» en lengua sioux) fue una búfala blanca (*Bison bison*) que residió la mayor parte de su vida en el Museo Nacional del Búfalo, en Jamestown (Dakota del Norte). Nació en el rancho Charles Goodnight en el norte de Texas en 1996 y se unió a la manada del museo en 1997. Como en casos anteriores, tenía una visión limitada, aunque, en este caso, también era casi totalmente sorda. Aunque dio a luz varios terneros, solo uno de ellos nació totalmente blanco, en agosto de 2007, pero no era albino. Por una votación popular se le puso el nombre de Dakota Miracle. Mahpiya Ska falleció por su avanzada edad en noviembre de 2016.

Migaloo («Amigo blanco» en idioma aborigen australiano) es una ballena jorobada (*Megaptera novaeangliae*) completamente blanca. Fue vista por primera vez el 28 de junio de 1991 al este de Australia, cerca de la Byron Bay. Los análisis genéticos sobre muestras de piel mudada de Migaloo, llevados a cabo por científicos de la Universidad de Southern Cross, arrojaron que se trataba de un macho nacido en 1986. La última vez que se vio a Migaloo fue en 2020, se piensa que podría estar muerto, aunque también podría haber cambiado las rutas de migración. Es un ejemplar tan inusual que hay una legislación especial del gobierno de Queensland y Commonwealth para protegerla del acoso: todas las embarcaciones, incluidas las motos de agua, tienen prohibido acercarse a menos de quinientos metros de Migaloo y las aeronaves no pueden estar a menos de seiscientos metros. La multa por infringir esta ley es de 16 500 $. Tiene su propio sitio web en la dirección www.migaloo.com.au/home, donde se pueden consultar datos sobre su avistamiento o visitar las redes sociales de Migaloo.

Y ya que hablamos de mamíferos marinos, le toca el turno a Mocha Dick, un cachalote macho albino (*Physeter macrocephalus*) que murió en 1838. Vivió en el océano Pacífico y fue visto principalmente en las aguas cercanas a la Isla Mocha, frente a la costa central de Chile. El explorador estadounidense Jeremiah N. Reynolds publicó en 1839 su relato «Mocha Dick: o la ballena blanca del Pacífico: una hoja de un diario manuscrito», en el magazín *The Knickerbocker*. Según el relato, Mocha Dick sobrevivió a muchas escaramuzas con balleneros, hasta que finalmente lo mataron. «[...] era un viejo toro, de tamaño y fuerza prodigiosos. Por efecto de la edad, o más probablemente por un capricho de la naturaleza, como se mostró en el caso del albino etíope, resultó una consecuencia singular: ¡era blanco como la lana!». Aunque era dócil, tomaba represalias si era atacado por los arponeros. Acabó sus días con veinte arpones en su cuerpo. Un cuerpo de dieciocho metros de largo que produjo nada menos que cien barriles de aceite. Tal vez Herman Melville se inspiró en el real Mocha Dick para escribir su universal novela *Moby Dick*, en 1951.

Sigamos con los mamíferos marinos. Pinky es una hembra de delfín albino que vive en el lago Calcasieu, Luisiana. Fue vista por primera vez en 2007 por Erik Rue, el capitán de un barco, quien pudo hacer fotografías del apareamiento de Pinky. Su nombre hace referencia a su color de piel, pues es rosado. Sus vasos sanguíneos se pueden ver a través de su piel y sus ojos son rojos, signos de que es realmente albino. En 2017 se grabó un vídeo en el lago de dos delfines albinos, podrían ser Pinky y su cría. Se sabe que es un delfín de nariz de botella (*Tursiops*), pero se desconoce su especie. De hecho, hay una especie de delfines que presenta una coloración rosa, el delfín rosado del Amazonas o boto (*Inia geoffrensis*). Pero en este caso es un rosa de otra tonalidad, y la superficie dorsal es mucho más oscura, no se trata de albinismo.

Un delfín de Risso albino poco común y su compañero nadan en el Pacífico frente a las costas del centro de California [David A Litman].

Tal vez una de las historias más curiosas tenga que ver con el día de la marmota. A muchos nos viene a la mente aquella divertida película protagonizada por un desesperado Bill Murray y una encantadora Andie MacDowell. La película toma como fondo la tradición que se celebra en muchas poblaciones estadounidenses e incluso canadienses el día 2 de febrero. En el condado de Bruce, en Ontario, tenemos a Wiarton Willie, una marmota albina elegida en 1956 para predecir la finalización del invierno. Una marmota no, varias, pues todas las marmotas que desde entonces han desempeñado el papel de meteorólogas se han llamado igual, con un número de orden. Y todas son albinas, hasta llegar a Wiarton Willie V, la de 2022, que fue marrón.

Antes de ir a la última historia, dediquemos unas líneas a una liebre ibérica (*Lepus granatensis*). Se trata de un ejemplar de liebre albina que fue cazado en Cuenca. En un caso de originalidad sin igual, esta liebre era conocida en la zona como «Liebre blanca».

Me gustaría cerrar con otro simio albino, para recordar una vez más a nuestro Copito de Nieve. Alba es una orangutana de Borneo (*Pongo pygmaeus wurmbii*), el único ejemplar albino conocido del mundo. La encontraron en abril de 2017 en una jaula en la aldea Tanggirang, en la provincia de Borneo Central (Indonesia). Estaba malnutrida, estresada, deshidratada, débil y sufría una infección parasitaria. Los cuidados médicos la animaron a probar alimentos y logró ganar casi cinco kilos. La trasladaron a una zona forestal segura donde fue vista en marzo de 2020 en perfecto estado. La Fundación para la Supervivencia de los Orangutanes de Borneo (BOSF por sus siglas en inglés) lanzó una campaña para elegir un nombre. Alba tuvo más suerte que Copito, si nos fijamos en el hecho de que pudo seguir viviendo en libertad, desde el año 2018.

Louis Seymour Bazett Leakey (1903-1972) fue un paleoantropólogo y arqueólogo keniano-británico cuyo trabajo resultó esencial para demostrar que los humanos evolucionaron en África, en particular a través de los descubrimientos realizados en la garganta de Olduvai junto con su esposa, la también paleoantropóloga Mary Leakey [The Leakey Foundation].

LOS ÁNGELES DE LEAKY

«Los chimpancés, gorilas y orangutanes han vivido miles de años
en su bosque, viviendo vidas fantásticas, en entornos donde reina el
equilibrio, en espacios donde nunca se les ha pasado por la cabeza
destruir el bosque, destruir su mundo. Diría que han tenido más éxito
que nosotros en cuanto a estar en armonía con el medio ambiente».

JANE GOODALL.

Las llanuras africanas se extendían ante él, vastas y majestuosas, como si hubieran estado esperando durante siglos a que
alguien las descubriera. Louis Leakey se sentía como un intruso
en ese territorio salvaje, pero, al mismo tiempo, sabía que había
llegado al lugar que definiría su vida y carrera. Con su sombrero
de explorador, su camisa de mangas largas y sus botas de cuero,
Leakey estaba decidido a descubrir los secretos que yacían bajo
la tierra roja y en los huesos de los animales que se encontraba
en su camino. Pero lo que aún no sabía era que su trabajo también cambiaría la forma en que la humanidad entendía su propia historia y evolución. Este es el relato de un hombre obsesionado con descubrir la verdad, un arqueólogo y antropólogo que
dedicó su vida a desentrañar los misterios del pasado y a revelar
la complejidad de nuestra especie.

Louis Leakey nació en 1903 en Kabete, una ciudad cercana
a Nairobi, Kenia, cuando la región todavía era una colonia británica. Desde joven, Leakey mostró interés en la arqueología

y la paleontología y, después de estudiar en la Universidad de Cambridge, regresó a Kenia para trabajar en el Museo Nacional de Nairobi. Fue allí donde comenzó su carrera de investigación y exploración, centrada en el estudio de los antepasados humanos y otros animales prehistóricos que habían habitado la región en épocas pasadas. Leakey destacó por su innovadora técnica de excavación, que involucraba el uso de un cepillo de dientes para retirar cuidadosamente la tierra y encontrar los fósiles más delicados y frágiles. A lo largo de su carrera, dirigió numerosas expediciones arqueológicas y paleontológicas en toda África, desde Etiopía hasta Tanzania y Kenia.

La arqueóloga y antropóloga británica Mary Douglas Nicol Leakey y su marido Louis Leakey [Acc. 90-105 - Science Service, Records, 1920s-1970s, Smithsonian Institution Archives].

Uno de los mayores logros de Leakey fue el descubrimiento de varios fósiles de homínidos que se remontan a millones de años atrás, incluyendo el famoso «Niño de Turkana» o «Niño de Nariokotome», un esqueleto casi completo de un homínido juvenil que se considera uno de los ancestros más antiguos de la humanidad. Estos restos fueron descubiertos realmente por Kamoya Kimeu, un miembro del equipo de paleoantropólogos que entonces dirigía Leakey. Se trata de un individuo de *Homo ergaster* que falleció con una edad de 11 o 12 años.

Por supuesto que Leakey no trabajó solo. Louis Leakey estuvo casado con Mary Leakey, quien también fue una destacada

Sellos postales emitidos en la República Togolesa con los descubrimientos de Mary D. Leakey.

arqueóloga y paleontóloga. Mary Leakey nació en Londres en 1913 y murió en Kenia en 1996. Ella es conocida por sus importantes descubrimientos de fósiles de homínidos y su trabajo en la arqueología de la Edad de Piedra en África. Mary Leakey trabajó con Louis en la investigación de los orígenes de la humanidad, y juntos descubrieron muchos fósiles importantes en África. El 17 de julio de 1959 Mary halló el fósil «Zinj» («África»), también conocido como «Dear boy» («Querido niño») y «Nutcracker man» («Cascanueces»). Es un cráneo de *Paranthropus boisei*, aunque fue clasificado inicialmente por Louis como *Zinjanthropus boisei*.

Además de su trabajo en paleontología y arqueología, Mary Leakey fue también una talentosa ilustradora y dibujó muchos de los hallazgos que ella y su esposo realizaron. En 1972, fue nombrada Dama del Imperio Británico por sus contribuciones a la arqueología. Su trabajo ha sido fundamental para entender la evolución temprana de los homínidos y para la investigación sobre los orígenes de la humanidad.

Sello postal emitido en la República Togolesa.

LOS ÁNGELES DE LEAKEY

No es tarea de este libro focalizar más atención en la antropología y la paleontología. Estas líneas dedicadas al matrimonio Leakey nos sirven para introducir a los conocidos ángeles de Leakey, las primatólogas Jane Goodall, Dian Fossey y Birutè Galdikas. Louis estaba interesado en estudiar el comportamiento de los primates, especialmente de los grandes simios, y consideraba que estas mujeres tenían las habilidades y la pasión necesarias para llevar a cabo este trabajo de manera excepcional. Creía que el estudio de los primates era importante para entender la evolución humana y buscaba personas con un gran interés y compromiso. En su búsqueda, Leakey conoció a Goodall, Fossey y Galdikas, a quienes proporcionó apoyo financiero y logístico para realizar investigaciones sobre los chimpancés en Gombe Stream Reserve en Tanzania, los gorilas de montaña en Ruanda y los orangutanes de Borneo, respectivamente.

Los trabajos de Goodall, Fossey y Galdikas permitieron avances significativos en el campo de la primatología y ayudaron a entender mejor el comportamiento de los grandes simios, lo que ha llevado a una mejor comprensión de la evolución humana y la conservación de estas especies. En las siguientes líneas vamos a conocer algunos de los individuos con los que las tres primatólogas interaccionaron, pero en su propio hábitat.

JANE GOODALL Y LOS CHIMPANCÉS

Su nombre completo es Dame Jane Morris Goodall, y nació en Londres el 3 de abril de 1934, aunque su nombre de nacimiento fue Valerie Jane Morris-Goodall. Entre sus muchos reconocimientos, destaca que Jane es Mensajera de la Paz de las Naciones

Jane Goodall, renombrada primatóloga y conservacionista, en una conferencia sobre chimpancés el 17 de mayo de 2009 en Budapest, Hungría. Conocida por su trabajo pionero en el estudio del comportamiento de los primates del Parque Nacional de Gombe, Tanzania, Goodall ha dedicado su vida a la investigación y la defensa de la conservación de estos animales y su hábitat [Attila Jandi].

Unidas. Es conocida por su talante tranquilo, empático y respetuoso hacia los animales y las personas. Su amor por los chimpancés y su dedicación a comprender su mundo ha moldeado su forma de ser y comportarse a lo largo de los años.

Goodall ha mostrado una profunda conexión emocional con los chimpancés y una notable capacidad para comprender su comportamiento. Su enfoque se ha basado en la observación paciente y detallada, lo que le ha permitido establecer vínculos personales con los individuos que ha estudiado. Fue conocida por dar nombres a los chimpancés en lugar de asignarles números, destacando así su individualidad y personalidad única.

Además, Goodall ha manifestado una gran humildad y respeto hacia las comunidades locales, trabajando de cerca con los habitantes de las áreas donde realizaba sus investigaciones, involucrándolos en los esfuerzos de conservación y promoviendo una coexistencia armoniosa entre los humanos y los chimpancés.

Su talante ha sido perseverante y de dedicación incansable. A lo largo de los años, ha enfrentado desafíos y dificultades en su trabajo, pero nunca ha renunciado a su misión de proteger a los chimpancés y su hábitat. Su pasión y compromiso se han visto reflejados en su arduo trabajo en el campo, su defensa de los derechos de los animales y su labor en la educación y concienciación ambiental.

Jane Goodall es una figura inspiradora, capaz de transmitir su pasión y conocimiento de manera accesible y motivadora. Su enfoque naturalista y su dedicación a la investigación científica han dejado una huella duradera en el campo de la primatología y han inspirado a muchas personas a seguir sus pasos en la conservación de la naturaleza y la protección de los animales.

Cuando era pequeña recibió un chimpancé de peluche al que su padre llamó «Jubilee» («Jubileo»). Este muñeco fue fabricado para conmemorar el nacimiento del primer chimpancé en el zoológico de Londres. El trato cariñoso que procuró a Jubilee fueron las primeras líneas que se escribieron en su historia

Portada de la obra *Reason For Hope: A Spiritual Journey*, de Jane Goodall, editada en diciembre de 2004 por Grand Central Publishing. El libro narra los momentos más importantes de su vida, incluyendo su infancia en una Inglaterra devastada por la guerra, su relación con los Leakey y su innovadora investigación con los simios de Gombe. A lo largo del libro, explora temas como la fe, el amor, el misticismo, la ciencia, los orígenes del bien y del mal, la evolución y la existencia del alma y de Dios.

como primatóloga. En su libro *Reason for Hope* (*Motivo de esperanzas*) escribió lo siguiente sobre su peluche: «Las amistades de mi madre se horrorizaban con este juguete, pensando que me asustaría y me causaría pesadillas». Qué equivocadas estaban.

La forma en que Leaky y Goodall entraron en contacto fue fruto de dos pasiones de Jane. Ella estaba decidida a conocer animales de África, así que fue a visitar a una amiga a Kenia en 1957. Logró un trabajo de secretaria y, una vez establecida, se lanzó a llamar por teléfono al mismísimo Louis Leaky. Pero el paleontólogo le propuso un puesto de secretaria para él mismo, trabajo Mary Leaky aprobó. Sin embargo, al año siguiente, Jane Goodall emprendió un viaje a Londres con el propósito de estudiar la conducta de los primates. Allí tuvo la oportunidad de trabajar junto a destacados expertos en el campo, como Osman Hill en el estudio de la conducta de los primates y John Napier en la anatomía de estos animales. Este período de formación sentó las bases para su futura investigación. Entre tanto, Louis recaudó fondos y pudo enviar a Goodall a Tanzania a realizar su sueño. El 14 de julio de 1960, llegó a la Reserva de Gombe Stream, ubicada en lo que posteriormente se convertiría en el Parque Nacional Gombe Stream. Este hermoso entorno natural se convirtió en su hogar y lugar de estudio durante muchos años.

En Gombe Stream, Goodall pudo sumergirse en la fascinante vida de los chimpancés (*Pan troglodytes troglodytes*), observando de cerca sus comportamientos y relaciones sociales. Fue un momento emocionante y crucial en su carrera, ya que sería testigo de descubrimientos que desafiaron las creencias establecidas sobre la naturaleza y la inteligencia de los chimpancés. Sería allí donde comenzaría a conocer a los chimpancés por nombres propios, haciendo que pasaran a la posteridad en sus libros y artículos. En su obra *En la senda del hombre* deja claro cuáles fueron sus orígenes:

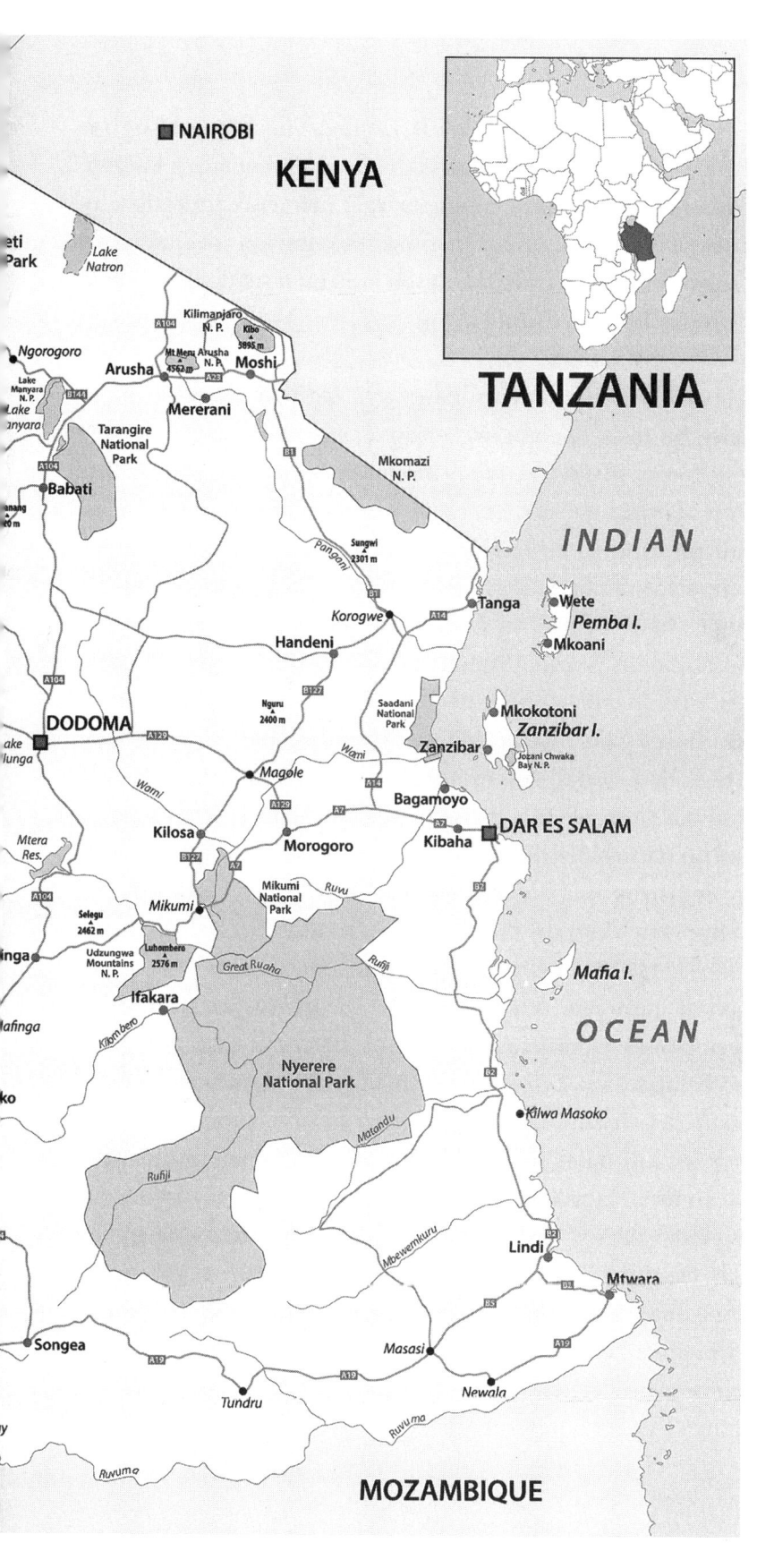

«Mi gratitud al Dr. L. S. B. Leakey. Fue él quien sugirió que yo llevara a cabo este trabajo, quien encontró los fondos necesarios para financiar mis primeras investigaciones de campo y quien hizo posible que los resultados de mis estudios se transformasen en una tesis doctoral de la Universidad de Cambridge».

Incluso a uno de los chimpancés lo bautizó con el nombre de Leaky. Su tesis se completó en 1966, supervisada por Robert Hinde y con el título *El comportamiento de los chimpancés que viven en libertad en la Reserva de Gombe Stream*. En su tesis, Goodall profundiza en sus observaciones y análisis detallados del comportamiento de los chimpancés en su estado salvaje. Su investigación se centró en la comunidad de chimpancés en el Parque Nacional Gombe Stream, donde estudió aspectos como la estructura social, la alimentación, la reproducción, las relaciones familiares y las interacciones entre individuos.

La tesis de Goodall fue innovadora y pionera en su enfoque de estudio a largo plazo y en profundidad de los chimpancés en su entorno natural. Utilizando métodos de observación sistemáticos y registros meticulosos, proporcionó una visión integral del comportamiento de los chimpancés y desafió las ideas preexistentes sobre su inteligencia y complejidad social.

Goodall también documentó los primeros avistamientos y descripciones científicas del uso de herramientas por parte de los chimpancés, lo que tuvo un impacto significativo en el campo de la primatología y en nuestra comprensión de la capacidad de los animales no humanos para utilizar herramientas.

Con su tesis, Jane Goodall sentó las bases para sus investigaciones posteriores y su destacada carrera como primatóloga. Su enfoque científico riguroso y sus descubrimientos revolucionarios continúan siendo referencias importantes en el estudio de los primates y han contribuido de manera significativa a nuestra comprensión de la vida social y el comportamiento de los chimpancés en su hábitat natural.

LOS AMIGOS DE GOODALL

Los amigos de Goodall durante sus años de estudio de campo eran los chimpancés, con nombres puestos por ella misma o personas de su equipo. En su obra *En la senda del hombre* explica que estuvo meses acercándose a los chimpancés y que estos se mostraban cautos y recelosos. «Durante más de seis meses había tratado de vencer ese temor inherente que me mostraban, temor que les obligaba a escapar cada vez que se encontraban conmigo». Pero con la paciencia del Principito ante el zorro, logró el contacto un día que recuerda con ilusión:

> «Ahora los dos machos estaban tan cerca que casi podía oír su respiración. Sin lugar a dudas, nunca me sentí más orgullosa de mí misma. Las dos magníficas criaturas que se aseaban ante mí habían, por fin, aceptado mi presencia. Yo los conocía a ambos: uno era David, el de la barba gris, el que siempre había manifestado menos miedo; el otro era Goliat, no un gigante como su nombre sugiere, pero sí poseedor de un espléndido físico y el que parecía dominar al grupo. Su negra piel resplandecía a la luz incierta del atardecer».

No fue fácil, pues los chimpancés son desconfiados con los humanos (no me extraña) y más si están en libertad. Jane incluso cuenta arrebatos que la pusieron en peligro: «Releyendo años más tarde la descripción que hice en su momento del chimpancé que me había atacado, llegué a la conclusión de que se trataba del que había bautizado con las iniciales J. B., al que reconocía fácilmente por su enorme barriga y su carácter irascible y malhumorado». Algunos miembros eran peligrosos, como es el caso de Goliat. Llegaron a construir una jaula para meterse ella y sus colaboradores dentro con el fin de observarlo sin peligro. Sin embargo, a pesar de las tendencias agresivas y a las furias repentinas, podían, en general, mantener relaciones amistosas entre ellos. Goodall se las apañó para atraer cada vez más a los individuos con ideas creativas y originales. El colocar plátanos por distintas partes fue el acicate que necesitaba para establecer lazos, aunque con mucha prudencia. Llegó incluso el momento en que comenzaron a entrar en su campamento sin temor alguno. Y todo comenzó con David:

«Quedé atónita cuando cerca de las diez de la mañana, David, el de la barba gris, pasó tranquilamente por delante de mi tienda para trepar seguidamente a la palmera. Desde mi punto de observación pude escuchar sus gruñidos de placer al extraer el primer fruto, de color rojo, de su dura cubierta. Una hora después descendió del árbol, se detuvo para mirar de hito en hito a la tienda y desapare-

Jane Goodall con el chimpacé David Greybeard [Everett Colletion].

ció. Tras aquellos primeros meses de desesperación en que los chimpancés huían al verme a quinientos metros de distancia, me encontraba ahora frente a uno que parecía sentirse en mi campamento como en su propia casa. No es extraño, pues, que no lograra dar crédito a mis ojos».

Pasó muchas horas observando a David, incluso descubrió con él que los chimpancés podían comer carne. De hecho, observó una vez cómo David devoraba los restos de un joven cerdo salvaje. Hugo, el fotógrafo que Leaky le envió un tiempo después de comenzar sus estudios, pudo incluso grabar un grupo de chimpancés comiéndose a un mono. Pero a pesar de esta faceta que nos puede parecer terrorífica, Goodall pudo estrechar los lazos con muchos individuos. Como no podía ser de otra manera, David sería el primero en algo importante. Leamos a la propia primatóloga:

«David llegó solo, mucho más tarde. Me senté a su lado mientras comía. Parecía muy tranquilo, y, después de cierto tiempo, avancé mi mano muy lentamente hacia sus hombros, iniciando un movimiento acariciador. Me rechazó, pero con tanta delicadeza que poco después hice un nuevo intento. Esta vez me permitió acariciarle durante por lo menos un minuto; entonces, retiró otra vez mi mano, siempre con suavidad. Pero lo importante era que me había permitido tocarle, que había tolerado el contacto físico con un ser humano, y que se trataba de un chimpancé macho, ya adulto, que había vivido siempre en la selva. Fue un regalo de Navidad que no olvidaré nunca».

Tal vez este sea el primer contacto directo documentado con un chimpancé en libertad. Todo un hito que marcó a Goodall para el resto de su vida. «Los chimpancés llegaron a familiarizarse con mi presencia cercana, de forma que pude permanecer con ellos más y más tiempo cada vez».

Son tantos los nombres de chimpancés que Jane Goodall ha descrito a lo largo de su vida, que resultaría imposible comentarlos todos aquí. En sus estudios ha investigado las relaciones sociales y nos ha mostrado cómo hay líderes y sumisos. Nos habla, por ejemplo, de William, un macho con un gran labio superior lleno de cicatrices y que era sumiso con otros individuos. Su comportamiento tímido también se trasladaba al campamento con los humanos.

Entre las conductas sociales a las que Goodall dio importancia, por supuesto, encontramos las relaciones entre individuos de diferente sexo. Y dentro de ellas, el papel de las hembras es crucial. Muchas son las hembras que estudió y a las que puso nombre: Fio y su hija Fifí fueron dos muy destacadas. Goodall da numerosos datos sobre esta época de celo y, posteriormente, cómo las hembras quedaban preñadas:

> «Cuando una hembra entra en celo (o, como diría un científico, en estros), la piel en torno a su zona genital aparece hinchada y de color rosado. La inflamación puede ser mayor o menor, y dura generalmente unos diez días, al cabo de los cuales comienza a arrugarse, encogiéndose poco a poco hasta desaparecer totalmente. En general, esta época de receptividad sexual sobreviene a la mitad del ciclo menstrual, que en los chimpancés hembras cubre un período de treinta y cinco días».

Incluso fue testigo de nacimientos de nuevos individuos, como es el caso de Goblin: «Era cómica en su fealdad, con sus enormes orejas, los labios fruncidos y la piel increíblemente arrugada y de un negro azulado en vez de rosáceo». Pudo estudiar todas las edades de los chimpancés y sus comportamientos. Nos relata como Fifí se hacía cargo de su hermano Flint, tomándolo en brazos, tal como hacía su madre. Un comportamiento muy habitual en los humanos. Es más, en el caso de Fifí el comportamiento con respecto a su hermano rozó la obsesión.

«Se pasaba la mayor parte del día jugando con él, acicalándole mientras dormía, llevándole consigo. A lo que parecía, Fio no estaba disgustada por compartir, de vez en cuando, parte de la responsabilidad maternal. Con tal de que Fifí no se llevase a Flint fuera del alcance de su vista, y con tal de que no hubiese posibles machos agresivos en las cercanías, ya no ponía impedimentos a que Fifí "raptase" al pequeño».

Entre tanto, iba consiguiendo acercar cada vez más a los chimpancés a su emplazamiento. El caso es que el carácter de los chimpancés cursó de esquivo a —en palabras de ella misma— «una presencia insoportable». Habla de Goliat, que se hizo asiduo a masticar la lona de las tiendas. Habían montado un centro de alimentación en su propio asentamiento y aquello se les había ido de las manos. Así que decidieron trasladar dicho centro de alimentación al interior del valle, lo cual fue un éxito. Y no es extraño, pues los chimpancés son nómadas, es decir, están acostumbrados a desplazarse para hallar alimentos.

El acercamiento de los chimpancés a los seres humanos llevó a estos primeros a comportamientos inesperados. Por ejemplo, el uso de herramientas por parte de los chimpancés hechas por humanos. Mike, un chimpancé macho, tomó latas de parafina para golpearlas y reforzar así un liderazgo. Este hecho lo convertía en un ser más inteligente que la media. El uso de estas latas se llegó a convertir incluso en un peligro pues cada vez las lanzaba más lejos. Es más, incluso una vez golpeó la nuca de Jane Goodall. Al final decidieron ocultar las latas, acabando así necesariamente con la creatividad de Mike.

Como se ha dicho, Goodall ha estudiado todas las etapas de la vida de los chimpancés. Y de la muerte. En el Gombe pudo apreciar qué ocurría cuando una cría fallecía, aunque hubo un caso que le cogió por sorpresa:

Jane Goodall en su primer viaje a Gombe en 1960 [The Jane Goodall Institute].

Jane Goodall en el campamento, con David [The Jane Goodall Institute].

«Me sorprendió el repentino y total cambio en la forma en que Olly transportaba ahora a su hijo. Ya en otra ocasión había podido ver a una madre joven y sin experiencia llevar el cadáver de su hijo, pero incluso un día después todavía lo cuidaba como si estuviera aún vivo, apretándolo contra su pecho. En cambio, Olly bajó del árbol, llevando descuidadamente a la cría de una mano; cuando llegó al suelo, se echó el cuerpo inanimado a la espalda. Parecía como si supiera que estaba muerto».

Se supo después que el hijo de Olly fue la primera víctima de una epidemia de polio entre los chimpancés. Coincidió con un embarazo de la propia Jane, por lo que se puso en riesgo sin saberlo. Sin embargo, Goodall, aún viva en 2024 cuando escribo este libro, habría dado la vida por sus amigos los chimpancés. Aunque en el Gombe tenía un favorito:

«Para mí, como es natural, la pérdida más sensible fue la de David, el de la barba gris, ya que fue el primer chimpancé que aceptara mi presencia y tolerase que me acercara a él. No solamente, gracias a David, llevé a cabo mis primeras investigaciones sobre sus costumbres en cuanto a comer carne y al uso de herramientas, ayudándome así a conseguir fondos para proseguir mi trabajo; él fue también el primero en visitar mi campamento, en aceptar un plátano de mi mano, en permitir que un ser humano le tocase».

Sin embargo, la única muerte de la que tenemos un obituario es la de Flo, la hembra que siempre iba acompañada de su hija Fify. Apareció en *Sunday Times* el 1 de octubre de 1972, bajo el título: «La anciana Flo, la matriarca del Gombe, ha muerto».

Dian Fossey en la portada de la revista *National Geographic* de enero de 1970.

DIAN FOSSEY Y LOS GORILAS

El 26 de diciembre de 1985 apareció el cuerpo sin vida de Dian Fossey en su cabaña, con un panga clavado en su cabeza, una especie de machete propiedad de la misma Fossey. En sus dependencias se encontraron signos de lucha. Un asesinato que nunca fue resuelto, aunque las sospechas recaen en miembros de un colectivo determinado. Adentrémonos en la vida y muerte de la primatóloga Dian Fossey, la mujer entre gorilas.

San Francisco fue la ciudad que vio nacer a Dian Fossey, el 16 de enero de 1932. Su madre fue modelo y su padre agente de seguros. Desde muy pequeña mostró gran atracción por el mundo animal. Tanto es así que con solo seis años comenzó a aprender a montar a caballo. En 1954 se licenció en terapia ocupacional y llegó a realizar prácticas en varios hospitales de California. Pero este tipo de vida no le daba lo que realmente le llenaba, el estar cerca de los animales.

El comienzo del primer capítulo de su libro *Gorilas en la niebla* (1983) es como sigue: «Durante muchos años abrigué el deseo de ir a África, por su condición de continente virgen y su gran diversidad de fauna salvaje». Así que en 1963 invirtió todos sus ahorros y pidió un préstamo de 8000 $ a tres años para emprender una visita de siete semanas a África. Recorrió lugares de Kenia, Tanzania, República Democrática del Congo (Zaire) y Rhodesia. Allí pudo observar y estudiar por primera vez los gorilas de montaña (*Gorilla beringei beringei*) en su hábitat. En África fue donde conoció al hombre que cambiaría su vida: Louis Leaky.

Siguió con su trabajo como terapeuta ocupacional en Louisville, en EE. UU., para poder devolver el préstamo bancario. Aprovechó una visita de Leaky a la localidad para acercarse a él. La recordaba como «la torpe turista de tres años atrás», sin embargo, se había fijado en algunas fotografías que Dian Fossey había publicado en varios artículos:

Cartel publicitario de la película de 1988 *Gorillas in the Mist* (*Gorilas en la niebla*), protagonizada por Sigourney Weaver y dirigida por Michael Apted [Warner Bros. Pictures].

«Tras una breve entrevista, sugirió que me convirtiera en la "chica de los gorilas" que él había estado buscando para llevar a cabo un estudio de campo a largo plazo».

Y así fue, Dian Fossey pasó a la historia como la chica de los gorilas, igual que James Goodall sería la chica de los chimpancés y Birutè Galdikas la chica de los orangutanes. Recordemos que a las tres apasionadas etólogas de primates se las conoce como ángeles de Leakey. Este pensaba, sobre los gorilas, que «el estudio de los parientes vivos más próximos del hombre, los grandes antropomorfos, arrojaría alguna luz acerca del comportamiento de nuestros antecesores».

En 1966 logró el apoyo de National Geographic y la Fundación Wilkie para establecerse en República Democrática del Congo, en las montañas Virunga, donde existía una de las colonias más grandes de gorilas conocidas hasta el momento. Pero unos meses después, debido al inestable clima político, tuvo que trasladarse definitivamente a Ruanda, entre los montes Karisimbi y Visoke. Fundó el Karisoke Research Center, que funcionó desde 1979 hasta 1980. Antes de eso, en 1974 recibía el grado en doctora en Zoología por la Universidad de Cambridge. Y no era para menos, pues su trabajo de campo nunca ha sido superado. En su mencionado libro *Gorilas en la niebla* explica con detalle el comportamiento de los distintos grupos que va encontrando y le pone nombres propios a cada uno de los individuos que estudia. Se ganó paulatinamente la confianza de muchos gorilas imitando su comportamiento y dejando que fueran ellos los que se fuesen acercando: «Dicha aceptación se vio muy facilitada cuando aprendí que la imitación de algunas de sus actividades ordinarias, como rascarse, alimentarse, o emitir vocalizaciones de contento, relajaba más a los animales que si me limitaba simplemente a observarlos y tomar notas».

El gran caballo de batalla de la investigación de Fossey fue su lucha contra los cazadores furtivos, que estaban abocando a la extinción al gorila de montaña. Esto le mereció muchas enemis-

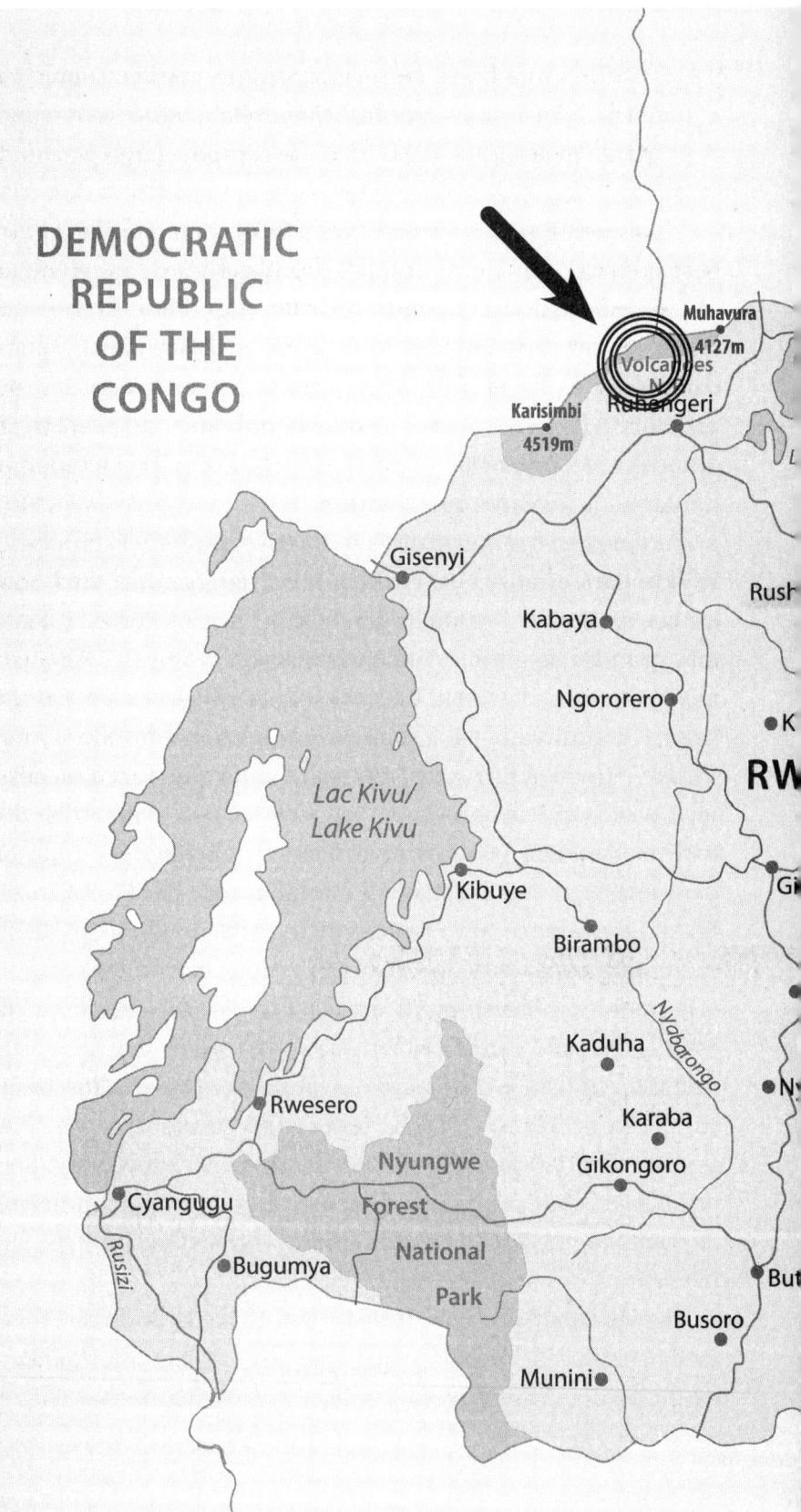

DEMOCRATIC
REPUBLIC
OF THE
CONGO

Muhavura
4127m

Volcanoes N
Ruhengeri

Karisimbi
4519m

Gisenyi

Rush

Kabaya

Ngororero

K

RW

Lac Kivu/
Lake Kivu

Kibuye

Gi

Birambo

Nyabarongo

Kaduha

N

Rwesero

Karaba

Nyungwe

Gikongoro

Cyangugu

Forest

National

Bugumya

Park

But

Busoro

Rusizi

Munini

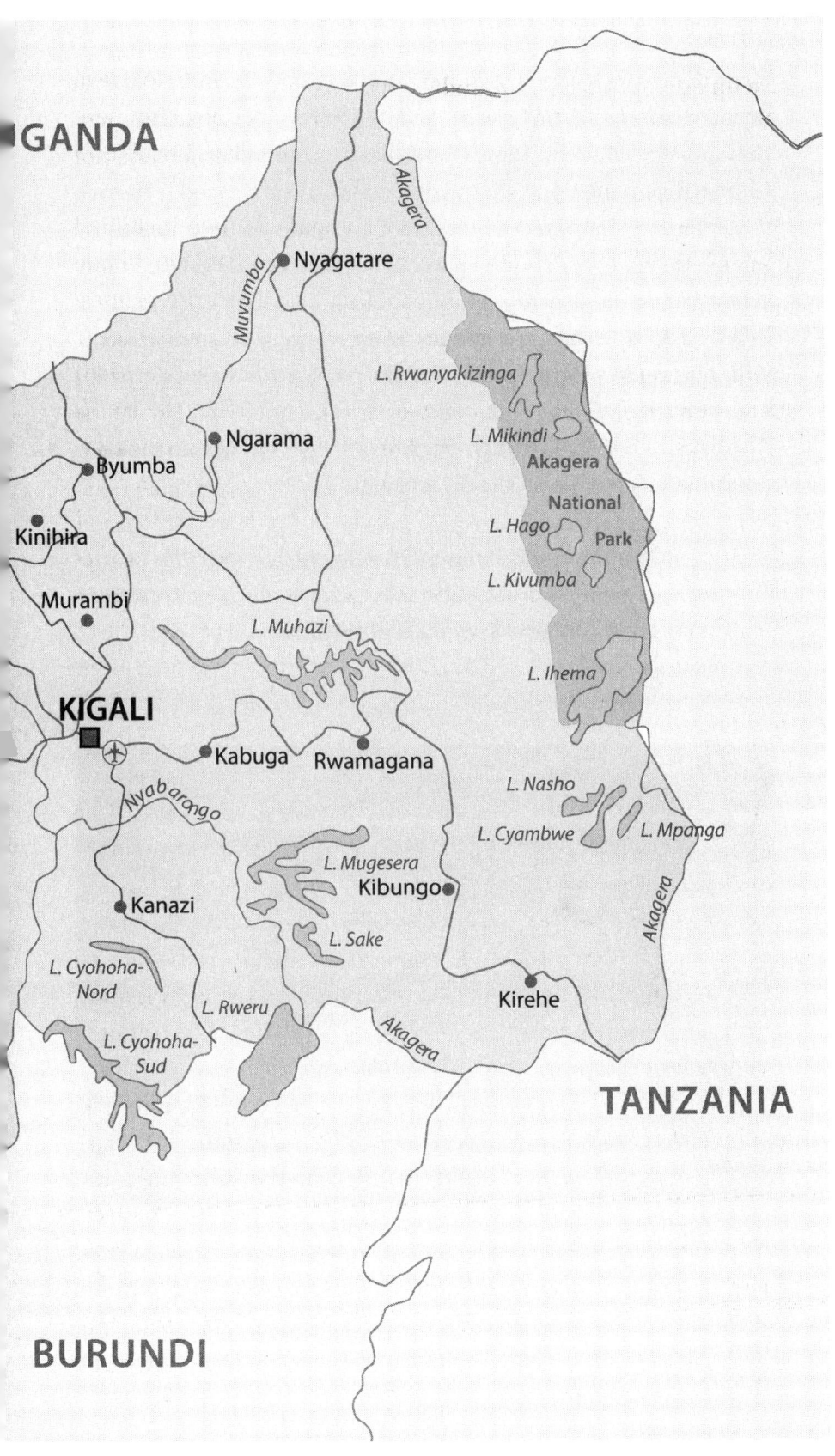

tades dentro de Ruanda, aunque también un importante número de personas la acompañaron y defendieron. No obstante, una mañana el cráneo de Dian Fossey apareció dividido en dos por un machete panga que ella misma confiscó a un cazador furtivo y que tenía en la pared de su cabaña a modo de decoración. De nada le sirvió el arma que apareció a su lado y que estaba intentando cargar, el asesino se apresuró de no dejarla ejecutar su defensa. Su muerte sigue siendo un misterio, pero se ha especulado que podría haber sido causada por los furtivos contra los que tanto luchó. Fue enterrada en el cementerio de gorilas de Karioske, cerca de su amigo Digit y otros gorilas asesinados. En la última entrada de su diario se puede leer:

«Cuando te das cuenta del valor de la vida, uno se preocupa menos por discutir sobre el pasado, y se concentra más en la conservación para el futuro».

La tumba de Diana Fossey junto a sus gorilas más queridos [Erwinf].

Si con Goodall hablábamos de amigos, con Fossey hablamos de hijos. Y es que llegó a obsesionarse con sus gorilas hasta sentir en sus carnes una protección maternal. Digit fue su preferido y es muy mencionado en *Gorilas en la niebla*. Tanto es así que la Fundación Digit recibiría todo su dinero como testamento tras su muerte. Una fundación en contra de la caza furtiva en los Virunga. Pero la madre de Dian, Kitty Price impugnó el testamento y lo ganó. Cosas que pasan. Así presenta a Digit en sus escritos:

> «Al jefe le seguía una curiosa bola de felpa a la que con el tiempo llamé Digit (dedo), porque tenía torcido el dedo medio, posiblemente por una rotura anterior. Su gran parecido facial y su fuerte dependencia del macho dominante del grupo 4 me hicieron pensar en que Digit era hijo de Whinny. No se asociaba con ninguna de las cuatro hembras adultas del grupo y parecía que su madre había muerto antes de que yo conociera al grupo, en septiembre de 1967».

Un dedo se hizo con el corazón de la primatóloga. Digit nació en 1960 y Fossey quedó cautivada por su personalidad única y su imponente presencia. Destacó por su gran tamaño y por su fuerza, así como por su peculiar y distintiva nariz. «De la misma manera que no existen dos personas con las mismas huellas dactilares, no hay dos gorilas que tengan las mismas "huellas nasales"».

Fossey dedicó muchos años a estudiar y seguir de cerca a Digit, lo que le permitió comprender mejor su comportamiento y dinámica social. A través de sus observaciones, Fossey descubrió que Digit era un gorila dominante y respetado dentro de su grupo. También demostró ser un protector valiente y leal de las hembras y los jóvenes gorilas. De hecho, exhibió habilidades impresionantes en la resolución de conflictos dentro de su grupo. A menudo, intervenía en disputas y utilizaba gestos y vocalizaciones para calmar las tensiones entre los gorilas. Su papel como pacificador mostró su influencia y autoridad en la jerarquía social de los gorilas.

La relación entre Digit y Fossey fue más allá de la mera observación científica. Fossey desarrolló un profundo apego emocional hacia este gorila carismático. Digit, a su vez, mostraba una confianza y tolerancia excepcionales hacia Fossey y permitía que ella se acercara a él de manera íntima.

Trágicamente, en 1977, Digit fue asesinado por cazadores furtivos en un acto de caza ilegal. Su muerte fue un golpe devastador para Fossey y dejó una profunda impresión en la comunidad científica y en los esfuerzos de conservación de los gorilas.

Pero Fossey menciona más gorilas en su libro. Uno de ellos es Uncle Bert, conocido por su carácter dominante y su presencia imponente en el grupo. Fossey describió sus poderosos golpes en el pecho y su autoridad en las interacciones con otros gorilas. Otro macho importante fue Beethoven, cuyo nombre se debía a su habilidad para vocalizar con una voz profunda y resonante,

Uncle Bert en enero de 1972 [Dian Fossey Gorilla Fund].

similar a la música de Beethoven. Fossey seguía su crecimiento y desarrollo, y su historia se convirtió en un ejemplo de la vida y los desafíos de los jóvenes gorilas. La primatóloga describe en su libro varias confrontaciones entre ambos machos.

«He construido mi hogar entre los gorilas de montaña», dejó escrito Fossey. Estudió cómo se relacionaban los miembros de una misma familia y las interacciones entre distintos grupos. Igual que Goodall, Fossey nombraba a todos los individuos y tomaba pacientes anotaciones sobre las personalidades y las relaciones existentes:

> «A diferencia del pequeño y travieso Pablo, por entonces de veinte meses de edad, Poppy sólo podía ser calificada de bonita, con sus dulces ojazos pardo oscuros enmarcados por cejas largas y delicadas. La pequeña presentaba, en menor grado, el estrabismo característico de Effie y sus hijos».

La verdad es que la situación de los gorilas de montaña ha mejorado levemente desde los tiempos en los que Fossey luchaba por su supervivencia y bienestar. No solo es un peligro la presencia de furtivos, la principal amenaza es la pérdida de hábitat debido a la expansión de las actividades humanas como la agricultura, la tala de árboles y la construcción de infraestructuras. En el pie de una foto de huesos de gorila en su libro escribía lo siguiente:

> «Los gorilas macho adultos suelen ser abatidos por los cazadores furtivos para la práctica del sumu, término africano que hace referencia a la magia negra. Los furtivos cortan al animal las orejas, la lengua, los testículos y los dedos meñiques, y preparan con estas partes del cuerpo un brebaje que dota a quien lo bebe de la virilidad de un gorila de dorso plateado. En la actualidad, los cazadores furtivos también acostumbran a capturar bebés gorila para venderlos a zoológicos del extranjero».

La antropóloga, primatóloga, conservacionista, etóloga y profesora de la Universidad
Simon Fraser, Birutè Galdikas, cuya investigación y rescate de los orangutanes
en peligro de extinción abarca más de 40 años [Universidad Simon Fraser].

BIRUTÈ GALDIKAS Y LOS ORANGUTANES

«Nací para estudiar a los orangutanes», escribió una vez Birutè Marija Filomena Galdikas, la más joven de los ángeles de Leaky. Nació el 10 de mayo de 1946 en Wiesbaden, Alemania, aunque es de nacionalidad canadiense. Sus padres, Antanas y Filomena Galdikas, fueron refugiados lituanos que escaparon de la ocupación soviética en los estados bálticos después de la Segunda Guerra Mundial. Cuando Birutè contaba con dos años, la familia emigró a Canadá en 1948, donde su padre firmó un contrato para trabajar en la minería de cobre en Quebec. Al año siguiente, se establecieron en Toronto, donde Galdikas creció. Desde muy pequeña, la mente de Birutè se llenaba de imágenes de bosques lejanos y criaturas exóticas. El primer libro que tomó prestado de la Biblioteca Pública de Toronto fue una historia sobre un mono llamado Curious George. A medida que fue creciendo, se inspiró en las fascinantes aventuras de Jane Goodall y Dian Fossey que descubría en las apasionantes páginas de *National Geographic*.

En 1962, la familia Galdikas se trasladó a Vancouver, donde Birutè tuvo un encuentro fortuito con el que sería su primer marido, el fotógrafo Rod Brindamour. Dos años más tarde, después de que Birutè iniciara sus estudios en la Universidad de British Columbia (UBC), la familia decidió emigrar a Estados Unidos. Fue en este país donde Birutè se inscribió en la Universidad de California, Los Ángeles (UCLA), y se sumergió en el apasionante mundo de la psicología y la zoología. En 1966, culminó su formación académica obteniendo su doble licenciatura en Psicología y Zoología, otorgada conjuntamente por UCLA y UBC. Durante ese tiempo, Birutè contrajo matrimonio con Brindamour y continuó sus estudios de posgrado en antropología en UCLA, completando su maestría en 1969.

Durante su etapa de posgrado en UCLA, Birutè Galdikas tuvo la fortuna de cruzarse con Louis Leakey. «En Los Ángeles conocí a Louis Leaky y, en cierto modo, empecé mi vida». En un acto audaz y decidido, Birutè presentó un ambicioso plan para estudiar a los orangutanes en su entorno natural. A pesar de las dudas iniciales de Leakey, este quedó impresionado por la pasión y convicción de Birutè, y decidió respaldar su proyecto. Gracias a los fondos obtenidos de la National Geographic Society, se pudo establecer un centro de investigación en Borneo, donde Birutè llevaría a cabo su enriquecedora investigación. Este trabajo se convirtió en el eje central de sus estudios doctorales, y finalmente, en 1978, Birutè Galdikas obtuvo su tan anhelado doctorado en Antropología por UCLA. Sería en 1971 cuando Galdikas y su esposo llegaron a la Reserva Tanjung Puting en el Borneo Indonesio. Estableció su campamento de investigación a orillas del mar de Java, para poder investigar a los orangutanes.

Pero debía pasar mucho tiempo desde que el proyecto comenzó a tomar forma hasta poder tomar contacto con los primeros orangutanes. Galdikas lo cuenta así en su descriptivo libro *Reflexiones del Edén*:

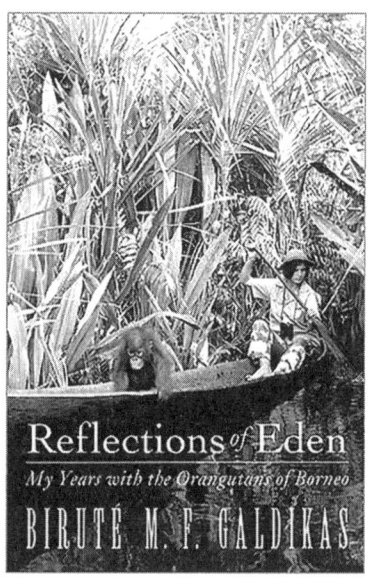

Portada del libro *Reflections of Eden: My Years With the Orangutans of Borneo*, editado por Little Brown & Co.

«Cuando conocí a Leaky tenía veintidós años; cuando, por fin, me desplacé a Borneo, ya había cumplido veinticinco. Si tenía el más leve asomo de impaciencia la perdí durante estos años de espera».

Pero es que aún pasarían meses hasta poder observar de manera rutinaria a los primeros orangutanes en libertad. Los primeros individuos que conoció eran orangutanes cautivos, convertidos en mascotas caseras, pues en la zona era un símbolo de posición social. Tras unos meses de observación, Birutè y Rod se tomaron en serio la lucha por acabar con una práctica que además el país prohibía por ley, aunque las autoridades habían hecho la vista gorda durante años.

Los orangutanes tenían fama de esquivos y solitarios entre los primatólogos. Así que poca gente apostaba por un posible éxito de Galdikas. De hecho, el propio Leaky le dijo: «Te doy diez años para entrar en contacto con un orangután». En contraste, también le dijo: «Puede que todo el mundo se ponga en tu contra, puede que el mundo entero diga que estás equivocada, pero yo te apoyaré siempre. Te apoyaré siempre, porque sé que tienes razón». Aun así, Birutè tuvo momentos de bajón en los que pensó que sus críticos podrían tener razón, sobre todo dos instantes concretos. Uno fue en los primeros meses, cuando no conseguía entablar contacto, simplemente no los encontraba. Y es que los orangutanes en las copas de los árboles se convierten en negras sombras informes, no queda nada de su anaranjado atractivo. Otro momento de bajón fue cuando llegó a sus manos un estudio de John MacKinnon, en el que exponía hábitos migratorios en los orangutanes. Entró en una profunda depresión, pues pensaba que nunca podría estudiar a los orangutanes —como Goodall hizo con los chimpancés o Fosey con los gorilas— siguiendo a individuos concretos durante mucho tiempo. Sin embargo, como vamos a ver, una orangutana le devolvió la esperanza.

Antes de adentrarnos en nombres individuales, veamos primero el nombre genérico. El nombre binomial de los orangutanes es *Pongo*. Dentro del género *Pongo,* existen tres especies reconocidas: *Pongo abelii,* que se encuentra en Sumatra; *Pongo pygmaeus,* presente en Borneo; y *Pongo tapanuliensi*s, descubierto recientemente en el norte de Sumatra. Por otra parte, la propia palabra orangután está compuesta por dos palabras malayas, *orang* y *hutan,* que significa «personas del bosque». Pero algunos melayu se lo toman muy en serio, pues hay un relato que dice que los orangutanes descienden de unos seres humanos que fueron privados del lenguaje y desterrados a los bosques por blasfemos.

¿Y qué hay de orangutanes conocidos por sus nombres propios y que viven en libertad? Galdikas menciona a muchos en sus estudios:

> «[...] había decidido seguir la costumbre de Jane Goodall de poner nombre a los orangutanes y utilizar nombres que empezaran por la misma letra para los individuos que supiera que estaban emparentados».

Así tenemos a Alice y Andy, Beth y Bert, Cara y Carl, Piscilla y Pug, Fran y Freddy, etc. La primera orangutana a la que siguió durante todo un día fue Beth, lo cual le insufló un aire de esperanza. Tal vez sus críticos estaban equivocados. Con su hijo, Bert, descubrió que las miradas de los orangutanes son inexpresivas, como si traspasaran nuestro propio cuerpo. También observó cómo se chupaba el dedo, igual que los bebés humanos. Si bien Beth vino a reafirmar que los orangutanes son solitarios, Cara le mostró que algunos son todo lo contrario a solitarios, lentos y tímidos. Cara intentó matar a Birutè, literalmente. Algunos individuos se ponen nerviosos cuando los observan y hacen todo tipo de sonidos, además de mover ramas. Pero Cara dio un paso más: movió una rama de gran tamaño para que cayera encima de Birutè; para fortuna de la primatología, la carismática Cara no acertó en su empeño. Más adelante supo que los orangutanes usaban herramientas, como sus primos africanos los gorilas y los chimpancés. Sin embargo, solo los orangutanes usaban ramas a modo de paraguas. Cuando llueve, un chimpancé permanece en cuclillas mojándose sin más. Birutè decía que se sentía en deuda con Cara y Carl pues, como se ha comentado, le enseñaron que los orangutanes no son tan esquivos y solitarios como se pensaba.

Volvamos a los nombres y sus orígenes. ¿Cómo nombraba Galikas a sus individuos de estudio? No de cualquier manera:

>«Yo no ponía nombres a los orangutanes hasta que los había observado el tiempo suficiente para poder notar algún rasgo característico que me permitiera identificarlos en encuentros posteriores».

Siguiendo esta línea, a un individuo lo llamó «Glen» porque le recordaba a Glenn Yarbrough, el cantante del grupo The Slightly Fabulous Limeliters, debido a su gran cara blanca de cejas pobladas y juntas, además de unas arrugas que le surcaban la nariz. Confieso que he tenido que buscar el cantante y el grupo en Internet, pues no los conocía. Y me ha gustado. Soy fácil.

Al primer individuo que rescató del cautiverio junto con Rod lo llamó «Sugito», que fue la persona que los recibió en Indonesia y les preparó gran parte de su estancia. Sugito se convirtió en el hijo adoptivo de Birutè, permanecía todo el tiempo colgado a ella hasta el punto de que tenía grandes dificultades incluso para vestirse o ir al baño. En algunos momentos llegó a ser insoportable, en palabras de la mamá humana. Sin embargo, con él estableció el vínculo más importante de su vida, comparable al que tenía con su marido. «Sugito era mi hijo y mi compromiso: además de su atractivo individual, representaba a todos los orangutanes. Simbolizaba mi necesidad, mi responsabilidad de ayudar a su especie».

Mientras que «Barbudo» debía su nombre a su prominente barba, «Gran Papada» recibía el suyo por la gran papada que le colgaba. «Harry, el Manco» debía su apelativo a una mano con varios dedos cortos y rígidos. Con ellos vio la primera pelea entre dos machos adultos. Gran Papada también le lanzó una enorme rama a Birutè: «Morir a manos de los orangutanes que lanzaban o dejaban caer troncos muertos porque no les gustaba que los siguiesen era un peligro real».

Y seguimos con los nombres puestos a conciencia. A una alborotadora adolescente la llamó «Ruidosa». A otra hembra adolescente la llamó «Georgina» porque le recordaba a su casera en Anzabegavo, un pueblo macedonio (antigua Yugoslavia) donde realizó investigaciones arqueológicas. Birutè ponía nombres de personas conocidas a sus orangutanes, aunque permíteme dudar que sea un honor que pongan tu nombre a un orangután. Por ejemplo, a uno le asignó el nombre de «Nick», porque su talante le recordaba a un compañero de facultad tan imperturbable como él. Creo recordar que no tengo amigas primatólogas, así que vivo tranquilo. En Indonesia no se ponía nombre a los animales, así que sorprendió mucho a los lugareños que usara los nombres de dos funcionarios, Sugito y Sinaga, para referirse a orangutanes. Por mucho que explicara que era un modo de honrar a estar personas que la habían ayudado, no había forma de convencerlos, les provocaba hilaridad y extrañeza.

Volvamos a Georgina, fue el primer individuo que mostró curiosidad por Birutè, acercándose lo suficiente a ella y mirándola de forma directa. Georgina le devolvió la esperanza a Birutè, pues le mostró que algunos orangutanes residían en su zona de estudio, a pesar de los hábitos migratorios de la especie. «Y con su red de contactos y encuentros, me convenció de que el estudio a largo plazo de estos primates era posible... y necesario».

Obviamente Birutè Galdikas ha conocido en su vida a decenas de orangutanes y les ha puesto nombres, citarlos a todos sería demasiado largo. Dediquemos las últimas palabras a hablar sobre el fin de Cara, la orangutana a la que debía tanto. Nunca supo cómo murió exactamente, pero durante mucho tiempo observó cómo su aspecto se debilitaba hasta que nunca más la vio. Tal vez la desnutrición fuera una de las causas que acabaron con ella.

El caso es que a Birutè la ha perseguido el fantasma de la muerte con sus preciados orangutanes hasta el punto de llegar a la superstición, como ella misma reconoce. A un individuo lo llamó «Tony», que es la versión americanizada del nombre de su padre, Antanas. Falleció poco tiempo después de llegar a la reserva. Pero dos meses antes había muerto «Bárbara», una orangutana que recibió su nombre en honor a Barbara Harrison, una importante primatóloga a la que Birutè admiraba y que también había acogido. Desde entonces, decidió usar solo nombres indonesios para los orangutanes excautivos que acogiese, pues tal vez el ponerles nombres norteamericanos le estaba dando mala suerte...

Si Fossey fue quien salvó a los gorilas de la extinción y Goodall la que comprendió a fondo a los chimpancés, Galdikas fue la que libró a los orangutanes del cautiverio y la que comprendió que los orangutanes en libertad no eran tan extremadamente solitarios. Nos quedamos con una frase suya que los define muy bien: «El compañerismo entre orangutanes es como el que se da entre viejos amigos, que no necesitan hablar para estar a gusto juntos».

Ilustración de Gaspar Costa.

KANZI, EL BONOBO QUE TOCÓ EL PIANO CON PAUL MCCARTNEY

«La inteligencia se les niega a los animales
solo por aquellos que carecen de ella».

ARTHUR SCHOPENHAUER

A lo largo de la historia, los seres humanos han buscado comprender la inteligencia y el alcance de la mente en otras especies. Nos hemos maravillado ante la diversidad y complejidad de las capacidades cognitivas de los animales, desde sus habilidades perceptivas y comunicativas hasta su capacidad para resolver problemas y adaptarse a entornos cambiantes.

La inteligencia animal abarca una amplia gama de habilidades mentales que se han observado en diversas especies. En este capítulo exploraremos el apasionante mundo de la inteligencia animal y descubriremos cómo algunas de estas criaturas han dejado una huella imborrable en nuestra comprensión de la capacidad cognitiva en el reino animal.

Desde las antiguas narraciones mitológicas hasta los estudios científicos modernos, los cuervos han sido objeto de fascinación y admiración. Mencionados en las historias nórdicas como Hugin y Munin, los cuervos mitológicos eran considerados como sabios mensajeros que acompañaban al dios Odín. Aunque estas dos aves no existen en la realidad, su presencia en los relatos mitológicos subraya la conexión ancestral que hemos tenido con ellas y su capacidad para intrigarnos con su inteligencia y astucia.

Sin embargo, la inteligencia animal no se limita a las historias mitológicas. En el mundo real, hemos sido testigos de asombrosos ejemplos de habilidades cognitivas en diversas especies. A medida que nos sumergimos en el estudio de la inteligencia animal, nos enfrentamos a la fascinante pregunta de qué significa realmente ser «inteligente». ¿Se trata de la capacidad de aprender, razonar y resolver problemas de manera efectiva? ¿O hay aspectos más profundos de la conciencia y la comprensión del mundo que aún tenemos que descubrir en otras especies?

Históricamente, han surgido casos que nos han llevado a reflexionar sobre los límites de la inteligencia animal. Uno de estos casos es el de Hans, el famoso caballo que supuestamente tenía habilidades matemáticas y podía realizar cálculos simples al responder preguntas con golpes de cascos. Durante un tiempo, Hans fue aclamado como un prodigio equino, pero los científicos descubrieron que en realidad estaba respondiendo a las señales inadvertidas de su cuidador, quien inconscientemente le indicaba cuándo detenerse. Era, por tanto, un fraude.

El caballo de salto Clever Hans con su entrenador,
Wilhelm von Osten, en 1904 [Encyclopædia Britannica].

Al explorar la inteligencia animal, debemos cuestionar nuestras suposiciones preconcebidas y adoptar un enfoque cauteloso basado en la evidencia científica. La comprensión de la inteligencia en otras especies es un campo en constante desarrollo, y cada descubrimiento nos acerca un paso más a desentrañar los misterios de la mente animal y apreciar la diversidad y la complejidad de la vida en nuestro planeta.

A la izquierda, la señora Piehl, en el centro Lottchen y el señor Piehl con el perro Leo, y a la derecha Wilhelm von Osten. Clever Hans debía responder preguntas como cuántas personas había en la escalera o cuántas de ellas lucían un sombrero... Este tipo de reto ejemplifica las habilidades que se creía que Hans poseía, responder preguntas complejas a través de golpes de casco. Posteriormente se descubrió que sus respuestas estaban influenciadas por señales inconscientes de los humanos presentes.

El chimpancé Oliver (c. 1958- 2012) ganó notoriedad al ser presentado
como el eslabón perdido o «humancé», debido a sus rasgos
faciales y su tendencia a caminar de forma erguida.

HUMANIZANDO A LOS PRIMATES

Dentro del reino animal, los primates ocupan un lugar destacado debido a su asombrosa inteligencia y a las notables similitudes que comparten con nosotros, los seres humanos. Los gorilas, chimpancés y bonobos, nuestros parientes más cercanos en la escala evolutiva, han cautivado nuestra atención y despertado nuestra curiosidad al exhibir una serie de habilidades cognitivas que nos recuerdan a nosotros mismos. Desde su capacidad para utilizar herramientas y comunicarse mediante sistemas complejos de señales, hasta su habilidad de aprender y mostrar emociones, estos primates nos desafían a reconsiderar nuestras definiciones tradicionales de la inteligencia y a cuestionar qué significa realmente ser humano. En este epígrafe, exploraremos la fascinante conexión entre los primates y los seres humanos, adentrándonos en su mundo cognitivo y descubriendo cómo su inteligencia y comportamiento nos brindan nuevas perspectivas sobre la naturaleza de la mente y la conciencia.

En ocasiones, nuestra percepción de los chimpancés puede verse influenciada por nuestra propia visión como seres humanos. Un ejemplo destacado es el caso de Oliver, un chimpancé que se hizo famoso en la década de 1970 debido a su apariencia y comportamiento únicos. Su aspecto físico y su forma de moverse llevó a especulaciones sobre la posibilidad de que fuera una mezcla de humano y chimpancé. Sin embargo, mediante pruebas genéticas, se demostró que Oliver era en realidad un chimpancé común y corriente. Esta confusión ilustra cómo nuestra percepción puede estar sesgada por nuestras expectativas y preconcepciones, y nos recuerda la importancia de un enfoque científico riguroso al estudiar la inteligencia animal.

El primer chimpancé que pasó a la historia por hablar con lenguaje de signos y ser estudiado sistemáticamente fue Washoe. Se trata de un chimpancé común hembra, nacido en septiembre de 1965, al oeste de África. El nombre de Washoe proviene del condado donde vivió los primeros años, adoptada por los doctores Allen Gardner y Beatrix Gardner el 21 de junio de 1966.

En 1967, los Gardner comenzaron un proyecto en la Universidad de Nevada, Reno, con el objetivo de enseñarle a Washoe el lenguaje de signos americano. Los intentos previos de enseñarle a un chimpancé a imitar el lenguaje vocal, realizados en los proyectos Gua y Vicki, habían sido infructuosos. Los Gardner creían que esto se debía a que los chimpancés no tenían la capacidad física para producir los sonidos necesarios del lenguaje hablado. Por lo tanto, decidieron comunicarse con los chimpancés utilizando gestos corporales, que es su forma natural de comunicación.

La Dra. Beatrix Tugendhut Gardner y el Dr. R. Allen Gardner se sientan y trabajan con Washoe, su chimpancé adoptado [University of Akron].

Los Gardner criaron a Washoe como si fuera un ser humano. Ella usaba ropa regularmente y se sentaba con ellos en la mesa durante las comidas. Tenía su propio remolque de 2,4 x 7,3 metros, completamente equipado con una sala de estar y una cocina. Además, tenía un sofá, cajones, un refrigerador y una cama con sábanas y mantas. También tenía acceso a ropa, juguetes, peines, libros y cepillos de dientes. Se le permitía experimentar una rutina de tareas, jugar al aire libre y dar paseos en el automóvil familiar, al igual que una niña. No tuvo interacción con otros animales, hasta el punto de que sentía aversión por perros y gatos, además de insectos. Aprendió hasta 350 palabras del ASL (lenguaje de signos norteamericano).

Con cinco años fue trasladada a un instituto de primates de Oklahoma, fue entonces cuando conoció por primera vez un miembro de su especie. Cuando despertó en una jaula tras haber sido sedada para el traslado en avión, vio a los otros chimpancés gritar por su presencia. Roger Fouts, responsable del estudio, explica la primera impresión de este modo:

«Después de recobrar el conocimiento, su amigo humano le preguntó en lenguaje de señas qué eran los chimpancés. Ella los llamó «GATOS NEGROS» e «INSECTOS NEGROS». No eran como ella y si sentía por ellos lo mismo que sentía por los gatos e insectos, no les tenía mucho aprecio. Washoe había aprendido demasiado bien nuestra arrogancia».

A medida que pasaba el tiempo, Washoe comenzó a aceptar a los demás chimpancés y a considerarse uno de ellos. Su actitud se asemejaba a la de Wendy en Peter Pan, ya que asumió el rol de madre protectora de los más pequeños y defensora de los menos favorecidos. Mostraba una compasión genuina hacia su nueva especie. Durante su primer año en el instituto, se le permitió pasar tiempo en una pequeña isla en la que los chimpancés jóvenes disfrutaban. Esta isla estaba rodeada de un foso de agua con una empinada ladera de arcilla roja, y una valla eléctrica de tres pies de altura la separaba del resto del recinto. Un día, llegó un nuevo chimpancé joven al instituto y fue colocado en la isla. El chimpancé se mostró muy angustiado e intentó saltar el foso, pero cayó en el agua. Washoe reaccionó de manera interesante, ya que, a pesar de no conocer bien al nuevo chimpancé, reconoció que estaba en peligro. Saltó la valla eléctrica y se deslizó por la inclinada ladera sumergida para rescatarlo. Arriesgó mucho para salvar a un extraño, lo que indicaba un verdadero acto de altruismo. A lo largo de los diez años que pasó en el instituto, Washoe nunca perdió su autoestima, a pesar de los intentos ocasionales del director por intimidarla cuando sus amigos humanos no estaban presentes.

Cuando Washoe aprendió a comunicarse mediante lenguaje de señas, surgieron críticas argumentando que si lo logró fue gracias a la intervención humana y que los chimpancés no podían

El Dr. Roger Fouts se comunica con Washoe [AP Wirephoto].

transmitir información de generación en generación, especialmente algo tan complejo como el lenguaje. Sin embargo, un estudio realizado por Fouts en 1979 hizo tambalear esta afirmación. Washoe quedó embarazada y se investigó si sería capaz de enseñarle los signos a su cría. Aunque su bebé falleció, se encontró un chimpancé llamado Loulis para acompañar y consolar a Washoe. Para asegurar que Loulis no aprendiera los signos de los humanos, se limitó la comunicación en señas en su presencia. Este estudio demostró que los chimpancés tienen la capacidad de adquirir y transmitir el lenguaje de señas, contradiciendo la idea previa de que eran incapaces de hacerlo sin intervención humana. Después de una semana juntos, Loulis, el chimpancé de diez meses, comenzó a imitar las señas de Washoe. Washoe, de manera sutil, enseñaba a Loulis mediante orientación, señas y acciones, como tomar su mano para moldearla en la seña de «comida». Loulis no solo adquirió las señas de Washoe, sino que también las usaba para comunicarse con otros chimpancés y humanos. A pesar de los resultados y publicaciones científicas, algunos científicos se aferraban a su ignorancia, argumentando que ninguna otra especie desarrolla un lenguaje. Pero el asunto no quedó ahí, ahora viene lo más interesante.

En la siguiente etapa de la investigación, los investigadores se centraron en cómo Loulis utilizaba el lenguaje de señas con su madre y los otros chimpancés que también lo usaban. Descubrieron que Loulis, a medida que crecía, comenzó a comunicarse más con su nuevo amigo de juegos, Dar, en lugar de depender tanto de su madre adoptiva, Washoe. Esto es similar a cómo los niños aprenden a relacionarse con diferentes personas a medida que crecen. Loulis y Dar se comunicaban principalmente sobre juegos y actividades divertidas, como pedirse cosquillas y correr juntos. Sin embargo, cuando algo salía mal y uno de ellos resultaba lastimado, recurrían a Washoe en busca de consuelo y apoyo. También observamos cómo Loulis a veces responsabilizaba a Dar durante una pelea, pidiendo ayuda a Washoe mientras señalaba a Dar y expresaba su malestar. En

Póster promocional de la película de Rupert Wyatt, *Rise of the Planet of the Apes* (*El origen del planeta de los simios* en España y *El planeta de los simios: (R)Evolución* en Hispanoamérica). Los dos protagonistas y amigos son el joven humano Will y César, el inteligente chimpancé que aprende el lenguaje de signos para comunicarse con él [20th Century Fox].

otro estudio, se analizaron más de 5200 interacciones de lenguaje de señas entre chimpancés y se descubrió que la mayoría de las señas se utilizaban en situaciones de juego, interacción social y apoyo emocional. Esto mostró que los chimpancés utilizan el lenguaje de señas principalmente para comunicarse y relacionarse socialmente, y no solo para pedir comida, como algunos críticos sugerían. De las 5200 interacciones, se vio que todas eran privadas, es decir, los individuos interaccionaban con ellos mismos. Como un niño jugando. Sorprendente.

En otro orden de asuntos, la memoria y el sentido del tiempo son habilidades mentales que los humanos pensaron por mucho tiempo que eran exclusivas de nuestra especie. Sin embargo, un ejemplo sorprendente de memoria lo encontramos en Washoe, que recordó a sus antiguos cuidadores después de once años sin verlos. Cuando los Gardner llegaron a visitarla, los demás chimpancés conocidos reaccionaron de manera no usual y Loulis, que nunca había conocido a los visitantes, se mostró especialmente asombrado. Este episodio destaca la capacidad de los chimpancés para recordar a las personas después de mucho tiempo y remarca la importancia de seguir estudiando las habilidades cognitivas de los animales no humanos. Un hecho sorprendente al respecto es cuando vio a los Gardner después de once años. Washoe se comunicó con Beatrice Gardner a través de la señal «ven Mrs G» y la condujo a una habitación adyacente para disfrutar de un juego juntas, algo que no se le había visto hacer desde que tenía cinco años en Reno.

Evidentemente, el estudio de Washoe y sus amigos no es el único que se ha hecho en cautividad. Sea como sea, hoy sabemos que los chimpancés están evolutivamente más cercanos a los seres humanos que a los gorilas. Veamos brevemente los ejemplos de otros dos célebres individuos.

LOS CHIMPANCÉS PUEDEN RECORDAR NÚMEROS MÁS RÁPIDO QUE TÚ

El chimpancé Ayumu ha demostrado una capacidad impresionante para recordar y procesar números en una fracción de segundo. En un experimento, se le presentaron números aleatorios en una pantalla de computadora y tuvo que tocarlos en orden ascendente. Ayumu superó ampliamente las habilidades humanas en esta tarea, mostrando una velocidad y precisión sorprendentes.

Ayumu es capaz de memorizar y retener los números en su mente en un breve período de tiempo, sin importar cuán grandes o complejos sean. Su capacidad para resolver este rompecabezas numérico supera las expectativas y desafía nuestra comprensión de la inteligencia animal.

Este hallazgo proporciona evidencia convincente de las habilidades cognitivas avanzadas de los chimpancés. Ayumu presenta una habilidad asombrosa para realizar cálculos mentales rápidos y precisos, lo que sugiere que los chimpancés poseen una inteligencia numérica excepcional.

Ayumu, nacido el 24 de abril de 2000, es un chimpancé que reside en el Instituto de Investigación del Primate de la Universidad de Kioto. Bajo la dirección de Tetsuro Matsuzawa,

Ai y Tetsuro Matsuzawa [Jensen Walker / Aurora Select].

se lleva a cabo un estudio sobre la memoria de trabajo de los chimpancés. El objetivo principal es evaluar su capacidad para retener en la memoria la ubicación de números en una pantalla táctil y luego seleccionarlos en orden numérico correcto.

El Proyecto Ai, iniciado en 2004, incluye a Ayumu como uno de los sujetos de investigación. Ai, la madre de Ayumu, participó desde el comienzo del estudio. Se seleccionaron seis chimpancés, tres madres con sus crías, siendo Ayumu uno de los más jóvenes. La primera etapa del estudio consistió en enseñarles la secuencia de números del uno al nueve en una pantalla táctil, donde debían tocar los números en orden ascendente. Después de dominar la tarea inicial, se pasó a una fase que se centraba específicamente en la memoria de trabajo. Los números desaparecían de la pantalla y eran reemplazados por cuadrados blancos. El sujeto debía tocar los cuadrados en el orden correcto, recordando la ubicación previa de los números. Todos los chimpancés superaron la prueba, aunque se cometieron algunos errores. Ayumu demostró ser el más habilidoso de todos, superando incluso a los sujetos humanos en velocidad y precisión.

Luego se implementó una tercera prueba para comparar la memoria de trabajo entre humanos y chimpancés. En esta versión, los sujetos veían un círculo en una pantalla en blanco y, al tocarlo, aparecían los números por un breve período de tiempo antes de ser reemplazados por cuadrados blancos. Se realizaron pruebas con diferentes intervalos de tiempo, incluyendo uno cercano a la frecuencia del movimiento ocular humano. Esta tarea permitió realizar una comparación objetiva entre las dos especies en condiciones idénticas. Se evaluaron nueve estudiantes universitarios junto con Ai y Ayumu. A medida que el tiempo de retención disminuía, el porcentaje de aciertos disminuía tanto en los humanos como en Ai. Sin embargo, Ayumu logró mantener un alto nivel de precisión independientemente del tiempo de retención, superando a los humanos tanto en velocidad como en precisión. Sorprendente resultado que superara a los estudiantes, a no ser que estos vinieran de hacer vida nocturna universitaria cuando realizaron las pruebas. Lo que está claro es que estos resultados atrajeron la atención de los medios de comunicación en todo el mundo, quienes interpretaron en muchos casos que un chimpancé había superado una prueba de inteligencia que los humanos no podían lograr.

Portada del libro *Nim Chimpsky: The Chimp Who Would Be Human*, de Elizabeth Hess, publicado por editorial Bantam en diciembre de 2008. El Proyecto Nim, creado por un psicólogo de la Universidad de Columbia, fue diseñado para refutar la afirmación de Noam Chomsky de que el lenguaje es un rasgo exclusivamente humano. Nim Chimpsky, el chimpancé elegido para realizar este experimento potencialmente innovador, fue criado como un niño humano y se le enseñó lenguaje de señas americano mientras vivía con su «familia adoptiva» en su elegante casa de Manhattan. Pero cuando se acabó la financiación para el estudio, comenzaron los problemas de Nim. Durante las dos décadas siguientes, Nim fue exiliado de la gente que amaba, encerrado en una jaula y trasladado de una instalación a otra, incluido, el más inquietante, un laboratorio de investigación médica. Pero dondequiera que fuera, las cualidades humanas de Nim y su capacidad para comunicarse con los humanos lo salvaron.

TEORÍA DEL LENGUAJE APLICADA A CHIMPANCÉS

Vamos a contar la historia de un chimpancé llamado Nim Chimpsky. Nim es el protagonista de un experimento científico de la década de 1970 que buscaba demostrar la capacidad de los chimpancés para adquirir el lenguaje humano. Chimpsky fue bautizado de manera ingeniosa en referencia a Noam Chomsky, reconocido teórico del lenguaje humano y la gramática generativa. Chomsky postula que los seres humanos tienen una predisposición innata para desarrollar el lenguaje, como si estuvieran «programados» para ello.

El proyecto fue liderado por el investigador Herbert Terrace y contó con la participación de un equipo de investigadores y cuidadores. Nim fue separado de su madre a muy temprana edad y criado en un entorno humano, rodeado de personas que le enseñaban el lenguaje de señas.

El objetivo era que aprendiera a comunicarse utilizando el lenguaje de señas para demostrar que los chimpancés podían adquirir habilidades lingüísticas similares a las humanas. Durante su crianza, Nim vivió en diferentes hogares y fue cuidado por diferentes personas, lo que le generó falta de estabilidad y apego.

Aunque Nim logró aprender una gran cantidad de señas y establecer cierta comunicación con los humanos, su vida estuvo marcada por la incertidumbre y la falta de verdadero apego. El experimento llegó a su fin cuando Nim fue trasladado a una instalación de investigación donde las condiciones de vida empeoraron significativamente. Fue tratado como un sujeto de prueba y ya no recibió la atención y el cuidado que necesitaba.

Aquí hay que destacar las implicaciones éticas del experimento, incluso es cuestionable la forma en que se manejó el proyecto y se trató a Nim. A pesar de los esfuerzos por parte de algunos cuidadores por brindarle una vida más digna, Nim sufrió las consecuencias de un experimento que lo privó de una existencia plena y lo dejó en un estado de soledad y desamparo.

Kanzi, el bonobo (*Pan paniscus*) que da título a este capítulo, nació el 28 de octubre de 1980. Según la primatóloga Sue Savage-Rumbaugh, mostró unas capacidades lingüísticas avanzadas. Tras su nacimiento fue trasladado al Centro de Investigación de Idiomas en la Universidad Estatal de Georgia. Allí, desde temprana edad, Kanzi fue adoptado por Matata, una hembra dominante. Aunque acompañaba a su madre a las sesiones de enseñanza del lenguaje a través de un teclado lexigrama (conjunto de letras o símbolos, que unidos, forman palabras), mostraba poco interés en las lecciones.

La sorpresa llegó cuando un día, estando Matata ausente, Kanzi empezó a demostrar competencia con los lexigramas. Se convirtió en el primer simio en aprender a señalar aspectos del lenguaje de forma natural, en lugar de recibir entrenamiento directo. Además, se convirtió en el primer bonobo observado uti-

El bonobo Kanzi (1980) en 2005, después de una ducha [William H. Calvin].

lizando elementos del lenguaje. En poco tiempo, Kanzi dominó diez palabras que los investigadores habían estado tratando de enseñar a su madre adoptiva, y desde entonces ha aprendido más de doscientas. Cuando escucha una palabra a través de auriculares, Kanzi señala el lexigrama correcto.

No solo es destacable la capacidad de Kanzi para comprender aspectos del lenguaje hablado y asociarlos con los lexigramas, sino también la habilidad que presenta para entender oraciones gramaticales simples, incluso posiblemente inventar nuevas palabras. Kanzi es hermano adoptivo de Panzee y Panbanisha, y actualmente reside en el Great Ape Trust en Des Moines, Iowa, junto con su madre y su hermana. En la comunidad de bonobos, Kanzi ocupa el puesto de macho alfa, mientras que su madre, Matata, es la líder principal. A pesar de su apariencia de un patriarca envejecido, con calvicie y ojos hundidos, Kanzi ha dejado una impresión duradera en aquellos que lo han observado y estudiado. También ha tenido éxito mediático: Kanzi ha tocado el piano junto a Peter Gabriel y Paul McCartney por separado, ha interactuado con Anderson Cooper de CNN y ha aparecido en el Show de Oprah Winfrey.

KOKO, EL GORILA FOTOGÉNICO

No solo se han adiestrado a chimpancés y bonobos para hablar con lenguajes de signos, también han tenido lugar estudios con gorilas. Tal vez el más conocido es el caso de Koko, un gorila hembra de las montañas nacido en San Francisco, en julio de 1971. El Proyecto Koko se inició en julio de 1972 y ha contribuido a responder preguntas sobre el lenguaje, la cognición, la conciencia de sí mismo y las bases biológicas del comportamiento tanto en grandes simios como en humanos. Cuando se inició el proyecto, Koko tenía solo un año. Las preguntas iniciales planteadas fueron: ¿puede un gorila dominar los fundamentos de la comunicación simbólica al menos tan bien como los chimpancés? y ¿cuáles podrían ser los límites de esta recién descubierta habilidad simbólica en los simios?

Koko estuvo inmersa un entorno lingüístico que incluía el Lenguaje de Señas Americano (ASL) y el inglés hablado, lo que le permitió desarrollar habilidades lingüísticas sorprendentes. Fue entrenada por la psicóloga Francine Patterson, hasta llegar a una combinación de más de quinientos signos, siendo Koko capaz de formar frases que, en promedio, constaban de tres a seis signos. Utilizaba correctamente más de mil signos en diversas ocasiones, lo que demostraba su amplio vocabulario activo.

A pesar de que nunca se le enseñó de manera explícita el inglés, a Koko no se le ocultó este idioma y la mayoría de las personas que la rodeaban hablaban inglés mientras se comunicaban con ella a través de señas. Se estima que el vocabulario receptivo de Koko en inglés supera con creces su capacidad de expresarse mediante signos. En pruebas formales para evaluar su comprensión del lenguaje, Koko demostró un desempeño igualmente destacado al responder a preguntas formuladas únicamente en inglés hablado o solo en ASL.

Koko demostró ser capaz de generar numerosos signos nuevos sin recibir instrucción previa. Además, logró modificar los signos estándar del Lenguaje de Señas Americano (ASL) para transmitir cambios gramaticales y semánticos. Utilizaba los signos de forma simultánea, creaba nombres compuestos (algunos de los cuales podrían ser metáforas intencionales) y se comunicaba de manera autodirigida y no instrumental.

A lo largo de su vida, Koko empleó el lenguaje para referirse a objetos y eventos en el pasado y en lugares distantes. Es sorprendente que los usara también para engañar, insultar, discutir, amenazar y expresar sus sentimientos, pensamientos y deseos. Estos hallazgos, respaldados por la documentación de su adquisición y producción del lenguaje de señas, así como su comprensión tanto del lenguaje de señas como del inglés hablado, llevan a la conclusión de que la adquisición y el uso del lenguaje por parte de los gorilas se desarrolla de manera similar a la de los niños humanos, aunque a un ritmo más lento.

El estudio comparativo entre el desarrollo del lenguaje de Koko y el de niños humanos con padres sordos ha revelado sorprendentes similitudes en el vocabulario de señas adquirido. Aunque los niños aprendieron más rápidamente y usaron menos signos icónicos, tanto Koko como los niños mostraron una progresión cognitiva y lingüística similar. Estas investigaciones nos brindan una perspectiva única para comprender las necesidades físicas y psicológicas de los gorilas, a través de la comunicación bidireccional establecida mediante el uso de un vocabulario común de signos. Aunque las interpretaciones de los signos de los gorilas pueden ser subjetivas, podemos aprender mucho de su contenido y forma de expresión. Pero vamos a dar un paso más, nos queda poco para la traca final.

Sentía fijación por los gatos domésticos. Cuidó a varios gatos a lo largo de su existencia, manteniendo una relación muy especial con All Ball. Esta relación es ampliamente comentada en el libro *Koko Kitten*, de la doctora Patterson. No es el único gorila famoso por cuidar un gato, también Toto (1931-1968) pasó a la historia por dicha gesta. Con unos cuatro años adoptó a Príncipe, un gatito que llevaba a todos lados. En el libro *Toto and I: A Gorilla in the Family*, A. Maria Hoyt, persona que lo rescató, adoptó y cuidó en los primeros años, cuenta la historia de esta cuidadora de gatos.

Pero volvamos a Koko. Nuestro gorila creó a lo largo de los años una impresionante colección de pinturas que despiertan admiración. Algunas de sus obras son representacionales, capturando la esencia de modelos y plasmando emociones como la ira y el amor. Sus pinturas se han compartido en revistas y periódicos, además de que han sido exhibidas en exposiciones, cautivando a un selecto grupo de amantes del arte. En la página web www.koko.org pueden verse y comprarse réplicas de algunas de sus obras de arte, además de las de su compañero Michael.

Portada de la revista *National Geographic* de octubre de 1978.

Koko saltó a los titulares en 1990 cuando pasó con éxito la prueba de reconocimiento propio en el espejo, convirtiéndose en el primer gorila registrado en demostrar esta habilidad cognitiva. Mientras que los chimpancés y orangutanes ya habían mostrado el reconocimiento propio en el espejo, las pruebas anteriores en gorilas arrojaron resultados diferentes, llevando a los investigadores a creer que los gorilas poseían características cognitivas únicas en comparación con otros simios. El comportamiento de Koko frente a los espejos desde los cuatro años indicaba su capacidad de autorreconocimiento, pero era crucial establecer datos comparables con otros grandes simios. El reconocimiento propio en el espejo se considera un indicador de la autoconciencia, una capacidad que antes se creía exclusiva de los humanos. El repertorio de habilidades de Koko va más allá del reconocimiento propio en el espejo, pues ha mostrado una asombrosa variedad de capacidades relacionadas con la autoconciencia. Desde adquirir y usar pronombres personales y nombres propios hasta referirse a sus estados internos y emocionales, atribuir estados mentales a otros, participar en comportamientos autoconscientes, emitir juicios de valor, hablar consigo misma, mostrar humor, participar en juegos simbólicos y expresar intencionalidad, engaño y vergüenza. Estas habilidades multifacéticas desafían las concepciones preconcebidas sobre las capacidades cognitivas de los gorilas y resaltan el nivel excepcional de autoconciencia de Koko.

La traca final de la historia de Koko es verdaderamente fascinante. Koko no solo era capaz de reconocerse en un espejo, sino que llegó a ir más allá, hasta hacer algo verdaderamente simpático: fue capaz de coger una cámara de fotos y fotografiarse a sí misma delante de un espejo. Demostró que los gorilas pueden hacerse selfis. Esta foto fue portada de *National Geographic* en 1978.

Un ejemplar de *Psittacus erithacus* [Cynoclub].

LOROS PARLANCHINES Y BAILARINES

Las aves han sido objeto de fascinación debido a su capacidad para mostrar una sorprendente inteligencia. En este apartado, nos sumergiremos en el fascinante mundo de las aves y exploraremos su habilidad para hablar y realizar acciones que revelan una notable inteligencia, más allá de los vídeos de simpáticos cuervos usando el principio de Arquímedes para sacar comida de recipientes alargados llenos de agua. Entre las especies aviares más destacadas en este aspecto se encuentran los loros, cuyo potencial cognitivo ha dejado perplejos a científicos y amantes de los animales.

Dos loros en particular, Alex y Snowball, han dejado una marca indeleble en el estudio de la inteligencia animal. Estas aves superan los límites de lo que creíamos posible en términos de comunicación y habilidades cognitivas. Sus impresionantes capacidades lingüísticas y su habilidad para aprender y ejecutar tareas complejas nos invitan a replantearnos nuestras concepciones sobre la inteligencia en el reino animal.

A través de las fascinantes historias de Alex y Snowball, exploraremos los logros y descubrimientos que han revelado la extraordinaria inteligencia de estos loros, así como el impacto que han tenido en la comunidad científica y en aquellos que han tenido la fortuna de interactuar con ellos. Prepárese para adentrarse en un mundo donde las aves hablan, comprenden conceptos y desafían nuestras expectativas.

Hay diversas especies de aves parlantes, como loros y cuervos, entre otros. El periquito Puck fue acreditado por el *Libro Guinness de los Récords*, pues en 1995 demostró que era capaz de decir 1728 palabras. Conozco adolescentes con un vocabulario menos extenso. No es broma. Entre todas las especies, son los loros grises los que muestran mayores capacidades lingüísticas. Tal vez sea Alex el loro gris africano (*Psittacus erithacus*) más famoso.

El loro Alex nació en mayo de 1976 y fue estudiado durante treinta años por la psicóloga estadounidense Irene Pepperberg, quien lo compró en una tienda ordinaria de animales. El nombre de Alex es el acrónimo de *Avian Learning Experiment* («Experimento de Estudio Aviario»). Los loros han ganado fama por su sorprendente habilidad para imitar el habla humana, pero se ha considerado que estas vocalizaciones carecen de significado. Sin embargo, los más de 20 años de investigación con Alex han mostrado que los loros son capaces de mucho más que una simple repetición sin sentido. Estos encantadores y polifacéticos pájaros tienen la capacidad de aprender y entender el lenguaje humano, desafiando las concepciones previas y abriendo nuevas perspectivas sobre la diversidad de la inteligencia en el reino animal.

La psicóloga ha llegado a comparar la inteligencia de los loros con la de delfines y los grandes simios. Para demostrarlo, Pepperberg cambió por completo el modo de entrenamientos que eran habituales con loros. En la búsqueda de métodos efectivos para enseñar estos animales a replicar el habla humana, su equipo adoptó una técnica innovadora basada en la interacción entre humanos y aves. Este enfoque, conocido como protocolo modelo/rival (M/R), ha demostrado ser altamente exitoso y se inspira en los estudios pioneros de Albert Bandura, profesor de la Universidad de Stanford. En la década de 1970, Bandura demostró que los niños aprendían mejor al observar y practicar comportamientos relevantes. Al mismo tiempo, Dietmar Todt, entonces en la Universidad de Friburgo, desarrolló de manera independiente una técnica similar para enseñar a los loros a reproducir el habla humana. Durante una sesión de entrenamiento habitual, Alex se convertía en un espectador atento mientras el entrenador seleccionaba un objeto y planteaba una pregunta al estudiante humano: por ejemplo, «¿De qué color es?». Si el estudiante respondía correctamente, recibía elogios y se le permitía jugar con el objeto como recompensa. Por contra, si el estudiante respondía incorrectamente, el entrenador le reprendía y temporalmente retiraba el objeto de su vista. En este contexto, el segundo humano cumplía el rol de modelo para Alex y al mismo tiempo representaba una competencia por la atención del entrenador. Estas interacciones humanas no solo servían como ejemplo para Alex, sino que también demostraban las consecuencias de cometer errores: el modelo recibía instrucciones para intentarlo nuevamente o para expresarse con mayor claridad. La verdad es que me recuerda a esos vídeos virales en los que el dueño de un perro le pega un golpe con un palo a un peluche delante de su mascota para que esta realice una acción. El pobre canino, asustado, hace lo que entiende que pide el dueño para no correr la misma suerte.

En sesiones de entrenamiento subsiguientes, se invertían los roles de entrenador y modelo. De esta manera, Alex comprendía que la comunicación era un proceso mutuo y que cada vocalización no se limitaba a un individuo en particular. A diferencia de los estudios de Todt, donde las aves solo respondían al individuo que les planteaba las preguntas inicialmente, Alex demostró una notable capacidad para interactuar y aprender de diversas personas. La versatilidad de Alex al trabajar con diferentes entrenadores sugiere que su respuesta está genuinamente basada en su comprensión y no en estímulos específicos de un individuo en particular. Pero este método de entrenamiento venía acompañado de otras técnicas, a menudo extraídas de la educación de niños en la especie humana. Así lo describe Pepperberg en un artículo publicado en *Scientific American*:

«Además del sistema básico M/R, también utilizamos procedimientos complementarios para potenciar el aprendizaje de Alex. Por ejemplo, una vez que Alex comienza a pronunciar una palabra que describe un objeto nuevo, le hablamos sobre el objeto en frases completas: "Aquí está el papel" o "Estás masticando papel". Enmarcar "papel" dentro de una oración nos permite repetir la nueva palabra con frecuencia y con énfasis consistente, sin presentarla como una única emisión repetitiva. Padres y maestros a menudo utilizan esta repetición vocal y presentación física de objetos al enseñar nuevas palabras a niños pequeños. Encontramos que esta técnica tiene dos beneficios. En primer lugar, Alex escucha la nueva palabra de la forma en que se utiliza en el habla normal. En segundo lugar, aprende a producir el término sin asociar la imitación textual exacta de sus entrenadores con una recompensa.

También utilizamos otra técnica llamada mapeo referencial para asignar significado a las vocalizaciones que Alex produce de manera espontánea. Por ejemplo, después de aprender la palabra "gray" (gris), Alex generó términos como "grape" (uva), "grate" (rejilla), "grain" (grano), "chain" (cadena) y "cane" (bastón). Aunque probablemente no produjo estas palabras nuevas de forma intencional, los entrenadores aprovecharon su juego de palabras para enseñarle acerca de estos nuevos elementos utilizando los procedimientos de modelado y enmarcado de oraciones descritos anteriormente».

A lo largo de sus años de entrenamiento, Alex acabó dominando tareas que anteriormente se consideraban más allá de la capacidad de cualquier ser humano y ciertos primates no humanos. No solo era capaz de producir y comprender etiquetas que describían cincuenta objetos y alimentos diferentes, sino que también podía categorizar objetos por color (rosa, azul, verde, amarillo, naranja, gris o morado), material (madera, lana, papel, corcho, tiza, piel o piedra) y forma. Con la combinación de estas etiquetas, Alex podía identificar, solicitar y describir más de cien objetos diferentes con un nivel de precisión del ochenta por ciento aproximadamente. Asimismo, realizaron evaluaciones para explorar las habilidades numéricas de Alex. Empleaba los términos «dos», «tres», «cuatro», «cinco» y «sih» (la pronunciación final de «six» resulta complicada para un loro) para describir cantidades de objetos, incluso cuando se trata de conjuntos de elementos diversos o poco familiares. Aquí reproducimos un diálogo entre Pepperberg y Alex:

«IRENE: Bien, Alex, aquí tienes tu bandeja. ¿Me puedes decir cuántos bloques azules hay?
ALEX: Bloque.
IRENE: Así es, bloque... ¿cuántos bloques azules hay?
ALEX: Cuatro.
IRENE: Correcto. ¿Quieres el bloque?
ALEX: Quiero nuez.
IRENE: Está bien, aquí tienes una nuez. (Espera mientras Alex come la nuez). Ahora, ¿puedes decirme cuántos trozos de lana verde hay?
ALEX: Sisss...
IRENE: ¡Buen chico!».

Alex también comprendía el concepto de tamaño. Incluso contestaba «ninguno» si se le pedía que comparase dos objetos del mismo tamaño. A su vez, era capaz de comprender las relaciones espaciales relativas, como encima y debajo. Y esto conlleva una dificultad añadida que salvaba sin problemas: un objeto que estaba arriba podría luego estar abajo. Estas proezas de Alex no se han repetido de forma tan sorprendente en otros miembros de su especie; sin embargo, sí hay algunos individuos del mismo equipo de investigación que han mostrado avances con el protocolo modelo/rival (M/R), como Griffin. El método se ha usado para otras especies, como es el caso del bonobo Kanzi o incluso en niños humanos con retrasos en el desarrollo.

SNOWBALL, LA CACATÚA BAILARINA QUE HA CAUTIVADO A LOS CIENTÍFICOS

En el mundo de las aves existen casos sorprendentes que desafían nuestras expectativas sobre sus habilidades y comportamientos. Uno de esos casos es el de Snowball (bola de nieve), una cacatúa (*Cacatua galerita eleanora*) que ha dejado perplejos a los científicos con su increíble capacidad para bailar al ritmo de la música.

Snowball es una *Cacatua galerita eleanora* [Eric Isselee].

La historia de Snowball comenzó cuando su dueño, un amante de la música y los animales, notó que la cacatúa parecía moverse de manera peculiar cuando sonaba alguna melodía. Decidió entonces poner a prueba su intuición y poner música variada para observar la reacción de Snowball.

Lo que sucedió a continuación dejó a todos boquiabiertos. Snowball no solo respondía al ritmo de la música, sino que también sincronizaba sus movimientos con precisión, adaptándose a diferentes géneros musicales, desde el *rock* hasta el pop y el hiphop. Su habilidad para imitar algunos pasos y movimientos específicos, como el *headbanging* o el movimiento de la cabeza de un lado a otro, asombró a todos los presentes.

Ante este fenómeno tan inusual, los científicos decidieron investigar más a fondo el caso de Snowball para comprender mejor este comportamiento excepcional en una cacatúa. Se realizaron diversos estudios y análisis para descartar la posibilidad de que sus movimientos fueran simples coincidencias.

Los resultados fueron reveladores. Los investigadores confirmaron que Snowball no solo tenía la capacidad de imitar movimientos, sino que también era capaz de anticiparse al ritmo de la música y ajustar sus movimientos en consecuencia. Esto indicaba una comprensión profunda del ritmo y la capacidad de coordinar su cuerpo en sincronía con la música. Mejor que yo.

Este caso ha planteado importantes preguntas sobre la inteligencia y la cognición en las aves. Tradicionalmente, se creía que solo los seres humanos y algunos primates tenían la capacidad de coordinar el movimiento al ritmo de la música. Sin embargo, Snowball ha desafiado esta noción al demostrar que las aves también pueden tener habilidades sorprendentes en este campo.

Snowball se ha convertido en una sensación viral, cautivando los corazones de millones de personas en todo el mundo. Cuando llegó al centro Bird Lovers Only, su directora quedó prendada al ver cómo nuestra simpática cacatúa bailaba al ritmo de *Everybody* (Backstreet Boys). Ha demostrado ser muy fan de Pink, Lady Gaga, Queen y Bruno Mars, entre otros.

(Delphinus delphi) m 1,5 - 2,5

(Stenella coeruleoalba) m 2 - 2,5

(Tursiops truncatus) m 2,5 - 4

Delfín común (*Delphinus delphi*), delfín listado (*Stenella coeuruleoalba*) y delfín mular común (*Tursiops truncatus*) [Anna L. y Marina Durante].

AKEAKAMAI, EL DELFÍN QUE ABRIÓ LAS PUERTAS DE LOS DELFINARIOS

Los espectáculos en los delfinarios cautivan a cualquier amante de los animales, pero detrás de las exquisitas y bien cuidadas coreografías hay unos animales con una inteligencia que saca cabeza por encima de otras especies. Son muchos los delfines conocidos y estudiados a lo largo del mundo; sus historias, darían para otros tantos libros. Aquí hemos escogido solo a uno: Akeakamai.

Akeakamai nació en 1976 y fue un delfín mular hembra del Atlántico (*Tursiops truncatus*). En el idioma hawaiano, Akeakamai significa «filósofo» o «amante (*ake*) de la sabiduría (*akamai*)». Akeakamai también era el nombre dado a un personaje delfín elevado en la novela de ciencia ficción *Startide Rising* de David Brin. Fue objeto de estudio por Louis Herman, del Laboratorio de Mamíferos Marinos de Kewalo Basin en Honolulu, Hawái, junto a sus compañeras y compañeros de tanque: Phoenix, Elele e Hiapo. Herman ha publicado varios artículos exponiendo sus conclusiones con el uso del lenguaje.

Uno de estos lenguajes se basaba en sonidos de silbidos generados artificialmente, y sirvió como método de instrucción para Phoenix a principios de la década de 1980. Este lenguaje permitía al delfín «responder» de forma inmediata. Sin embargo, esta técnica fue abandonada tan solo unos años después, para aplicar otro tipo de lenguaje con Akeakamai. Este delfín fue entrenado usando un lenguaje basado en señas gestuales y en la visión, de tal forma que las palabras eran gestos realizados por un entrenador con sus brazos y sus manos. En los dos casos se incluían palabras que representaban agentes, objetos, modificadores de objetos, acciones y conjugaciones que eran combinables, utilizando frases de dos a cinco palabras de longitud. El equipo de Herman demostró que los delfines comprendían, a niveles mucho más altos que el azar, todas las formas de oraciones y significados que podían generarse mediante el léxico y el conjunto de reglas sintácticas.

ALEX LASKER

*La memoria
de un elefante*

La conmovedora historia de Ishi en su peligroso viaje para reunirse
con los humanos que lo ayudaron cuando quedó huérfano.

NOVELA|Berenice

Portada del libro *La memoria de un elefante*. La novela narra la épica historia de Ishi, un elefante africano que realiza un último y peligroso viaje en busca de los humanos que lo rescataron cincuenta años atrás. La familia que lo crió, y que luego lo perdió, está compuesta por un famoso guía de caza y su esposa, directora de un centro de animales. También incluye a sus dos hijos y al joven Kikuyu, quien encuentra al elefante huérfano y se convierte en parte del clan Hathaway. Esta absorbente novela, escrita por el renombrado guionista de Hollywood Alex Lasker, es una narración atemporal y conmovedora que se desarrolla en escenarios tan variados como el este de África, Gran Bretaña y Nueva York. Está editada por Berenice.

La comprensión de los delfines hacia los signos gestuales de conceptos abstractos fue notable. Se logró establecer un entendimiento claro de señas como «izquierda», «derecha», «ausente» (representando el concepto de cero o «nada»), «creativo» (para generar algo nuevo) y «en tándem» (para realizar acciones sincronizadas). Sin embargo, lo más sorprendente fue la combinación de dos de estas señas, conocida como «tándem creativo», que aún hoy en día mantiene su misterio. Cada vez que se presentaba esta combinación, los delfines respondían de manera asombrosa, creando un comportamiento completamente nuevo, como realizar volteretas hacia atrás en el aire y escupir agua en el punto más alto, todo ello en perfecta sincronía. Estos hallazgos sugieren la posibilidad de que los delfines sean capaces de comunicarse entre sí de forma compleja, hasta el punto de llegar a un consenso en poco tiempo antes de mostrar el nuevo comportamiento.

ELEFANTES, LOS GIGANTES DE LA MEMORIA

Los elefantes han provocado fascinación a lo largo de la historia. Pero más allá de su imponente presencia y su inigualable belleza, estos magníficos animales poseen una inteligencia sorprendente. Su capacidad para resolver problemas, su memoria prodigiosa y su notable habilidad social nos revelan un mundo de cognición y comportamiento complejo. Al igual que ocurre con otras partes de este capítulo, son demasiados los elefantes de los que podríamos hablar, así que aquí elegimos solo a dos: Kandula y Betty.

Kandula era el nombre del elefante de guerra del rey Dutthagamani (200 a. C.), del reino de Anuradhapura, en la antigua Sri Lanka. También es el nombre de un elefante asiático (*Elephas maximus*) que sorprendió al mundo entero en el Smithsonian National Zoological Park, en Washington. Mostró cualidades para resolver problemas complejos. Preston Foerder, de la Universidad de Nueva York, realizó un experimento con dos hembras adultas de 33 y 61 años, además de con Kandula, que contaba con 7 años de edad. Los resultados de su estudio los publicó en 2011 en *PLOS ONE*, con el título «Insightful Problem Solving in an Asian Elephant».

La primera parte del experimento consistió en colgar frutas en zonas elevadas, usando cables. Por allí dejaron palos, a ver si los usaban para coger los alimentos, pero fue en vano. Sin embargo, la segunda fase fue diferente. Se colocó un cubo al que las adultas no hicieron caso, pero que Kandula usó para poderse elevar un poco con el fin de coger las frutas, intento que resultó exitoso. Más adelante, Kandula empleó una rueda de tractor con el mismo fin. En el artículo mencionado los autores sentencian:

> «En ausencia del cubo, el elefante generalizó esta técnica de utilización de herramientas a otros objetos y, cuando se le dieron objetos más pequeños, los apiló en un intento de alcanzar el alimento. El comportamiento general del elefante fue consistente con la definición de resolución perspicaz de problemas. Los fracasos anteriores en demostrar esta habilidad en elefantes podrían deberse no a una falta

Elefante africano joven. Grabado de Oliver Goldsmith, 1860.

de capacidad cognitiva, sino a la presentación de tareas que requerían palos sostenidos con la trompa como posibles herramientas, lo que interfería con el uso de la trompa como órgano sensorial para localizar el alimento objetivo».

Otro caso sorprendente fue el de Happy, una elefanta africana (*Loxodonta africana*) que participó en un estudio para reconocer la autoconciencia del paquidermo. Hablamos de la prueba del espejo (MSR, por sus siglas en inglés), que se creía limitada a humanos y primates, aunque se ha probado también exitosamente con delfines. En un estudio llevado a cabo por Joshua M. Plotnik, Frans B. M. de Waal y Diana Reiss, se realizó la prueba del espejo en tres sujetos, la mencionada Happy, además de Maxine y Patty.

«Los animales que demuestran MSR suelen pasar por cuatro etapas: (i) respuesta social, (ii) inspección física del espejo (por ejemplo, mirar detrás del espejo), (iii) comportamiento repetitivo de prueba con el espejo (es decir, el comienzo de la comprensión del espejo) y (iv) comportamiento dirigido hacia sí mismo (es decir, reconocimiento de la imagen en el espejo como propia). La etapa final se verifica si un sujeto pasa la "prueba de la marca" al utilizar espontáneamente el espejo para tocar una marca imperceptible en su propio cuerpo. La aplicación de la marca se recomienda solo si se han cumplido los criterios anteriores».

Los investigadores construyeron un espejo resistente a elefantes de casi 2,5 metros de altura que permitía una inspección cercana de la superficie reflectante. La marca que se usó fue pintada sobre la frente de los paquidermos con sulfuro de zinc (muy blanco y vistoso), para eliminar cualquier rastro de olor que pudiera advertir a los sujetos de estudio sobre su presencia. Solo Happy fue capaz de dirigir su trompa repetidamente hacia la marca (un aspa) para inspeccionarla.

"Chaser is the most scientifically important dog in over a century. Her fascinating story reveals just how sophisticated a dog's mind can be." —BRIAN HARE, coauthor of *The Genius of Dogs*

Chaser

Unlocking the Genius of the Dog Who Knows a Thousand Words

JOHN W. PILLEY WITH Hilary Hinzmann

Portada del libro *Chaser: Unlocking The Genius Of The Dog Who Knows A Thousand Words*. Cuando el profesor de psicología jubilado John Pilley recibió por primera vez a su nuevo cachorro *border collie*, Chaser, quería explorar los límites del aprendizaje del lenguaje y la comunicación entre los humanos y el mejor amigo del hombre. Demostrando una inteligencia que antes se creía imposible en los perros, Chaser pronto aprendió los nombres de más de mil juguetes y oraciones con múltiples elementos de gramática. Los logros de Chaser están revolucionando la forma en que pensamos sobre la inteligencia de los animales. El inspirador viaje de John y Chaser demuestra el poder del aprendizaje a través del juego y nos abre los ojos al potencial ilimitado de los animales que amamos [Mariner Books].

Cuántas veces el dueño de un perro ha dicho la expresión «le falta hablar», cuando hace referencia a las maravillas que hace su perro. Razón no le falta, la inteligencia de los perros supera nuestras expectativas. ¿Cuántas enciclopedias completas podrían rellenarse con nombres propios de perros que han mostrado una inteligencia extrema? En otras partes de este libro ya mencionamos a varios perros por otras diversas cuestiones. Aquí, como en los casos anteriores, solo nos paramos en dos, ambos pertenecientes a la raza *border collie*: Chaser y Rico. Y es que los *border collie* están reconocidos como la raza más inteligente entre el reino canino.

La cachorra Chaser se convirtió en un regalo de Navidad para el profesor emérito en Psicología del Comportamiento, John Pilley, en Carolina del Sur, Estados Unidos. Desde temprana edad, Chaser exhibió asombrosas habilidades cognitivas. Con la guía y el constante entrenamiento de Pilley, logró aprender el significado de 1022 palabras, incluyendo sustantivos y verbos, mientras que la mayoría de los perros considerados altamente inteligentes aprenden alrededor de cien. Por esta razón, Chaser se ganó el título de «el perro más inteligente del mundo», un reconocimiento que sin duda perdurará. En una entrevista, Debbie Pilley-Bianchi, hija de Pilley, decía lo siguiente a Pierinna Isis Tenchio:

«Un día, sentadas a la mesa con mi madre, descubrimos que Chaser sabía los nombres de todos los perros del vecindario. Mi madre dijo que no la sacaría a su habitual caminata nocturna porque el vecino estaba cuidando a un pequeño perro llamado Casey, que a Chaser no le caía muy bien. De la nada, Chaser apareció gruñendo junto a la mesa. Sorprendidas y extrañadas, le preguntamos: "¿Qué pasa, Chaser? ¿No te gusta Casey?" Chaser saltó hacia atrás, sacudiendo su cabeza y gruñendo. No podíamos dejar de reírnos y le preguntamos de nuevo. Ahí ladró (ella nunca ladraba). Decidimos probarla y comenzamos a preguntarle sobre otros perros y personas del vecindario. Así, le fuimos preguntando: "¿Y qué hay de Fafner?" Chaser se quedó inmóvil mirándonos, moviendo la cola, sin reaccionar. "¿Y Holly?", algunos grrrrrs (Holly era un pequeño perro molesto pero inofensivo). "¿Y Billy?", gruñidos de bajo tono (Billy era uno de mis gatos que siempre se prendía de su cola). "¿Y Dixie?", gruñidos y sacudidas de cabeza (era un gran perro colorado que vivía en la casa contigua)».

Lo dicho, solo le faltaba hablar. En su enfoque de enseñar el lenguaje humano a los perros, el profesor Pilley cuestionó las técnicas convenciones al utilizar palabras y juego en lugar de señales manuales y recompensas de comida. Su hija señala que, his-

Un *border collie* realiza tareas de pastoreo [Alexandra Morrison].

tóricamente, los granjeros han utilizado su voz para comunicarse con los *border collie*, lo que demuestra que los perros son capaces de entender las variables del sonido y están constantemente escuchando. Existe evidencia anecdótica de que los perros entienden ciertas palabras y las asocian con experiencias específicas.

Desde una perspectiva científica, enseñar el lenguaje humano a los perros tiene varias explicaciones. En primer lugar, la comunicación es fundamental en cualquier relación, y los humanos utilizamos diferentes formas de comunicación, incluyendo verbal y visual, para fortalecer los vínculos y mejorar el entendimiento mutuo. Lo mismo ocurre entre el hombre y el perro. Además, aprender cualquier lenguaje requiere tiempo, paciencia y repetición. No podemos esperar que los perros adquieran conocimientos que nosotros mismos aún no hemos aprendido. Es necesario entender que el aprendizaje requiere práctica, al igual que la necesitan los atletas, músicos, abogados, médicos y entrenadores de perros. Por lo tanto, no deberíamos aspirar a resultados diferentes con nuestros animales.

El profesor Pilley y su equipo han publicado varios artículos con los resultados de su interacción con Chaser, por lo que estamos hablando de un caso más allá de lo anecdótico. Pilley incluso escribió un libro muy aclamado por la crítica, *Chaser, el perro más listo del mundo*.

La versión española de Chaser es Rico, el otro *border collie* que traemos a colación. En 2020 saltó a los medios de comunicación españoles al presentarse al concurso de perros Genious Dog Challenge, para elegir el perro más inteligente del mundo. Quedó entre los seis primeros. Durante la primera etapa del concurso estos perros tienen una semana para aprender el nombre de seis juguetes; mientras que, en la segunda ronda, son doce objetos en siete días. El caso de Rico es uno entre cientos de otros perros desconocidos que no han tenido la oportunidad de presentarse a este peculiar concurso, ¿reconoce tu perro los objetos por su nombre?

Monumento al caballo de la Segunda Guerra Bóer en Port Elizabeth, Cabo Oriental, Sudáfrica. Esta escultura de bronce, obra de Joseph Whitehead, está dedicada a los caballos que sirvieron y murieron durante la Segunda Guerra Bóer. Gran Bretaña llevó un gran número de caballos a Sudáfrica para este conflicto, y se estima que el costo total de estos animales fue de alrededor de 7 millones de libras esterlinas. Más de 300 000 caballos murieron en servicio británico en Sudáfrica. El monumento, de tamaño natural, muestra a un soldado arrodillado entregando un balde de agua a su sediento caballo de servicio. Port Elizabeth fue un punto clave durante la guerra, ya que la mayoría de los caballos importados desembarcaron en esta ciudad. Los caballos llegaron desde todo el mundo, incluyendo unos 50 000 de Estados Unidos y 35 000 de Australia. En la base del monumento se puede leer: «LA GRANDEZA DE UNA NACIÓN NO ESTÁ TANTO EN EL NÚMERO DE SU PUEBLO O LA EXTENSIÓN DE SU TERRITORIO COMO EN EL ALCANCE DE SU COMPASIÓN. ERIGIDO POR SUSCRIPCIÓN PÚBLICA EN RECONOCIMIENTO A LOS SERVICIOS DE ANIMALES VALIENTES QUE MURIERON DURANTE LA GUERRA ANGLO BÓER. 1899-1902». [South Africa S. V.].

EL SARGENTO STUBBY
Y OTROS ANIMALES DE COMBATE

Desde tiempos inmemoriales, los animales han desempeñado un papel crucial en la guerra, siendo aliados fundamentales para los ejércitos y protagonistas en momentos cruciales de la historia. Las palomas mensajeras, con su asombrosa capacidad de orientación y su intachable voluntad de cumplir misiones, han cruzado peligrosas líneas enemigas para transmitir información vital. Los perros, con su lealtad y agudeza olfativa, han rastreado a soldados perdidos y han desactivado explosivos con valentía admirable. Los elefantes, con su imponente presencia e inigualable fuerza, han arrasado enemigos y protegido a sus jinetes con destreza. Los caballos, compañeros incansables en las batallas, han cargado con jinetes valientes hacia la gloria o el sacrificio. Los gatos, con su agilidad y astucia felina, se han ganado un lugar en los barcos de guerra, protegiendo los suministros de roedores indeseables. Los camellos, resistentes y adaptables a los desiertos más inhóspitos, han sido imprescindibles en las caravanas militares que atravesaban vastos territorios. Estos animales, entre otros, han dejado una marca imborrable en la historia, demostrando que la alianza entre seres humanos y animales en la guerra puede ser un vínculo poderoso y trascendental. En las páginas que siguen, nos embarcaremos en un viaje para descubrir sus relatos épicos, uniendo nuestras voces para rendir homenaje a su coraje y lealtad incuestionables.

Mayor Charles White Whittlesey, comandante del 308° Regimiento de Infantería, 154ª Brigada de Infantería, parte de la 77ª División de Infantería (el batallón perdido). Fue visto por última vez a bordo del SS Toloa, donde, después de cenar con el capitán, se retiró para descansar y nunca más se le volvió a ver.

CHER AMI, LA PALOMA

En francés, *cher ami* significa «querido amigo». Un buen nombre para una paloma mensajera (*Columba livia domestica*) fiel que participó en la Primera Guerra Mundial. Fue donada por aficionados a las palomas de Gran Bretaña a colombófilos estadounidenses. Un momento, ¿qué es eso de colombófilos? La colombofilia es el arte de criar y adiestrar palomas, aunque por lo de «filia» parece otra cosa más traviesa. El término proviene del latín, *columba*, que significa «paloma». Otras palabras como columbario o colombardo, provienen del mismo término. Aunque la cría de palomas se remonta a siglos de antigüedad, no sería hasta el siglo XIX que se usarían las palomas de forma generalizada para el envío de mensajes. De hecho, se sabe que, en el siglo VI a. C., Ciro II de Persia ya las usaba para comunicarse con los rincones de su imperio. Aunque hubo un precedente cercano en la guerra franco-prusiana, esta telegrafía alada tomó especial relevancia en la Primera Guerra Mundial y, en menor medida, en la Segunda Guerra Mundial. En España, el primer palomar militar se organizó en 1879, y en la actualidad está integrado en el Servicio Colombófilo Militar (SCM). Aunque con el paso del tiempo tienen menos relevancia en el plano militar, sí va tomando adeptos en el ámbito deportivo.

Cher Ami fue una de estas palomas militares adiestradas para transportar mensajes. Tal vez sea la paloma militar mensajera más famosa de toda la historia. ¿Y cómo es que tomó tal relevancia una simple paloma? Vayamos a la historia. En un fatídico 3 de octubre de 1918, el mayor Charles Whittlesey (1884-1921) y más de quinientos soldados se encontraban atrapados en una pequeña depresión al lado de una colina, ocultos detrás de las líneas enemigas, en el bosque de Argonne. Desde la perspectiva de la historia se conoce como «batallón perdido». Su situación era desesperante: carecían de alimentos y municiones, y, para empeorar las cosas, estaban bajo el fuego equivocado de las tropas aliadas que desconocían su posición. Rodeados por los implacables alemanes, el primer día cobró la vida de muchos y dejó a poco más de ciento noventa hombres aún con aliento. Sin más opciones, el mayor Whittlesey tomó una decisión audaz: enviar mensajes de petición de auxilio mediante palomas mensajeras. La esperanza lo motivó a liberar la primera paloma portadora del mensaje «Muchos heridos. No podemos evacuar». Pero la cruel realidad los alcanzó cuando la paloma fue derribada antes de alcanzar su destino. Sin dejarse desalentar, enviaron una segunda paloma con un mensaje aún más apremiante: «Los hombres están sufriendo. ¿Pueden enviar apoyo?». Segundo fracaso, pues esta segunda paloma también fue derribada. Pero a la tercera va la vencida, suele decirse. Y la tercera fue Cher Ami, que transportó el siguiente mensaje: «Estamos junto a la carretera paralelo 276,4. Nuestra propia artillería está lanzando un bombardeo directamente sobre nosotros.

Cher Ami fue condecorada por su valiente servicio durante la Primera Guerra Mundial. Fue galardonada con la Croix de Guerre, una condecoración militar francesa otorgada a aquellos que realizan actos heroicos en combate.

Por el amor de Dios, deténgalo». En un acto de coraje indomable, Cher Ami se enfrentó a la adversidad mientras intentaba regresar a su hogar. Desde la maleza, los ojos alemanes la detectaron y sin demora abrieron fuego. En medio del caos, Cher Ami sorteó las balas que silbaban a su alrededor y emprendió su vuelo hacia la seguridad. Aunque finalmente fue derribada, su espíritu resiliente se negó a rendirse. Con tenacidad asombrosa, se levantó nuevamente y continuó su vuelo. Veinticinco minutos bastaron para que Cher Ami regresara a su palomar, ubicado a treinta y dos kilómetros de distancia, tras haber dejado atrás a la división enemiga. Su valiente hazaña salvó las vidas de los ciento noventa y cuatro sobrevivientes. En esta última misión, Cher Ami entregó el mensaje con un disparo en el pecho, un ojo cegado, cubierta de sangre y con una pata pendiendo de un hilo de tendón. Los médicos lograron salvarle la vida, pero su pata quedó finalmente amputada. Fue condecorada con la medalla Cruz de Guerra con Hojas de Roble, una condecoración militar francesa otorgada a todos aquellos valientes que se distingan por acciones de heroísmo en combate con fuerzas enemigas. El pequeño cuerpo de Cher Ami se exhibe en el Instituto Smithsoniano (Washington D. C.).

Cher Ami está naturalizado (fue un ejemplar macho) en el Smithsonian.

THE PIGEON WHO SAVED THE LOST BATTALION

FLY,
★CHER AMI,★
FLY!

By Robert Burleigh ★ Illustrated by Robert MacKenzie

Portada del libro *Fly, Cher Ami, Fly!*, escrito por Robert Burleigh e ilustrado por Robert MacKenzie, publicado por Harry N. Abrams en 2008. La obra narra la extraordinaria y heroica historia de Cher Ami, la paloma mensajera que desempeñó un papel crucial durante la Primera Guerra Mundial. A través de vibrantes ilustraciones y una narrativa envolvente, el libro cuenta cómo Cher Ami voló bajo fuego enemigo para entregar un mensaje vital que salvó al batallón perdido de la 77ª División de Infantería de los Estados Unidos, liderado por el Mayor Charles White Whittlesey. La portada captura la esencia del heroísmo y la determinación de Cher Ami, presentándola en pleno vuelo mientras lleva su importante mensaje.

Nos llegan más nombres propios de palomas en el contexto de la Segunda Guerra Mundial. Así, la paloma Paddy (1939-1945) fue reconocida en una placa en 2009, a título póstumo, en el Museo Imperial de la Guerra, Londres. Fue la primera paloma en regresar con información clave en lo que se conoce hoy como Día D, en 1944. Paddy no se enfrentó a las balas, sino a un enemigo mucho más eficaz: los halcones alemanes entrenados para interceptar palomas mensajeras. Fue la única sobreviviente de una unidad compuesta por treinta palomas adiestradas y logró recorrer 515 kilómetros de distancia en cuatro horas y cincuenta minutos. Por su hazaña, le concedieron la medalla Dickin, por «lograr el mejor tiempo portando un mensaje desde las operaciones de Normandía, mientras servía con la RAF (la aviación británica) en junio de 1944».

En la Segunda Guerra Mundial hubo otras colúmbidas luchadoras que han pasado a la historia. Commando fue una de esas palomas que daban una alternativa a las peligrosas comunicaciones por radio. A lo largo de su notable trayectoria, Commando se convirtió en una incansable mensajera, realizando más de noventa valientes viajes a través de la Francia ocupada por los alemanes. Entre los registros de sus hazañas destacan tres misiones particulares, llevadas a cabo en 1942: una en junio, otra en agosto y la tercera en septiembre. En cada una de ellas, Commando transportaba información crucial como la ubicación precisa de las tropas alemanas, la identificación de zonas industriales clave o el estado de los soldados británicos heridos, y lo hacía desde territorio francés hasta Gran Bretaña. La medalla Dickin que recibió fue subastada posteriormente por 9200 libras.

Otra paloma merecedora de la medalla Dickin fue G.I. Joe (1943-1961), la cual destacó en el servicio de palomas de Estados Unidos. En la campaña italiana de la Segunda Guerra Mundial, G.I. Joe emergió para preservar la vida de los habitantes de la localidad de Calvi Vecchia, Italia, así como de las tropas británicas de la 56ª División de Infantería que la ocupaban. El fatídico 18 de octubre de 1943 se había solicitado apoyo aéreo contra las posiciones alemanas en Calvi Vecchia. Sin embargo, en un giro del destino, el mensaje crucial que anunciaba la captura del pueblo por parte de la 169º Brigada de Infantería, entregado por el intrépido G.I. Joe, llegó justo a tiempo para evitar el inminente bombardeo. Este audaz palomo voló con determinación, cubriendo una distancia treinta y dos kilómetros en tan solo veinte minutos, mientras los aviones se preparaban para despegar rumbo al objetivo designado. Gracias a su entrega, hasta un millar de hombres encontraron salvación en ese crucial instante. Al igual que las anteriores, le fue concedida la medalla Dickin a la valentía, convirtiéndose en el primer animal no británico en recibir la medalla.

La penúltima paloma que traemos a estas líneas tiene nombre de duque: Guillermo de Orange. Con número de registro militar NPS.42.NS.15125, estuvo al servicio de la inteligencia militar británica MI14. Su actuación durante la operación aero-

HOMING PIGEON HERO WORLD WAR II

THE RACING HOMER "G.I. JOE"

"G.I. JOE" is the most outstanding military pigeon in history and is credited with saving the lives of at least 1000 British troops during World War II.

The British 56th Brigade was scheduled to attack the city of Colvi Vecchia, Italy, at 10 a.m., October 18, 1943. The U.S. Air Support Command was scheduled to bomb the city to soften the entrance for the British Brigade. The Germans retreated leaving only a small rear guard and as a result the British troops entered the city with little resistance and occupied it ahead of schedule.

All attempts to cancel the bombings of the city, made by radio and other means of communication, had failed. Little "G.I. JOE" was released with the important message to cancel the bombing. He flew 20 miles back to the U.S. Air Support Command base in 20 minutes and arrived just as our planes were warming up to take off. If he had arrived a few minutes later it might have been a different story.

Gen. Mark Clark, Commanding the U.S. Fifth Army, estimated that "G. I. JOE" saved the lives of at least 1000 of our British allies.

In November 1946, "G. I. JOE" was shipped from Fort Monmouth, N.J. to London, England, where he was cited and awarded the Dickin Medal for gallantry by the Lord Mayor of London. "G. I. JOE" is the only bird or animal in the United States to receive this high award.

"G.I. JOE"

A 17½ X23 full color, limited edition, lithograph numbered & signed by the artist will be sent for a donation to the American Homing Pigeon Institute, Inc. of $60. Address: 2425 Old Arch Road, Norristown, PA 19401

Publicidad para recaudar fondos del American Homing Pigeon Institute. la ilustración representa a G.I. Joe volando durante el combate.

transportada de Arnhem le valió el reconocimiento supremo: la 21ª medalla Dickin en 1945. Gracias a él, un mensaje crucial fue entregado, salvando la vida de más de dos mil soldados en plena batalla de Arnhem en septiembre de 1944.

Pero el premio gordo se lo lleva Káiser, la paloma que participó en dos guerras mundiales. Primero fue uno de los palomos de los soldados del emperador Guillermo II. Pero en 1918 se convirtió en un prisionero de guerra: la 28ª División de Infantería del general John J. Pershing capturó un palomar con diez palomas. Y una era Káiser, que fue el nombre que le pusieron sus captores debido a su majestuoso porte. No solo nunca la devolvieron, sino que se convirtió en una importante ave de cría en los años 30, con un centenar de descendientes. Cuando podría considerarse una paloma anciana, estalló la Segunda Guerra Mundial y muchos de sus descendientes fueron a combate. Falleció con nada menos que 32 años (la esperanza de vida de una paloma mensajera en cautiverio es de 15 años), en su palomar de Fort Monmouth, Nueva Jersey. Su experimentado cuerpo está expuesto en el Museo Nacional de Historia de América.

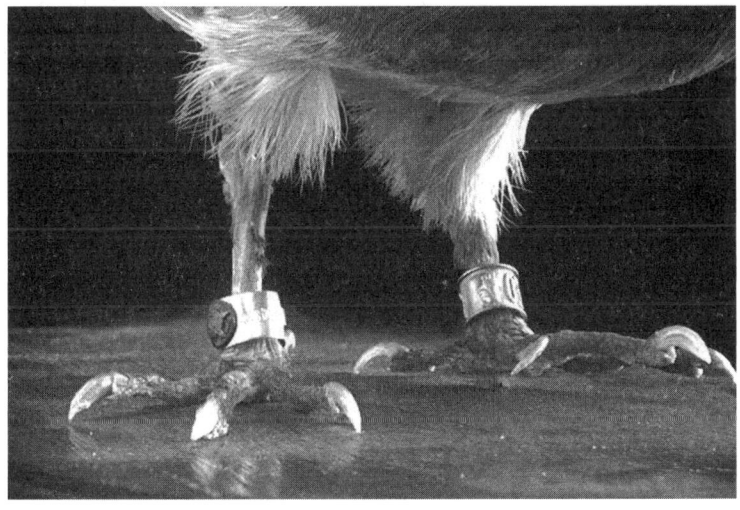

Detalle de las patas de Káiser con el doble anillado, que incluye una anilla del American Legion Post No. 667 [National Museum of American History].

El sargento Stubby junto a su cuidador, el soldado Robert Conroy, en 1919.

UN FRENTE MUY PERRUNO

Se estima que en la Primera Guerra Mundial participaron unos dieciséis millones de animales. Ahí es nada. De todos ellos, unos cien mil eran perros (*Canis lupus familiares*). Sobre todo fueron usados por Alemania y Austria-Hungría, que ya tenía escuelas de adiestramiento antes de la contienda. Su uso se centraba en el transporte de objetos y mensajes, además de en otros cometidos como tirar líneas telefónicas entre trincheras, detectar sonidos y olores o encontrar heridos en el campo de batalla. El ejército imperial alemán comenzó con seis mil perros adiestrados y terminó usando un total de treinta mil canes en los años que duró el conflicto. El servicio sanitario de perros, destinado a la búsqueda de heridos, contaba con dos mil quinientos perros. Las razas más usadas fueron pastor alemán, dóberman *pinscher* y *airedale terrier*. Esta última raza también fue empleada por la escuela británica de perros de guerra, junto al *terrier* irlandés y al *collie*. Por su parte, el ejército italiano usó tres mil quinientos perros, casi todos San Bernardo. En su caso, el cometido era el transporte de suministros en trineo. Por último, el mastín belga, usado en Bélgica como animal de tiro durante cientos de años, fue requisado por el ejército belga para el transporte de ametralladoras. El mastín belga finalmente se extinguió a mitad del siglo XX. Vamos a ver algunos nombres conocidos de estos héroes ladradores.

Sin duda alguna, el sargento Stubby (1916-1926), que da título a este capítulo, es el can más conocido de la historia bélica del ser humano. Sus hazañas han quedado inmortalizadas en una película de animación en 2018: *Sgt. Stubby. Un héroe muy especial.* Era un *boston terrier,* una raza con individuos pequeños y simpáticos. Con solo un año fue encontrado merodeando por las inmediaciones del campus de la Universidad de Yale (Connecticut), cuando el 102º Regimiento de Infantería entrenaba por allí. Un soldado, Robert Conroy, se encariñó con Stubby, que se había colado cuando dicho soldado se embarcó hacia el frente. El oficial al mando no tardaría en descubrirlo, pero un gesto del perro hizo que le diera permiso para quedarse: saludó como si hubiese estado entrenando en el campamento. Estuvo dieciocho meses en las trincheras de Francia, participó en cuatro ofensivas y en diecisiete batallas. En abril de 1918 fue herido en una pata delantera, por una granada de mano. Durante un tiempo estuvo en la retaguardia recuperándose, pero allí también se ganó la confianza y el cariño de los soldados, como hiciera en el frente. Entre las cualidades de Stubby, estaban la capacidad de detectar la presencia de gas venenoso, la localización de heridos en tierra de nadie y la detección de los obuses por el sonido cuando eran lanzados. Pero la mayor proeza fue la captura de un espía alemán en la ofensiva de Meuse-Argonne, razón por la cual fue ascendido a sargento. Stubby terminó sus días como una celebridad, incluso tuvo encuentro con varios presidentes estadounidenses. A su muerte le siguió un extenso obituario, nada menos que en el *New York Times*. Su cuerpo está disecado y expuesto en el Museo Nacional de Historia Estadounidense (Washington D. C.). Tiene una placa de honor en el Liberty Memorial, Kansas City. La placa dice: «Sargento Stubby un héroe canino de la I Guerra Mundial. Un vagabundo valiente».

El sargento Stubby comparte una carroza con la señorita Louise Johnson durante un desfile de animales por la avenida Pensilvania de Washington, en 1921 [Library of Congress].

Fue en la Primera Guerra Mundial cuando se adiestraron por primera vez los perros para la búsqueda de personas y detección de armas. Entre estas huestes nos encontramos a Dick, un *collie* que localizó nada menos que ¡doce mil minas! También tenemos a Dzhulbars, un alsaciano que operó en Rusia, Ucrania, Rumanía, Checoslovaquia, Hungría y Austria. Encontró casi 7500 minas y 150 proyectiles no detonados. En junio de 1945, Dzhulbars participó en un desfile militar, pero había sido herido al final de la guerra y tuvo que desfilar en brazos de Alexander Mazover, el más importante adiestrador de perros de la URSS.

Ojo, no solo buscan minas los perros. En enero de 2022 moría Magawa, una auténtica rata buscaminas. Estuvo cinco años trabajando en Camboya, donde encontró más de 100 minas y bombas sin estallar. Limpió un total de 225 000 metros cuadrados. La labor de esta enorme rata africana, nacida en Tanzania en 2013, fue honrada en septiembre de 2020 por la organización PDSA, que es la abreviatura de «People's Dispensary for Sick Animals» y que premia a los animales por su valentía y dedicación. En esa ocasión, le otorgaron una valiosa medalla dorada. Este reconocimiento marcó un hito, ya que se convirtió en la primera rata en recibir semejante distinción en los 77 años de historia de

Stubby, vistiendo su uniforme militar y luciendo sus condecoraciones [Library of Congress].

PDSA, compartiendo así este honor con numerosos perros, algunos caballos, palomas y hasta un gato. Esta rata y otras muchas son adiestradas por la ONG APOPO, para detectar los componentes químicos de los explosivos. Camboya ocupa el segundo lugar en la lista de países más afectados por minas terrestres en todo el mundo, justo después de Afganistán. Durante los conflictos armados que devastaron el país entre 1975 y 1998, se estima que se colocaron hasta seis millones de minas terrestres. Alarmantemente, de estas, aproximadamente tres millones aún no han sido ubicadas, representando una amenaza constante para la población y el desarrollo de la región.

Rags, un *terrier* mestizo, se convirtió en la mascota y valioso miembro de la Primera División de Infantería de los EE. UU., durante la Primera Guerra Mundial. Encontrado en las calles de París por el soldado James Donovan, Rags pronto demostró

Rags con el sargento George E. Hickman, 16.º Regimiento de
Infantería, 26.ª División [Library of Congress].

ser excepcional. Además de elevar la moral de la tropa, Rags se entrenó como mensajero y se convirtió en un héroe al llevar mensajes críticos en el frente, salvando vidas. Su agilidad y valentía impresionaron a todos. También desarrolló un sistema de alerta contra el fuego enemigo, anticipándose a las explosiones. Rags, que significa «harapos» en español, aprendió a saludar de manera militar, y su valor en combate le valió el respeto de todos. Sin embargo, en 1918, tanto Rags como Donovan resultaron heridos por la artillería alemana. Donovan no logró recuperarse, pero Rags sanó y permaneció en la base militar. Finalmente, en 1920, el comandante Raymond W. Hardenbergh y su familia adoptaron a Rags. Falleció en 1936 con 20 años, fue enterrado con honores militares, y se erigió un monumento en su memoria en Silver Spring, Maryland, cerca del hogar de los Hardenbergh.

Otro de los héroes caninos de la Primera Guerra Mundial es Satán, aunque su nombre no debe llevar a engaño. Durante la batalla de Verdún en 1916, que fue una de las más prolongadas y mortales del conflicto, Satán demostró su valentía y lealtad como un perro mensajero al servicio del ejército francés. La lucha en Verdún se había convertido en una pesadilla, con un cuarto de millón de muertos y medio millón de heridos en ambos bandos. Los defensores franceses estaban atrincherados y bajo un constante bombardeo de la artillería alemana. Su situación era desesperada, con escasez de municiones y pocas posibilidades de resistir. Fue en ese momento crítico cuando Satán, un cruce de galgo y *collie*, se convirtió en un rayo de esperanza. El perro, equipado con una máscara de gas para protegerse del gas letal, llevaba un mensaje crucial al cuello y alforjas en las que transportaba dos palomas mensajeras. Mientras cruzaba las líneas enemigas, los francotiradores alemanes apostaban sobre quién sería el primero en derribarlo. Aunque uno de ellos logró herir a Satán en una pata, el valiente can continuó cojeando hasta alcanzar las trincheras francesas. El mensaje que portaba decía: «¡Por el amor de Dios, aguantad! Mañana enviaremos refuerzos».

LOS PERROS DONADOS DE LA II GUERRA MUNDIAL

En la Segunda Guerra Mundial los perros también jugaron su papel. Nos encontramos, por ejemplo, con Judy, una perrita nacida en China en 1936. Se convirtió en una heroína en la Segunda Guerra Mundial. A pesar de su origen lejano, era de la raza *pointer* inglés, muy común para la caza en las islas británicas. Después de escapar de una perrera en Shanghái a los tres meses de edad, Judy fue adoptada por soldados británicos. A bordo del buque HMS Gnat, a pesar de no ser una cazadora, se convirtió en una valiosa miembro de la tripulación. Su agudo oído la convirtió en una alerta temprana para posibles amenazas, como piratas asiáticos y aviones japoneses. Tras más aventuras en el HMS Grasshopper y un naufragio en una isla, Judy y los soldados fueron apresados por los japoneses. Aquí conoció a Frank Williams, un aviador británico que se convertiría en su compañero constante y salvador. Judy protegió a los prisioneros en el campo japonés, alertando sobre peligros y ayudando a mantener la moral. Judy recibió la medalla Dickin y permaneció con Frank hasta su fallecimiento en 1950. Fue enterrada en Tanzania, y se le erigió un monumento en su honor. Su historia se ha inmortalizado en libros y se ha convertido en un símbolo de valentía y resistencia en tiempos de guerra.

Chips, un cruce pastor alemán y *husky*, se convirtió en el perro más condecorado de la II Guerra Mundial. Fue centinela, lo que significa que defendía los asentamientos de personas extrañas, advirtiendo las presencias no deseadas mediante ladridos. Chips, nacido en el año 1940, había pertenecido a Edward J. Wren, quien residía en Pleasantville, Nueva York, junto a su esposa e hija. Durante su primer año de vida, Chips mostraba un fuerte lazo con la hija de Wren, Gail, siguiéndola a todas partes. Incluso, mientras jugaba con otros niños, el perro actuaba como protector, alejando a las niñas si percibía algún peligro.

Sin embargo, la tranquilidad de los días de juegos se vio interrumpida cuando Estados Unidos entró en la Segunda Guerra Mundial, y la población comenzó a donar sus perros para el servicio militar. La familia Wren no dudó en contribuir a la causa. El proyecto War Dog Training Center en Virginia buscaba apoyar a las fuerzas armadas estadounidenses y sus aliados en la guerra, y de los cuarenta mil perros donados, solo diez mil lograron completar el riguroso entrenamiento. Chips fue uno de los cuatro caninos asignados a la tercera División de Infantería, que participó en diversas operaciones en el norte de África, Sicilia, Francia y Alemania. Siempre estuvo acompañado por su entrenador, John P. Rowell.

El San Bernardo Bamse también desempeñó un papel significativo en la Segunda Guerra Mundial a bordo del barco Thorodd. Este valiente canino se unió a la tripulación en 1940 y se convirtió en un miembro apreciado por su inteligencia y valentía en situaciones difíciles. No solo cuidaba de la moral de la tripulación, sino que también se encargaba de traer de vuelta a los marineros a tiempo para el servicio o el toque de queda, sacándolos de las tabernas con determinación. Incluso intervenía en peleas entre los marineros, intentando calmarlos con sus patas. Bamse se convirtió en un símbolo de la libertad de Noruega durante la guerra y en una querida mascota de la Marina real de Noruega. Su fallecimiento en 1944 a causa de una insuficiencia cardíaca conmovió a cientos de marineros noruegos y militares aliados, quienes le rindieron honores militares en su funeral. Su tumba en Montrose es cuidada con devoción por la comunidad local, y la Marina real noruega conmemora su valentía cada diez años. Bamse recibió póstumamente la medalla Hundeorden Norges por su servicio en la guerra y en 2006 fue galardonado con la prestigiosa Medalla de Oro PDSA por su valentía y devoción al deber, siendo el único animal de la II Guerra Mundial en recibir este honor.

En la guerra de Vietnam también hicieron acto de presencia los perros. Un ejemplo es Nemo, un ejemplar de pastor alemán. Bajo el cuidado del joven aviador de segunda clase Bob

Thorneburg, Nemo se enfrentó a una emboscada que le dejó una marca imborrable. Durante un patrullaje cerca de la base aérea de las fuerzas armadas estadounidenses, ambos se encontraron en medio del fuego enemigo. A pesar de estar solos, resistieron el ataque y lograron eliminar a dos insurgentes del grupo guerrillero Viet Cong. Consiguieron salir casi ilesos de la emboscada. Este valiente pastor alemán recibió un disparo en uno de sus ojos, mientras que Bob Thorneburg fue alcanzado en el hombro. A pesar de estas graves heridas, tanto Nemo como Bob no se dieron por vencidos. Nemo continuó luchando incansablemente y protegiendo a su compañero. Mientras el Viet Cong se veía distraído por la feroz determinación de Nemo, Bob logró pedir refuerzos antes de caer inconsciente. Nemo también desempeñó un papel crucial al detectar la ubicación de los insurgentes durante un ataque en el que más de sesenta enemigos se dispersaron por el terreno. Este acto valiente tuvo lugar la madrugada del 4 de diciembre de 1966. Su lealtad hacia su compañero fue

Nemo ingresó a la Fuerza Aérea de los Estados Unidos como perro centinela en 1964. Después de un curso de entrenamiento en la Escuela de Perros Centinela de la Base de la Fuerza Aérea Lackland, fue asignado al aviador Leonard Bryant Jr. y enviado a la Base Aérea Fairchild para cumplir con las tareas del Comando Aéreo Estratégico [Air Force Photo].

inquebrantable, pues corrió hacia Bob y lo arrastró a un lugar seguro. Durante y después de la batalla, Nemo no permitió que nadie se acercara a Bob, incluso rechazó a los soldados aliados. Después del enfrentamiento, Nemo y su dueño fueron trasladados a la carpa de enfermería. Sin embargo, el vínculo entre ellos era tan fuerte que se necesitó la intervención de un especialista para separarlos, ya que Nemo se negaba a alejarse de Bob.

Nemo sufrió heridas graves y requirió injertos de piel y una traqueotomía. También perdió un ojo debido al disparo recibido. Tras este episodio heroico, Nemo fue retirado de las fuerzas armadas, mientras que su compañero fue enviado a Japón para someterse a múltiples cirugías y recuperarse de sus heridas. El coraje de Nemo lo convirtió en un ejemplo a seguir y el rostro del Cuerpo K-9. Su historia se convirtió en una leyenda para todos los que trabajan con perros en el ejército estadounidense. De los miles de perros que sirvieron en la guerra de Vietnam, solo 204 regresaron a casa como héroes, y Nemo fue uno de ellos.

«Nemo, un perro centinela de la Fuerza Aérea de 95 libras (4,3 kg) que sirvió en Vietnam desde enero del año pasado, es sostenido por A2C Melvin W. Bryant de Port St. Joe, Florida, quien acompaña al perro de regreso a Estados Unidos. El K 9 de 5 años está regresando a la Base de la Fuerza Aérea de Lackland, Texas, para su retiro» [Air Force Photo].

LA AMENAZA EUROPEA EN LA AMÉRICA COLOMBINA

Viajemos ahora atrás en el tiempo, a la época del ejército español durante la conquista de las tierras americanas. Allí nos encontramos a Becerrillo y su hijo Leoncico. Becerrillo fue adiestrado en la isla de La Española, un enclave bajo dominio español donde los alanos eran preparados para misiones militares. La elección de los alanos como raza canina para el adiestramiento se basó principalmente en dos razones fundamentales. En primer lugar, su destacada capacidad de guardia, que los hacía excelentes protectores. En segundo lugar, su robustez y vigorosa fisonomía, que se consideraba ideal para perseguir a los indios prófugos. El alano español era una mezcla de dogo y mastín, aunque actualmente es considerada una raza independiente.

Becerrillo, descomunal y de pelo rojizo con manchas negras, participó en la conquista de Borinquén, Puerto Rico, junto a Ponce de León, en 1509. Este animal gozaba de un inmenso aprecio por parte de los miembros del ejército castellano debido a una serie de razones fundamentales. En primer lugar, se valoraba su ferocidad y dedicación absoluta en el campo de batalla. En segundo lugar, su capacidad para rastrear a los fugitivos era de gran utilidad, ya que inicialmente no recurría a la violencia, sino que gentilmente arrastraba al enemigo hacia donde se encontraban los aliados; sin embargo, si enfrentaban resistencia, la determinación de Becerrillo no tenía límites. Por último, este can era excepcionalmente leal, dispuesto a arriesgar su propia vida para salvar a cualquier compañero. Como resultado de todas estas cualidades, Becerrillo recibía un trato especial, incluyendo una doble ración de comida, que a menudo superaba la de los propios soldados, y un salario por sus servicios en defensa de la patria. Concretamente, su salario equivalía al de un ballestero.

Dentro de la descendencia de Becerrillo, destacó un individuo ya mencionado que alcanzó una enorme fama y reconocimiento: Leoncico. Este fiel compañero pertenecía a Vasco Núñez de

Balboa y participó en numerosas batallas desempeñando siempre un papel vital. Se le atribuye el honor de ser uno de los primeros perros europeos en contemplar el mar del Sur, el nombre dado al océano Pacífico en las primeras exploraciones españolas. La participación constante de Leoncico en las campañas lideradas por Núñez de Balboa generó un conjunto de mitos y leyendas en torno a este can. Estas historias se respaldaban en los escritos de los cronistas españoles, quienes afirmaban que los dientes del perro se habían teñido de rojo debido a la cantidad de nativos a los que había derrotado, y que, en casi todas las contiendas, acababa con más vidas indígenas que cualquier soldado del ejército.

Desde el segundo viaje de Colón, fueron introducidos en América animales de diverso tipo. Mientras que los perros nativos eran pequeños y usados para comida o compañía, los perros europeos abarcaban muchos más usos. Un informante de Sahagún en el *Códice Florentino* lo describía así:

«Pues sus perros son enormes, de orejas ondulantes y aplastadas, de grandes lenguas colgantes; tienen ojos que derraman fuego, están echando chispas: sus ojos son amarillos, de color intensamente amarillo... Son muy fuertes y robustos, no están quietos, andan jadeando, andan con la lengua colgando».

Siguiendo en el mismo contexto, también alcanzó cierta fama Amadis, un lebrel que en 1570 acompañó a los españoles en su incursión contra los Tayronas de la Sierra Nevada de Santa Marta. También destaca Bruto, un galgo que acompañaba a Hernando Soto en la lucha en la Florida.

Con el fin de las principales guerras de conquista a mediados del siglo XVI, los perros perdieron su papel destacado como asistentes en el campo de batalla. Su gloria pasada se desvanecía con el tiempo. La adaptación a la nueva era colonial no fue sencilla para estos animales, ya que habían sido entrenados y educados para la guerra. Muchos de ellos no encontraron fácilmente un propósito en tiempos de paz. Algunos perros se reconvirtieron en actividades como la caza o la protección de casas y tierras, mientras que unos pocos continuaron siendo perros de ayuda militar en las zonas fronterizas de los virreinatos. Sin embargo, otros fueron abandonados, despreciados y forzados a huir por sus dueños, quienes ya no los consideraban esenciales. Como esclavos liberados, buscaron refugio en grupos de perros salvajes que, en ocasiones, causaban daños atacando al ganado que alguna vez perteneció a su mundo.

Manuscrito del aperreamiento. Durante la conquista y el periodo colonial en Nueva España, se practicaron diversos métodos de ejecución pública, como la horca, la hoguera, el garrote y la decapitación. Este artículo explora una pictografía colonial de Cholula que revela otro método violento de castigo: el aperreamiento. Aunque de origen medieval y rápidamente prohibido en Nueva España por las leyes indianas debido a su brutalidad, el aperreamiento se utilizó contra la población indígena durante las campañas de conquista y continuó en las primeras décadas del Gobierno español para castigar a enemigos, rebeldes y morosos.

Esta transición no solo se manifestó en las historias de conquista, sino también en los registros históricos de diversas ciudades. Se describe cómo la presencia excesiva de perros generó problemas en áreas urbanas, como en Potosí, donde ocurrió una matanza de perros ordenada por el virrey Francisco de Toledo. Los indígenas, que habían llegado a aceptar la compañía de estos animales, lloraron su pérdida. Los perros conquistadores pasaron a ser considerados enemigos que debían ser controlados o eliminados, realizándose cacerías periódicas con la ayuda de perros mansos y pagando a los cazadores por cada animal alcanzado.

Estos cambios se vieron reflejados en diversas normativas y regulaciones municipales. Por ejemplo, en 1579, un bando en Asunción prohibió a los vecinos llevar sus perros sueltos para evitar daños al ganado. Posteriormente, en 1590, las ordenanzas municipales de Guayaquil limitaron la posesión de perros, estableciendo un tope de un perro por persona.

Las referencias históricas, como las de Remesal en Guatemala, Garay en el Río de la Plata y las ordenanzas de Guayaquil, muestran cómo el perro de la conquista fue reemplazado por otros animales más adecuados para el mundo colonial, como ovejas, cabras y cerdos. Estos animales pacíficos se convirtieron en una prioridad en la nueva dinámica, en la que se buscaba enterrar y olvidar los excesos y crueldades del pasado. El perro, que una vez fue entrenado para atacar a los indios, ahora se volvió defensor de estos, quizás por razones prácticas y económicas. Los españoles temían perder a los indios encomendados y recurrieron a perros para protegerlos de fieras autóctonas como jaguares y pumas. En última instancia, los perros castellanos expiaron sus acciones pasadas al defender a los indígenas de otras amenazas, convirtiéndose en aliados de los siempre afligidos pueblos originarios.

Alejandro y Bucéfalo, por Domenico Maria Canuti (1625-1684).

TROTANDO EN LA GUERRA

Los caballos han sido animales presentes en múltiples guerras y épocas. Se cuentan por cientos los caballos famosos, aunque aquí solo nos quedaremos con los más carismáticos y reconocidos. Entre los muchos en los que no nos detendremos se encuentran Siete leguas, el caballo de Pancho Villa, o Othar, de Atila.

Dicen que el equino más conocido de la historia fue Bucéfalo, el ilustre caballo de Alejandro Magno. Etimológicamente significa «cabeza de buey», del griego. Su primer encuentro con Alejandro reveló el verdadero carácter de uno de los más grandes generales de todos los tiempos. La historia de Bucéfalo comienza cuando es entregado como regalo a Filipo II de Macedonia por Filoneico de Tesalia en el año 346 a. C. A pesar de su precio, que casi triplicaba el valor de un caballo corriente (trece talentos), este majestuoso corcel negro era salvaje e indomable, y atacaba a cualquiera que se acercara. Filipo II ordenó que se lo llevaran.

En esa audiencia, Alejandro, acompañado de su madre Olimpia, presenció la escena. Cuando los sirvientes no pudieron controlar al caballo, Alejandro se levantó y los llamó cobardes. Según la biografía de Alejandro escrita por Plutarco, el joven príncipe exclamó: «Qué magnífico caballo se desperdicia por falta de doma y gentileza en su manejo». Inicialmente, Filipo desestimó el desafío, pero finalmente le dijo a su hijo Alejandro: «Te quejas de tus mayores como si pudieras hacerlo mejor». Este, sin inmutarse, reiteró su provocación y prometió comprar el caballo si no lograba domarlo.

En medio de las risas del público, Alejandro se acercó con calma al caballo, al que llamó Bucéfalo. Observó que el miedo del caballo provenía de su propia sombra. Alejandro posicionó a Bucéfalo de manera que su sombra quedara fuera de la vista del animal, tomó las riendas con calma y lo montó. Los aplausos del público ahogaron las risas. Plutarco relata que cuando Alejandro volvió al ruedo con Bucéfalo y se bajó, Filipo II exclamó: «Hijo mío, busca un reino de igual grandeza y lucha por conquistarlo, porque Macedonia es demasiado pequeña para ti». Los historiadores consideran que la doma de Bucéfalo marcó un punto crucial en la vida del joven príncipe, demostrando la confianza y determinación que caracterizarían su futura conquista de Asia.

Bucéfalo se convirtió en el compañero inseparable de Alejandro. Solo el gran general podía montarlo, y juntos participaron en todas las batallas, desde la conquista de las ciudades-estado griegas hasta la batalla de Gaugamela y la campaña en la India. Tras la derrota de Darío III, Bucéfalo fue secuestrado mientras Alejandro estaba de excursión. Alejandro prometió arrasar la región y exterminar a sus habitantes si no le devolvían a su amado caballo. Finalmente, Bucéfalo fue devuelto junto con una súplica de clemencia.

Aunque persisten algunas discrepancias sobre la causa de la muerte de Bucéfalo, la mayoría de los historiadores coinciden en que murió de vejez, después de la batalla del río Hidaspes en el 326 a. C. Tras la muerte de Bucéfalo, Alejandro, en señal de luto, fundó una ciudad en su honor, a la que llamó Bucéfala. Cabe destacar que Alejandro también erigió una ciudad en honor a su perro, Peritas.

Hay más caballos célebres que llevaron a importantes personajes de la historia. Incitatus, por ejemplo, fue el caballo favorito de Calígula. Calígula, uno de los emperadores romanos más infames, es conocido por su carácter errático y tiránico que finalmente lo llevó a su asesinato. Tras su muerte, circularon numerosas historias sobre sus extravagancias y excentricidades, y una de las más destacadas, según fuentes romanas, fue el supuesto intento de nombrar a un caballo como cónsul, una de las máximas magistraturas romanas. El corcel en cuestión fue el mencionado Incitatus. Participaba en carreras de caballos y Calígula llegaba al extremo de dormir junto a él la noche previa a una competición. Para garantizar su descanso, el emperador imponía un silencio absoluto en Roma durante la noche, y romperlo significaba la pena de muerte. En la única ocasión en la que Incitatus perdió una carrera, Calígula ordenó la ejecución del auriga (el conductor del carro) de la manera más lenta posible para prolongar su sufrimiento.

El historiador Dion Casio relató algunos de los lujos que disfrutaba este caballo, incluyendo una dieta de copos de avena, mariscos y pollo, mantos de púrpura y joyería, una villa con sirvientes dedicados exclusivamente a su cuidado y establos de mármol con pesebres de marfil. En ocasiones, el caballo compartía la mesa con el emperador, y cuando Calígula brindaba en su honor, los comensales debían hacer lo mismo o enfrentar graves consecuencias.

La historia de que Calígula intentó nombrar a Incitatus sacerdote y cónsul se pone en duda en la actualidad, ya que los historiadores que la relataron, Suetonio y Dion Casio, vivieron mucho después de la muerte de Calígula y podrían haber sido influenciados por la reputación negativa que dejó. También se especula que esta historia pudo haber sido una broma de Calígula, quien tenía un extraño sentido del humor, y que otros la tomaron en serio debido a su carácter extravagante. Independientemente de su veracidad, Calígula no tuvo la oportunidad de llevar a cabo estos planes, ya que fue asesinado por su propia guardia pretoriana, instigada por algunos senadores.

No podía faltar Napoleón Bonaparte y sus 130 caballos. Marengo era su favorito, un imponente semental blanco conocido por su coraje y resistencia. Durante quince años fue la montura de Napoleón en los campos de batalla de toda Europa, desde 1800 cuando fue trasladado desde Egipto para el entonces Primer Cónsul hasta su última batalla en Waterloo, donde sus caminos se separaron para siempre. El nombre de Marengo se debe a la batalla de Marengo, el 14 de julio 1800, que fue la primera gran victoria de Napoleón Bonaparte. En ella derrotó al ejército austriaco y consolidó las conquistas francesas en Italia. En conmemoración de esta hazaña, en 1811, Jacques Louis David pintó un retrato que representa a Napoleón montado en su caballo cruzando los Alpes para dirigirse a Italia y enfrentar al ejército austriaco.

Se conocen varias versiones del cuadro *Napoleón cruzando los Alpes* (también llamado *Bonaparte cruzando el Gran San Bernardo*), todas realizadas por el artista Jacques-Louis David. Aquí se representan las cinco conocidas: VERSIÓN DE MALMAISON (1801): quizás esta sea la versión más célebre. Se encuentra en el castillo de Malmaison, cerca de París. Fue encargada por el rey de España Carlos IV como un regalo diplomático. El caballo representado tiene capa alazana, es careto y calzado en blanco en manos y patas. VERSIÓN DE CHARLOTTENBURG (1801): ubicada en el Palacio de Charlottenburg en Berlín, Alemania. Napoleón con capa roja montado en un caballo de pelo algo más oscuro que en la anterior versión. El aparejo es más sencillo, ya que carece de martingala, y la cincha es de color azul grisáceo. Hay restos de nieve en el suelo. Los rasgos de Napoleón están hundidos y se insinúa una leve sonrisa.

VERSIÓN DE VERSALLES (1802): se encuentra en el Palacio de Versalles, Francia. Esta versión presenta a Napoleón con una pose y expresión ligeramente diferente. En este caso, la capa del caballo es torda, uniforme, casi plateada por las luces reflejadas con maestría. SEGUNDA VERSIÓN DE VERSALLES (1803): es similar a las otras pero tiene pequeñas variaciones en los colores y los detalles. Lo más destacado es que el caballo representado es pío en negro. VERSIÓN DE BELVEDERE (1803): La del Belvedere, en Viena, presenta algunas diferencias en el paisaje y los detalles del caballo, un ejemplar tordo con los cabos ligeramente oscurecidos y la figura de Napoleón. Cada una de estas versiones tiene características únicas y refleja la maestría de Jacques-Louis David en la representación heroica de Napoleón Bonaparte, enfatizando su figura como líder y estratega militar durante la campaña de Italia.

Marengo participó en numerosas batallas, incluyendo Austerlitz, Wagram y los campos de batalla en la península ibérica. Y es que Marengo también pasó por España. Llegó a galopar 130 km entre Valladolid y Burgos con el emperador sobre él. Sin embargo, tras la derrota en Waterloo, Napoleón regresó a París en junio de 1815 y abdicó por segunda vez. Marengo resultó herido en el campo de batalla y fue encontrado por el teniente británico Henry Petre, quien reconoció los símbolos imperiales del caballo. Posteriormente, Marengo fue vendido en Inglaterra al teniente coronel William Angerstein de los guardias granaderos, quien lo mantuvo hasta su muerte en 1831. El esqueleto de Marengo se exhibe actualmente en el Museo del Ejército Nacional en Londres, mientras que sus dos cascos delanteros fueron transformados en cajitas de rapé trabajadas en plata. Incluso inspiró un libro, *Marengo: el mítico caballo de Napoleón*, de Jill Hamilton.

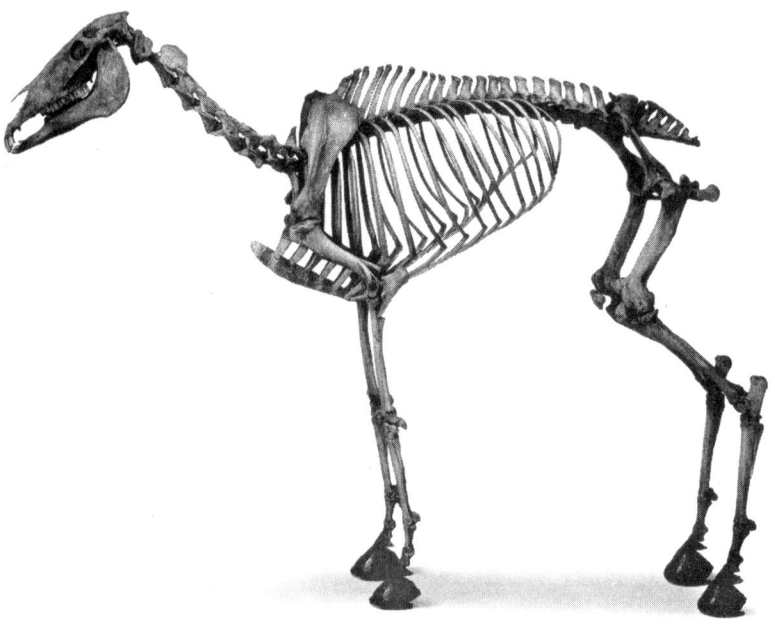

Marengo murió en 1831 a la impresionante edad de 38 años. Sobrevivió a Napoleón, que había muerto en el exilio una década antes [National Army Museum].

En las batallas napoleónicas destaca otro corcel, Copenhagen, cuya fama ha trascendido la historia. Copenhagen fue el caballo de guerra del duque de Wellington, que montó en la batalla de Waterloo. Tenía ascendencia mixta de pura sangre y árabe. Su madre era descendiente del ganador del derby, John Bull, y su padre, Meteor, había quedado en segundo lugar en el derby. Copenhagen nació en 1808 y recibió su nombre en honor a la victoria británica en la segunda batalla de Copenhague. Compitió en carreras en Inglaterra durante un breve período, ganando dos de ellas y terminando tercero en nueve de las doce carreras de su trayectoria.

En 1813, Copenhagen fue enviado a España con sir Charles Vane y luego fue vendido al duque de Wellington, convirtiéndose en su caballo favorito en la batalla de Waterloo. Después de su servicio militar, el caballo se retiró a la finca del duque en Stratfield Saye, donde vivió el resto de su vida y falleció el 12 de febrero de 1836 a los veintiocho años. Su tumba está marcada con una lápida de mármol debajo de un roble turco plantado en 1843. Copenhagen ha sido inmortalizado en el arte, con numerosas representaciones en pinturas y estatuas, incluyendo una estatua de bronce en el arco del triunfo en Hyde Park Corner y una estatua ecuestre en Edimburgo.

Estatua victoriana de bronce del duque de Wellington sobre su caballo Copenhague, que se encuentra en Hyde Park Corner y fue inaugurada en 1888 [Tony Baggett].

LA YEGUA MONGOL

La guerra de Corea vio una figura inusual en el campo de batalla, una yegua llamada Reckless. Originalmente conocida como Ah Chim Hai, esta yegua de origen mongol fue adquirida en 1952 por el teniente Eric Pedersen, quien la integró y entrenó como caballo de carga para el 5° Regimiento de la Infantería de Marina de la Primera División de los Estados Unidos. Esta adquisición poco común se debió a las montañosas condiciones del terreno donde se libraba la batalla, que requerían un animal capaz de transportar hasta nueve proyectiles de once kilogramos para abastecer a los marines.

Reckless en Corea, con el sargento de guardia Joseph Latham.

La relación entre Reckless y los marines pronto se convirtió en algo especial. La yegua era considerada un elemento querido por la unidad y se le permitía deambular libremente por los campamentos. Su apetito era insaciable, disfrutando de comidas como huevos revueltos, pasteles y hasta Coca Cola. Pero no era solo una mascota; los infantes de marina le enseñaron habilidades de supervivencia, como no enredarse en alambres de púas, acostarse cuando estaban bajo fuego o refugiarse en un búnker si se le daba la orden.

La primera vez que Reckless acudió al campo de batalla fue en un lugar llamado Hedley's Crotch, donde demostró su valor. Cuando el soldado Monroe Coleman, su principal cuidador, disparó accidentalmente su rifle, la yegua levantó sus dos patas delanteras y tembló. Sin embargo, se adaptó rápidamente al sonido de la artillería y se convirtió en un miembro valioso del equipo.

Uno de los momentos más destacados de Reckless fue durante la batalla de Panmunjom-Vegas, un enfrentamiento crucial en la guerra de Corea. Ese día, la yegua realizó 51 viajes solitarios, donde llevaba entre cuatro y ocho proyectiles de veinticuatro libras (1 kg) en cada viaje. Llegó a cabalgar unas treinta y cinco millas en condiciones extremadamente peligrosas. A pesar de resultar herida dos veces durante ese enfrentamiento, Reckless continuó cumpliendo su deber y fue ascendida a cabo por su valentía.

Después de su servicio en Corea, Reckless se convirtió en el primer caballo del Cuerpo de Marinos en participar en un desembarco anfibio, una operación militar arriesgada que involucra el acercamiento a la costa para transferir tropas. A pesar de las dificultades iniciales en el barco, se adaptó y completó la misión.

En 1954, Reckless recibió un ascenso a sargento por parte del comandante de la Primera División de Infantería de Marina de los Estados Unidos, Rudolph M. Pate. Este gesto se celebró con diecinueve cañonazos y la presencia de los 1700 hombres que habían formado parte de su unidad.

La valentía y el servicio de Reckless fueron reconocidos con numerosas condecoraciones, incluyendo dos Corazones Púrpura. A pesar de su legado, su regreso a los Estados Unidos no fue sencillo, ya que el Departamento de Agricultura insistió en realizar pruebas médicas antes de permitir su entrada.

Reckless vivió en el Camp Pendleton de la Primera División de Infantería de Marina y se convirtió en un símbolo de valentía. A pesar de desarrollar artritis en la espalda, su espíritu indomable siguió inspirando a todos los que la conocieron. Su memoria está moldeada en monumentos y elogiada por honores en diferentes lugares de los Estados Unidos y Corea del Sur. En 2016, recibió la medalla Dickin de forma póstuma y, en 2019, se convirtió en el primer animal en recibir la Medalla de Animales en Guerra y Paz.

Los caballos han desempeñado un papel fundamental en la historia de Mongolia. Entre todos estos caballos, destaca uno más: Dug (Tormenta). Este valiente corcel acompañó a Gengis Kan durante sus conquistas y la formación del vasto imperio mongol, que se extendía desde Pekín en China hasta Bucarest en Rumanía, e incluía territorios que abarcaban Mesopotamia, Siberia, India e Indochina. Es interesante notar que antes de adquirir el título de Gran Khan en 1206, Gengis Kan se llamaba Tamujin debido a su origen chino, que significa «el mejor acero».

El general Randolph MC Pate coloca personalmente los galones de sargento mayor en la manta de Reckless.

Uno de los más célebres fue Warrior, conocido como «el caballo que los alemanes no pudieron matar», todo un ejemplo icónico de valentía y tenacidad entre los animales que participaron en la Primera Guerra Mundial. Su asombroso coraje le hizo merecedor de la medalla Dickin, un honor póstumo. La historia de Warrior comienza en 1914, cuando su dueño, el general Jack Seely, dejó su hogar en la isla de Wight, Inglaterra, para liderar el cuerpo de caballería canadiense durante el estallido de la Gran Guerra. Warrior, un leal purasangre, acompañó al general en el frente de batalla, sin prever que sería testigo de eventos históricos, como la brutal batalla del Somme en 1916, uno de los conflictos más sangrientos de la guerra con más de diecinueve mil bajas en el primer día.

Este valiente también participó en la encarnizada batalla de Passchendaele en 1917, que se prolongó durante tres meses y se volvió aún más desafiante debido a las persistentes lluvias que convirtieron la zona de combate en un lodazal. En 1918, en el último año de la guerra, Warrior lideró una carga de caballería en la batalla de Moreuil Wood, un episodio crucial que ayudó a frenar la ofensiva de la primavera alemana y allanó el camino hacia el fin del conflicto. Warrior sobrevivió a ataques aéreos, proyectiles y se libró milagrosamente de quedar atrapado bajo escombros y de incendios en su establo. Tras el fin de la guerra, el general Seely y Warrior regresaron a su hogar y llevaron una vida tranquila.

La fama de Warrior como un héroe de guerra ha cruzado fronteras. Cuando falleció en 1941 a la edad de 32 años, el periódico *The Times* publicó un conmovedor obituario con la leyenda «El caballo que los alemanes no pudieron derribar». Sin embargo, pasó un siglo antes de que, en septiembre de 2014, la Fundación PDSA otorgara a Warrior la medalla Dickin, equivalente a la Cruz Victoria, en una ceremonia especial en el Museo Imperial de la Guerra de Londres. La entrega de la medalla contó con el respaldo del director de cine Steven Spielberg, director de la película *War Horse*, que recibió seis nominaciones al Óscar.

Póster de la película *War Horse* (2011), dirigida por Steven Spielberg. Una épica historia de amistad y valor ambientada durante la Primera Guerra Mundial. Sigue la extraordinaria travesía de Joey, un caballo de campo, y su joven dueño Albert, mientras ambos se enfrentan a las adversidades del conflicto bélico. Su emotiva relación y los desafíos que superan juntos resaltan el poder del vínculo entre humanos y animales.

LOS ELEFANTES DE ANÍBAL

La historia de Suru, el elefante más famoso de la historia romana, es una narración intrigante que se remonta a los días del general cartaginés Aníbal. Según los relatos de la antigüedad, Aníbal cruzó los Alpes con alrededor de tres docenas de elefantes. Uno de ellos se destacó entre todos: Suru, un elefante valiente y singular. La singularidad de Suru se manifiesta además por un detalle peculiar: tenía un colmillo roto, un rasgo distintivo que los autores antiguos mencionan. Se cree que perdió este colmillo durante la batalla de Trebia en el año 218 a. C., o posiblemente antes. Polibio nos proporciona una pista crucial sobre Suru: fue el único elefante que sobrevivió de los 37 que Aníbal llevó en su campaña contra Roma. Este elefante resistió el cruce de los Alpes, participó en la batalla contra Tiberio y enfrentó el duro invierno. Además, se convirtió en la montura de Aníbal después de que el general perdiera un ojo mientras atravesaba las marismas del norte de Italia. Subirse al lomo de Suru permitía a Aníbal tener una mejor vista del campo de batalla y, presumiblemente, fortaleció el vínculo entre el general y su elefante, lo que provocó que Suru se convirtiera en uno de los elefantes más famosos de la historia.

La especie de elefante utilizada por Aníbal es una cuestión en disputa, ya que las fuentes escritas proporcionan poca información al respecto. Algunos creen que eran elefantes africanos (*Loxodonta africana*), mientras que otros argumentan que podrían haber sido elefantes indios debido a su mayor tamaño y capacidad para resistir el frío de los Alpes. El nombre de Suru también ha generado especulaciones. Algunos piensan que podría significar «el sirio», basándose en una referencia de una obra de Plauto. Otros sugieren que podría estar relacionado con la palabra «suri», que significa estaca, posiblemente aludiendo al colmillo único del elefante.

Hay muchas más historias de elefantes. Como la de Lin Wang, el elefante asiático más longevo en cautiverio del mundo, falleció a la notable edad de 86 años en el zoológico de la ciudad de Taipei. Su vida es un testimonio de resistencia y de conexión especial con la gente de Taiwán. La historia de Lin Wang comenzó en 1943, cuando fue adquirido por soldados de la república de China a prisioneros de guerra japoneses. En ese momento, ya tenía veintiséis años. Lin Wang y otros elefantes fueron entrenados para transportar equipo militar y armas durante la Segunda Guerra Mundial. Después de la guerra, estos valientes elefantes fueron trasladados a China continental, pero solo siete sobrevivieron. Lin Wang y dos hembras, A-lan y A-pei, llegaron a Taiwán en 1947 bajo el cuidado del general Sun Li-jen.

La vida en el zoológico de Taipei no fue fácil. A-lan y A-pei fallecieron poco después de su llegada, pero el zoológico adquirió a otra hembra llamada Malan. Lin Wang y Malan se convirtieron en las estrellas del zoológico, atrayendo a visitantes de todas partes. Sin embargo, la tristeza regresó cuando Malan falleció de cáncer. Lin Wang, afectado por la pérdida de su compañera, comenzó a mostrar signos de vejez.

El elefante más viejo de la historia fue Lin Wang, murió el 26 de febrero de 2003 a los 86 años en el zoológico de Taipei, Taiwán.

UN FRENTE MUY MONO

A la guerra no solo han ido perros, caballos y elefantes. Se ha dado la participación de todo tipo de especies. Vamos a ver algunos ejemplos más para cerrar el capítulo.

La historia del soldado Jackie es verdaderamente extraordinaria. Jackie, un babuino chacma (*Papio ursinus*), participó en la Primera Guerra Mundial junto a su amigo humano, Albert Marr. Cuando Marr resultó herido en la batalla del Somme, Jackie permaneció a su lado y demostró ser un valioso compañero. Incluso perdió una pierna por la metralla de una explosión y fue condecorado y ascendido a cabo. Este dúo inusual siguió participando en varias batallas, mostrando la destreza y valentía de Jackie. Desarrolló habilidades militares sorprendentes, como permanecer firme en posición de descanso, saludar a los superiores y realizar guardias nocturnas gracias a su agudo oído y olfato. A pesar de las dificultades, Jackie y Marr sobrevivieron a la guerra y recibieron reconocimientos por su servicio. Sin embargo, la historia tiene un final agridulce, ya que Jackie falleció en un incendio en 1921, mientras que Marr vivió una vida larga.

Ahora vayamos al caso de un individuo que, en realidad, no ha estado nunca en el frente. El general de división sir Nils Olav III, barón de la isla Bouvet, es un pingüino rey (*Aptenodytes patagonicus*) notablemente condecorado. Este peculiar pingüino, residente en el zoológico de Edimburgo, ha recibido el título honorífico de General de División de la Guardia del Rey de Noruega, convirtiéndose en la mascota oficial de esta unidad militar noruega. La ceremonia de ascenso se llevó a cabo con gran pompa y circunstancia, con la participación de aproximadamente 160 soldados uniformados. Su historia es parte de una tradición que se remonta a 1961, cuando un teniente noruego llamado Nils Egelien quedó impresionado por la forma de andar de los pingüinos del zoológico de Edimburgo. Años más tarde, logró que la guardia del rey noruega adoptara un pingüino al que nombraron Nils Olav, en honor a él y al rey Olav V de Noruega. Desde entonces, cada vez que los soldados noruegos visitan Escocia, el pingüino es ascendido a un nuevo rango, y la relación se ha fortalecido con regalos anuales de pescado y tarjetas de Navidad. Sir Nils Olav III falleció en 2020.

Recordemos también la increíble historia de Simon, un valiente gato que se convirtió en un héroe en la marina británica hace 65 años. En 1949, el buque de guerra británico *Amethys* fue atacado por el régimen comunista chino en el río Yangtsé. En medio de este peligroso conflicto, Simon desempeñó un papel crucial en la supervivencia de la tripulación. A pesar de ser herido por la metralla durante el ataque, Simon se convirtió en un verdadero guardián de la comida almacenada en el barco. Su presencia mantuvo a raya a las ratas, lo que resultó fundamental para prevenir posibles infecciones, ayudando también a que parte de la tripulación sobreviviera en condiciones extremadamente difíciles. Simon recibió el prestigioso premio Dickin, un hecho que lo convirtió en el único felino que ha sido honrado con esta medalla militar. ¡No los iban a ganar todos los perros!

DOLLY Y LA INGENIERÍA GENÉTICA

«Lo había observado cuando aún estaba incompleto, y
ya entonces era repugnante; pero cuando sus músculos y
articulaciones tuvieron movimiento, se convirtió en algo
que ni siquiera Dante hubiera podido concebir».

Frankenstein, MARY SHELLEY.

La ingeniería genética es una disciplina científica y tecnológica
que ha revolucionado nuestra capacidad para modificar y mani-
pular el material genético de los organismos vivos. Su objetivo
principal es alterar de manera deliberada el ADN de un organismo para lograr cambios específicos en sus características
genéticas y, por lo tanto, en sus propiedades físicas o funciona-
les. Esta rama de la biotecnología ha abierto un amplio abanico
de posibilidades en campos tan diversos como la medicina, la
agricultura o la investigación científica.

La ingeniería genética se basa en varias técnicas y herramientas que permiten la modificación precisa del ADN. Una de
ellas es el sistema CRISPR-CAS9, que ha ganado un gran reconocimiento en los últimos años debido a su utilidad para actuar
como unas «tijeras moleculares». Con CRISPR-CAS9, los científicos pueden cortar y reemplazar segmentos específicos del ADN
con una precisión sin precedentes, lo que ha revolucionado la
edición genética.

Otra técnica fundamental es la clonación, que implica la creación de copias idénticas de un organismo a partir de una célula o un fragmento de ADN. La clonación ha sido utilizada para duplicar organismos, y tiene aplicaciones tanto en la investigación como en la reproducción de animales valiosos.

La transgénesis es otra técnica esencial en la ingeniería genética, que consiste en la introducción de genes de una especie en el genoma de otra. Esto ha llevado a la creación de plantas transgénicas resistentes a plagas y animales con genes humanos para la producción de proteínas farmacéuticas.

En este capítulo, exploraremos minuciosamente algunas de estas técnicas, poniendo énfasis en sus aplicaciones, ventajas y retos, al mismo tiempo que examinaremos los avances más recientes que están delineando el futuro de esta emocionante disciplina. Además, presentaremos ejemplos con nombres propios de animales que han sido moldeados por la ciencia para ilustrar de manera vívida el impacto y el potencial de la ingeniería genética en la creación de seres vivos con características específicas.

Dolly, naturalizada y exhibida en Edimburgo, Escocia [Steph Couvrette].

DOLLY: EL COMIENZO

El 22 de febrero de 1997 se daba una noticia espectacular: se había logrado clonar satisfactoriamente al primer mamífero. ¿Su nombre? Dolly. ¿La especie? una oveja hembra (*Ovis aries*) de raza *finn dorset*. Lo consiguió un equipo del Instituto Roslin de Escocia, liderado por Ian Wilmut. El grupo de investigación utilizó una técnica llamada transferencia nuclear de células somáticas (SCNT, por sus siglas en inglés) para clonar a Dolly. El proceso implicaba tomar una célula somática (una célula del cuerpo) de una oveja adulta y reemplazar el núcleo de un óvulo de otra oveja al que se le había eliminado su propio núcleo. Luego, mediante estimulación eléctrica o química, el óvulo comenzaba a dividirse y se desarrollaba a embrión, el cual se implantaba en una madre gestante.

La transferencia nuclear celular es un proceso complejo que consta de varias etapas fundamentales. En la primera fase, conocida como «enucleación del ovocito», se realiza la eliminación del material genético del ovocito receptor. Este paso se lleva a cabo utilizando herramientas microscópicas o sustancias químicas específicas. El objetivo es preparar el ovocito para recibir un nuevo conjunto de instrucciones genéticas.

La siguiente etapa es la «transferencia del núcleo». Aquí, se toma el núcleo de una célula donante que contiene el conjunto deseado de instrucciones genéticas y se coloca dentro del ovocito previamente enucleado. La fusión entre el núcleo donante y el ovocito receptor es esencial, y se puede lograr mediante técnicas como la electrofusión o el uso de una sustancia especial llamada fusogénico, como el virus Sendai. También existe la opción de inyectar directamente el núcleo donante en el ovocito.

Finalmente, llegamos a la «activación del ovocito». Después de que el núcleo donante y el ovocito receptor se fusionan con éxito, es necesario iniciar el proceso de desarrollo. A diferencia del espermatozoide, que tiene la capacidad de activar el ovocito

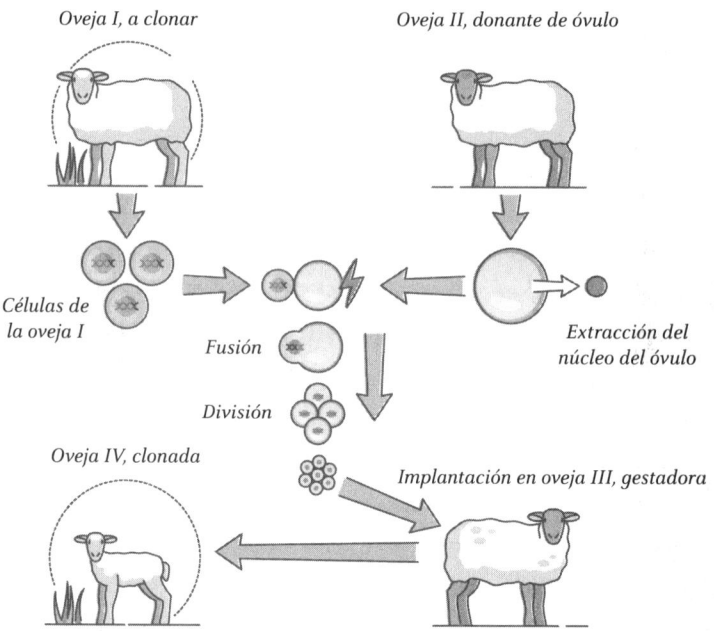

Esquema de la clonación de Dolly.

por sí mismo, las células embrionarias o adultas no poseen esta habilidad. Por lo tanto, los científicos inducen la activación utilizando estímulos químicos como el etanol o el estroncio. Esto sería equivalente a encender la maquinaria de una fábrica presionando un botón para asegurar que el ovocito comience su programa de desarrollo embrionario.

Un dato de interés que podría parecer una leyenda urbana: ¿por qué se llamó Dolly a esta mítica oveja? Su nombre es un homenaje (por decirlo de algún modo) a la cantante de country Dolly Parton, que también es actriz, escritora, compositora... Pero para dar respuesta al porqué del nombre lo mejor es leer las declaraciones de Ian Wilmut: «Dolly se deriva de una célula de la glándula mamaria y no podríamos pensar en un par de glándulas más impresionantes que las de Dolly Parton». Y es que no solo el pelo de Parton parece el de una oveja, sino que sus sugerentes y suntuosas mamas la hacían perfecta para nombrar a la oveja.

Dolly Parton en el estreno de *Joyful Noise* en 2012 [Tinseltown].

Pero ahora viene la caída del mito: Dolly no fue realmente el primer animal clonado usando esta técnica. Sí fue el primero usando células adultas, en concreto de glándula mamaria. Dolly tuvo tres madres: una donó el óvulo, otra el ADN y la tercera fue la que la gestó. Nació el 5 de julio de 1996. La ciencia nos hace plantearnos una revisión de los dichos populares, porque eso de que «madre no hay más que una»...

Vayamos al origen de la propia palabra. El término «clon» que hoy conocemos tiene sus raíces en la antigua palabra griega κλών (klōn), que significa «rama». ¿Por qué una rama? Porque el proceso de clonación es como tomar una rama de una planta y usarla para hacer crecer una planta completamente nueva. Esta idea se empleaba en botánica. En la horticultura, la palabra se escribía como «clon» hasta principios del siglo xx. Por tanto, la clonación en botánica es realmente antigua. ¿Y en animales? Pues ya en 1952 Robert W. Briggs y Thomas J. King consiguieron clonar ranas por inserción de núcleos somáticos adultos. Esta técnica precursora, que consistía en tomar núcleos de células maduras y utilizarlos para crear nuevas ranas, marcó un importante paso en el camino hacia la clonación de animales más complejos. John B. Gurdon, en 1970, también logró clonar ranas de uñas africanas (*Xenopus laevis*) insertando núcleos celulares en huevos no fertilizados, mediante transferencia nuclear celular. Todas estas pobres ranas no recibieron nombres propios que atrajesen los medios de comunicación, como sí lo hizo Dolly en su momento. De hecho, la revista *Science* llegó a afirmar que Dolly fue el avance científico del año.

¿Y qué pasó con la icónica Dolly? Vivió seis años, que es más o menos la mitad de la esperanza de vida de una oveja. Fue sacrificada el 14 de febrero de 2003, debido a una enfermedad pulmonar progresiva. Llegó a tener seis crías, con lo que dejó patente que los individuos clonados pueden ser fértiles.

LAS OTRAS DOLLY

Dolly se llevó toda la fama, pero hay otras ovejas que han seguido destinos parecidos al de ella, incluso anteriores. Una pareja especialmente interesante es la de Megan y Morag, que fueron los primeros mamíferos clonados con éxito a partir de células especializadas o diferenciadas, en el Instituto Roslin en Edimburgo, Escocia, en 1995. La diferenciación celular es un proceso mediante el cual las células madre se especializan y adquieren funciones específicas en el cuerpo. Estas células diferenciadas son aquellas que tienen una función y estructura particular en un tejido u órgano. Pues bien, de los 244 intentos, solo cinco corderos llegaron a buen término en el verano de 1995. Dos de ellos, Megan y Morag, sobrevivieron y se convirtieron en animales sanos y fértiles. Este logro fue histórico, y su éxito allanó el camino para nuestra ya conocida Dolly.

Otra oveja célebre es Oyali, nacida en noviembre de 2007 en Bahar, Turquía. Fue clonada a partir de una célula somática de adulto, por la profesora Sema Birler y sus colegas. En 2011 se convirtió en madre y falleció en abril de 2012. Por último, Royana fue la primera oveja clonada con éxito en Irán, en el Instituto de Investigación Royan en Isfahán. La palabra «royan» en persa significa «embrión». No fue la primera clonada por el instituto, pero sí fue la primera en sobrevivir varios años.

Y LA LISTA DE ANIMALES CLONADOS CONTINÚA

Obviamente, el número de animales clonados desde Dolly ha ido en aumento. Comentemos la existencia de dos gatos. El primero de ellos era una hembra con un nombre verdaderamente original: CC. Bueno, puesto así uno puede pensar que es un poco soso, ¿pero de dónde vienen? De «carbon copy», es decir, copia de carbón. Es lo que se usaba antiguamente cuando se empleaban papeles de calca para copiar un texto y que hoy en día sobrevive en nuestros correos electrónicos. Tengo un recuerdo muy vívido de ir a las bibliotecas con cuatro folios y tres «calcas», junto con otros tres compañeros. Cada uno copiaba la parte de un texto de la enciclopedia y luego nos pasábamos las copias. Piénsalo, el nombre está bien elegido, pues es una réplica genética de otra gata. Un grupo de científicos de la Universidad de Texas A&M, en colaboración con Genetic Savings & Clone Inc., hizo posible su clonación.

CC, nacida en diciembre de 2001, tenía un pelaje corto y atigrado en tonos marrones y blancos, lo que la hacía única. Lo curioso es que su donante genético, Rainbow, era una gata calicó de pelo corto. ¿Por qué la diferencia en el pelaje? Esto se debió a procesos biológicos que suceden en los embriones antes de la implantación, como la inactivación del cromosoma x y la reprogramación epigenética.

CC, abreviatura de Carbon Copy o Copy Cat [Larry Wadsworth/ Facultad de Veterinaria y Ciencias Biomédicas de Texas A&M].

En 2006, CC sorprendió al mundo al dar a luz a cuatro adorables gatitos. Lo asombroso es que esta camada fue concebida de forma natural, gracias a un gato llamado Smokey. Fue la primera vez que una mascota clonada se convirtió en madre. A lo largo de su vida, CC gozó de buena salud, a diferencia de algunos otros animales clonados que experimentaron diversos problemas. Esto demostró que la clonación podía ser exitosa sin complicaciones significativas. Tristemente, CC nos dejó el 3 de marzo de 2020 a la edad de 18 años en College Station, Texas.

¿Y qué piensas si escuchas que incluso se han clonado animales domésticos con fines comerciales? Así es. Little Nicky (nacido el 17 de octubre de 2004) es el primer clon de un gato producido comercialmente. Fue creado a partir del ADN de un gato *maine coon* de diecisite años llamado Nicky, que falleció en 2003. La dueña de Little Nicky, una mujer del norte de Texas llamada Julie (cuyo apellido no se hizo público), pagó cincuenta mil dólares para clonar a Nicky. La dueña de Little Nicky informó que el gato compartía muchas características con su predecesor, incluyendo una personalidad y apariencia similares. Inquietante.

Veamos otras especies. Vamos a conocer a Prometea, una potranca *haflinger* que hizo historia como el primer caballo clonado y el primero en nacer de la misma madre que lo clonó. *Haflinger* una raza de caballos desarrollada a finales del siglo xix en el Tirol. Todos los *haflinger* provienen del semental Folie que fue el fundador de la raza actual, cuyo padre a su vez fue un semental de raza árabe llamado El-Bédavo. Volvamos a Prometea. Su nacimiento fue un evento público anunciado el 6 de agosto de 2003, en el Laboratorio de Tecnología Reproductiva de Cremona, Italia. Sorprendentemente, Prometea nació con un peso de 36 kilogramos, después de un parto natural y un embarazo completo. Su nombre es la forma femenina de «Prometeo» en griego, el cual evoca la innovación y la promesa de un nuevo enfoque en la reproducción equina.

Pero el primer equino clonado no fue un caballo. Fue Idaho Gem, un mulo que hizo historia en la clonación equina. Su nacimiento, el 4 de mayo de 2003, fue resultado de la colaboración entre el Dr. Gordon Woods y el Dr. Dirk Vanderwall del Laboratorio de Reproducción Equina del Noroeste de la Universidad de Idaho, junto con el Dr. Ken White de la Universidad Estatal de Utah. Fue financiado en gran parte por Don Jacklin, un empresario de Post Falls, Idaho, quien también presidía la Asociación Americana de Carreras de mulos. Idaho Gem no estuvo solo, ya que dos clones de mulos más, Utah Pioneer y Idaho Star, nacieron en los meses siguientes como parte del Proyecto Idaho.

En 2006, fueron enviados a entrenadores con el fin de prepararlos para competir. El 3 de junio de 2006, Idaho Gem y Idaho Star ganaron sus primeras carreras en pruebas separadas. Esta fue una ocasión especial, ya que marcó la primera competición entre mulos clonados y mulos nacidos naturalmente.

Y ya que hablamos de animales de carga, ¡vayamos al dromedario! Conozcamos la historia de Injaz, la primera dromedaria clonada en el mundo. Injaz, cuyo nombre significa «logro» en árabe, nació el 8 de abril de 2009 y se convirtió en un hito en la clonación de dromedarios. Su llegada al mundo fue anunciada por Nisar Ahmad Wani, un destacado biólogo reproductivo que lideraba el equipo de investigación en el Centro de Reproducción de Camellos en Dubái, Emiratos Árabes Unidos. Este proyecto de clonación fue respaldado tanto personal como financieramente por Mohammed bin Rashid Al Maktoum, el primer ministro, vicepresidente de los Emiratos Árabes Unidos y el emir de Dubái. Antes de Injaz, se habían realizado varios intentos fallidos de clonación de dromedarios en la región.

El proceso de clonación de Injaz implicó el uso de células ováricas de un dromedario adulto sacrificado en 2005. Estas células fueron cultivadas en laboratorio y luego congeladas en nitrógeno líquido. El embarazo se confirmó mediante ultrasonido y se monitoreó cuidadosamente. Lo más asombroso de Injaz es que, después de su nacimiento, su ADN fue analizado y se demostró que era una copia idéntica del ADN de las células ováricas originales. Esto confirmó que Injaz era un clon perfecto de su ancestro.

Injaz vivió una vida saludable y contribuyó a la preservación de la valiosa genética de los dromedarios de carreras y productores de leche en los Emiratos Árabes Unidos. A lo largo de su vida dio parió dos crías clonadas, demostrando que los dromedarios clonados podían concebir y parir de manera natural. Su legado es un logro significativo en la biotecnología y la conservación de esta especie. Falleció el 12 de enero de 2020, estando de nuevo preñada.

Por supuesto que el mejor amigo del hombre también ha sido ya clonado. Comencemos por el principio. El primer perro clonado de la historia fue Snuppy, un ejemplar de raza afgana. Nació el 24 de abril de 2005. Este logro lo llevó a cabo el equipo de científicos dirigido por Hwang Woo-suk en la Universidad Nacional de Seúl, Corea del Sur. El nombre «Snuppy» es una ingeniosa combinación de «SNU», en referencia a la universidad, y «puppy» (cachorro).

El proceso de clonación implicó la transferencia de 1095 embriones de perro en 123 hembras, lo que produjo tres embarazos. Sin embargo, no todo fue un éxito. Uno de los fetos no logró desarrollarse y otro clon, llamado NT-2, lamentablemente murió a los 22 días de vida debido a una infección pulmonar.

Snuppy nació a partir de células adultas, extraídas de la piel de una perra afgana llamada Tai, utilizando una técnica de transferencia de núcleo similar a la utilizada en la clonación de la oveja Dolly. Sin embargo, la clonación de perros había resultado ser un reto, debido a las diferencias en su biología reproductiva. A pesar de las controversias que rodearon al científico Hwang Woo-suk debido a problemas éticos en otros proyectos de investigación, un comité investigador confirmó que la clonación de Snuppy fue legítima. La vida de Snuppy llegó a su fin el 7 de mayo de 2015, a la edad de diez años, debido a una enfermedad natural, el cáncer, que es una causa común de muerte en perros de su raza, los lebreles afganos.

Vayamos ahora a un caso singular, aunque es más plural que singular. ¿A qué viene este juego de palabras? A que un mismo nombre es compartido por varios perros. Este nombre es «Toppy», y no se trata de un solo perro, sino de siete perros labrador *retriever* clonados, nacidos en el año 2007 mediante el uso de tres madres gestantes. Lo que hace que estos Toppys sean realmente especiales es que fueron los primeros perros de trabajo clonados en todo el mundo, y fueron reclutados para servir en el Servicio de Aduanas de Corea del Sur. Cada uno de ellos es un clon de un exitoso perro detector de Canadá.

Sin embargo, clonarlos fue solo el comienzo de su viaje. Estos animales pasaron por un riguroso entrenamiento que duró dieciséis meses antes de poder estar preparados para trabajar en el servicio de aduanas. Esto nos muestra que no todos los perros son adecuados para este tipo de trabajo, ya que solo el 10-15 % de los perros tienen una predisposición genética que los hace efectivos en la detección.

El proyecto de clonación de estos perros tuvo un costo de unos 240 000 dólares, y fue financiado por el Gobierno de Corea del Sur. Fue liderado por el científico Lee Byeong-chun, quien anteriormente había trabajado con Hwang Woo-suk, conocido por una investigación de células madre que resultó ser falsa. A pesar de los desafíos y controversias, los Toppys representan un hito en la clonación de perros y su contribución al servicio de aduanas es invaluable. ¿Será este el futuro de los perros de trabajo?

Y si hablamos de animales que comparten similitudes con nuestros queridos perros, no podemos dejar de mencionar al lobo. En nuestro viaje a través de la biología de la clonación, también encontramos un fascinante caso relacionado con estos majestuosos carnívoros. Permíteme llevarte a conocer la historia de Maya, una loba ártica (*Canis lupus arctos*) clonada que ha asombrado al mundo científico. Su nacimiento tuvo lugar el 10 de junio de 2022 en China, y su existencia se hizo pública el 19 de septiembre del mismo año en el acuárium Harbin Polarland, en la provincia de Heilongjiang, gracias a la empresa Sinogene Biotechnology.

Un ejemplar de lobo ártico [J. Dzacovsky].

Lo que hace que Maya sea aún más especial es el proceso por el cual fue creada. Los científicos chinos utilizaron células de piel de otra loba ártica en cautiverio, que tenía dieciséis años en ese momento y residía en Harbin Polarland. Estas células de piel se insertaron en óvulos enucleados de una *beagle* hembra. El resultado fue la creación de 137 embriones, de los cuales 85 se implantaron en siete madres gestantes *beagle* diferentes. Seis de los siete intentos resultaron en fracasos, pero Maya fue el brillante éxito.

A pesar de su nacimiento exitoso, los científicos decidieron esperar cien días antes de presentar a Maya al público. Esta precaución se debió a la preocupación de que pudiera tener una vida corta debido a los desafíos asociados con la clonación en animales salvajes. Además, debido a su falta de interacción con otros lobos en las primeras etapas de su vida, se consideró imposible liberarla en la naturaleza. Finalmente, Maya fue trasladada a Harbin Polarland, donde comparte su vida con una madre gestante *beagle*.

Ahora es el turno de mamíferos más pequeñitos. Conozcamos a Cumulina, un ratón que hizo historia en el mundo de la clonación. Nacida el 3 de octubre de 1997 y fallecida el 5 de mayo de 2000. Su creación se logró mediante la técnica de clonación de Honolulu, desarrollada por el «Equipo Yana», liderado por Ryuzo Yanagimachi, en la Universidad de Hawái en Mānoa. Este ratón de color marrón, perteneciente a la especie *Mus musculus*, recibió su nombre gracias a las llamadas células del cúmulo, las cuales rodean al oocito en desarrollo en los folículos ováricos de los ratones. Los núcleos de estas células se insertaron en óvulos que carecían de sus núcleos originales como parte del proceso de clonación.

Cumulina no solo logró sobrevivir hasta la adultez, sino que también supuso un impacto en la investigación. Pudo dar a luz a dos camadas saludables antes de retirarse. Sus restos preservados se encuentran en el Instituto de Investigación de Biogénesis, parte del laboratorio de la Escuela de Medicina John A. Burns en Honolulu, Hawái. Además, algunos de sus descendientes han sido exhibidos en el Museo Bishop y el Museo de Ciencia e

Industria en Chicago, Illinois, como testigos de este logro científico en el mundo de la clonación animal.

Otro ejemplo de pequeño mamífero es la comadreja. Pero no una comadreja común, sino Elizabeth Ann, una comadreja de patas negras (*Mustela nigripes*) que hizo historia al convertirse en la primera especie en peligro de extinción en Estados Unidos en ser clonada. Su historia comienza con Willa, otra comadreja de patas negras que murió en la década de 1980 sin dejar descendencia. Los científicos utilizaron células congeladas de Willa para clonar a Elizabeth Ann, abriendo una nueva esperanza para la conservación de esta especie en peligro.

Las comadrejas de patas negras son las únicas comadrejas nativas de Estados Unidos y, desafortunadamente, también una de las especies más amenazadas. En 1981, se encontró una pequeña población en Wyoming, pero su diversidad genética limitada la ponía en riesgo. Los científicos tomaron medidas para preservar la genética de Willa en el *frozen zoo* del zoológico de San Diego y, en noviembre de 2020, implantaron su óvulo en una comadreja doméstica gestante, evitando poner en peligro a una comadreja en la naturaleza. Elizabeth Ann nació por cesárea el 10 de diciembre de 2020.

Entrada principal del zoo de San Diego [Mike Ledray].

Este logro fue posible gracias a Revive & Restore, una organización no lucrativa dedicada a la biodiversidad. Elizabeth Ann no fue liberada en la naturaleza; en cambio, vivió en Colorado y sirvió para múltiples estudios con fines científicos. En febrero de 2022 alcanzó la pubertad, y los científicos buscaron una pareja adecuada para ella. Sin embargo, en octubre de 2022, durante una discusión organizada por el Museo de Historia Natural Draper, se reveló que Elizabeth Ann había sufrido una histerectomía (cirugía consistente en la extirpación del útero) por razones no especificadas. Además, se anunció que más clones estaban en proceso, marcando un emocionante capítulo en la clonación y la conservación de especies en peligro de extinción.

Más pequeñitos aún, las ratas. Entre ellas, Ralph destaca como pionero en el mundo de la clonación. Ralph fue el resultado de un esfuerzo conjunto de investigadores del Instituto Nacional de Investigación Agrícola en Francia y la empresa de biotecnología genOway. Para dar vida a Ralph, implantaron 129 embriones en dos hembras, y una de ellas quedó embarazada y dio a luz a tres ratas, siendo Ralph la primera en nacer. Clonar ratas es un desafío particular, ya que el desarrollo temprano en estos roedores es diferente al de otros mamíferos. Los óvulos de rata se activan tan pronto como salen de los ovarios, lo que hace difícil introducir nuevo material genético. Se necesita un compuesto químico para estabilizar el embrión antes de que la clonación sea posible.

Pero, ¿y en España se han clonado animales? Por supuesto que sí. Y no podía ser otro. Uno de los casos más notorios es el del toro de lidia (*Bos primigenius taurus*), en concreto llamado Got. Este imponente toro nacía el 18 de mayo de 2010 gracias al esfuerzo de un equipo de científicos del Centro de Investigación Príncipe Felipe y la Fundación Valenciana de Investigación Veterinaria. Lo que hace especial a Got es que fue clonado a partir de otro toro de lidia llamado Vasito y los científicos tenían la esperanza de que heredara las mismas características de lucha que su «padre». El proceso de clonación de un toro de lidia llevó tres años, en parte debido a los desafíos que implicaba conservar los valiosos genes del toro. Aunque Got es el primer toro de lidia clonado, no es el primer toro clonado en general. Se cree que ese título lo ostenta Second Chance, quien nació en 1999.

También encontramos ciervos clonados, siendo Dewey el primero de ellos. Su nacimiento tuvo lugar el 23 de mayo de 2003, y pertenece a la especie de ciervo de cola blanca, conocido científicamente como *Odocoileus virginianus*. La increíble hazaña de clonar a Dewey se llevó a cabo en el Colegio de Medicina Veterinaria de la Universidad de Texas A&M. Lo más asombroso es que Dewey es genéticamente idéntico a su donante, un ejemplar de ciervo que obtuvo una impresionante puntuación de 232 en la escala de Boone y Crockett, un organismo que publica récords relacionados con animales de caza. Su clonación se realizó a partir de tejido recolectado de las células de la piel del ciervo original. En la actualidad, los científicos de Texas A&M están siguiendo de cerca el crecimiento de las astas de Dewey y están observando a su descendencia para medir cómo evoluciona el crecimiento de sus propias astas. Este caso no solo representa un logro científico notable, sino también una oportunidad para aprender más sobre la genética y el desarrollo de estos majestuosos animales. Dewey, el pionero de su especie en la clonación, lleva una vida pacífica y sin incidentes en College Station, Texas, donde continúa siendo objeto de estudio y admiración.

ANIMALES MENOS CONOCIDOS

Quiero contarte la historia de Noah, el primer gaur (*Bos gaurus*) clonado, una especie vulnerable según la Lista Roja de la Unión Internacional para la Conservación de la Naturaleza (UICN). Este majestuoso bovino salvaje tiene su hogar en regiones de la India, Nepal e Indochina. A pesar de su similitud con las vacas domésticas, el gaur es miembro de una especie diferente, lo que lo hace único en su género. Su presencia en estas regiones lo convierte en un animal impresionante y relevante en la fauna de Asia.

Noah vino al mundo gracias a un proceso de clonación relacionado con una vaca llamada Bessie, que sirvió como madre gestante. Su nacimiento tuvo lugar el 8 de enero de 2001, pero, lamentablemente, su vida fue efímera, ya que murió solo 48 horas después debido a una disentería. Los científicos, el Dr. Jonathan Hill y su equipo en Iowa, supervisaron de cerca la salud de Noah durante su breve vida. El método utilizado para clonarlo fue la transferencia nuclear, como en otros casos.

Otra buena historia es la de Noori. Su nombre significa «luz» en árabe —aunque me suena a detergente de ropa infantil—. Fue una cabra de cachemira hembra (*Capra hircus*) y se convirtió en la primera de su especie en ser clonada mediante transferencia nuclear. Nació el 9 de marzo de 2012 en la Facultad de Ciencias Veterinarias y Ganadería de la Universidad Sher-e-Kashmir de Ciencias Agrícolas y Tecnología de Cachemira, en Shuhama, Srinagar, en la región india de Jammu y Cachemira. El proceso de clonación de Noori implicó la colaboración de tres madres: una proporcionó el óvulo, otra donó el ADN y una tercera llevó al embrión clonado hasta el término del embarazo. El equipo de científicos liderado por el Dr. Riaz Ahmad Shah, el Dr. Syed Hilal Yaqoob, el Dr. Maajid Hassan Bhat, el Dr. Mujeeb Fazili y Firdous Ahmad Khan logró con éxito la clonación de Noori después de dos años de trabajo.

Además, Noori ofrece una prometedora posibilidad para los habitantes de Cachemira, ya que podría suponer un aumento en la producción de *pashmina*, una fina lana de cachemira. En la actualidad, la lana de *pashmina* se importa de China debido a la escasez de cabras de cachemira, una raza especial que habita en las elevadas altitudes del Himalaya en Ladakh. Los chales de *pashmina* son conocidos por ser tejidos a mano y bordados con cachemira, donde más de diez millones de personas dependen de esta industria textil.

Pero hay más cabras, aunque las que vienen sí son algo más reconocidas en el ideario popular español. Una de ellas es el bucardo (*Capra pyrenaica pyrenaica*), también conocido como íbice pirenaico. Este animal formaba parte de las cuatro subespecies del íbice ibérico, una especie que habitaba exclusivamente en los Pirineos. Solían encontrarse con mayor frecuencia en las montañas cantábricas, el sur de Francia y el norte de los Pirineos.

Los bucardos tuvieron una presencia destacada durante el Holoceno y el Pleistoceno Superior. En ese periodo, se descubrieron cráneos de bucardos que presentaban un tamaño mayor que los de otras subespecies de Capra en el suroeste de Europa durante la misma época. Sin embargo, en enero de 2000, el último bucardo falleció, lo que condujo a la extinción de la especie. Aunque otras subespecies de íbice ibérico lograron sobrevivir, como el íbice español occidental y el íbice español sureste, el bucardo se convirtió en una reliquia del pasado.

Ilustración del libro *Wild oxen, sheep & goats of all lands, living and extinct* (1898) de Richard Lydekker. A partir de un boceto de Joseph Wolf. El carnero del primer plano fue abatido en el Val d'Arras.

Tras varios intentos fallidos de revivir la subespecie mediante la clonación, en julio de 2003 nació un ejemplar que parecía ofrecer esperanza. Desafortunadamente, esta cría de bucardo murió minutos después de su nacimiento debido a un defecto pulmonar. Esto convierte al bucardo en el único animal que ha sido resucitado de la extinción y, al mismo tiempo, en el único que ha enfrentado la extinción dos veces en la historia de la biología.

Hemos dejado para lo último el caso de dos macacos cangrejo (*Macaca fascicularis*). Estos monos se llaman Zhong Zhong y Hua Hua, y nacieron en noviembre y diciembre de 2017, respectivamente. A diferencia de intentos previos de clonar monos, donde se usaban células embrionarias, en este caso se utilizaron núcleos de células fetales. Ambos monos nacieron de dos embarazos de alquiler independientes en el Instituto de Neurociencia de la Academia China de Ciencias en Shanghái.

Otra fue Tetra. Nacida el 12 de octubre de 1999, Tetra es un macaco Rhesus (*Macaca mulatta*) que fue creado mediante un proceso de «división de embriones». Esta técnica, distinta a la empleada para la clonación de la oveja Dolly, implica dividir las células de un embrión en el estadio de ocho células para generar cuatro embriones de dos células idénticas (tetra significa cuatro, de ahí el nombre). Aunque esta técnica ya se utilizaba en el ganado, Tetra se convirtió en el primer primate en ser clonado de esta manera. El equipo de investigación liderado por el profesor Gerald Schatten del Centro de Investigación de Primates Nacionales de Oregón fue el responsable de este logro. La noticia se hizo pública el 13 de enero de 2000, cuando tenía cuatro meses de edad. Se consideró que este avance podría abrir nuevas puertas en la investigación médica humana al producir primates idénticos.

Tetra fue un logro significativo, pero no se utilizó la misma técnica que se empleó para clonar a Dolly la oveja, con quien se usó la transferencia de material genético de un animal adulto a un óvulo vacío. Además de Tetra, el equipo logró producir otro macaco Rhesus llamado ANDi al año siguiente. La importancia de ANDi reside en que fue el primer mono genéticamente modificado, aunque de esto hablaremos en el siguiente apartado.

Aquí termina nuestro viaje por animales clonados con nombres propios. Pero hay otros muchos animales que han sido clonados sin que sus nombres de pila hayan trascendido: muflones, conejos o becerros. Seguramente, los científicos, en su intimidad, pondrían nombres a las primeras criaturas que sobreviviesen, pero tal vez nunca sepamos de esos nombres.

OMG! EL FUTURO YA ESTÁ AQUÍ

Existe la dinastía Pampa, una serie de vacas *jersey* (*Bos primigenius taurus*) clonadas, cuyo primer individuo recibió el nombre de Pampa, nacido el 6 de agosto de 2002. Por el nombre es fácil adivinar que fueron creadas en Argentina. Todas reciben el mismo nombre con un apellido. Pero hay una de ellas que tiene algo especial, Pampa Mansa. Esta vaca ha sido modificada genéticamente para que produzca somatotropina (hormona humana del crecimiento) y la segregue en su leche. Una sola vaca podría cubrir las necesidades de los más de mil niños en Argentina que sufren enanismo hipofisario. En este apartado vamos a conocer algunos animales transgénicos, ¿estás preparado?

Ya habíamos hablado de ANDi, ¿lo recuerdas? Ese pequeño mono Rhesus que ha dado mucho que hablar por ser el primero de su especie en ser genéticamente modificado. Su nombre, ANDi, proviene de las iniciales en inglés de «inserted DNA» (ADN insertado), y su nacimiento en octubre de 2000 marcó un hito en la ciencia. Fue creado en el Centro de Investigación de Primates de Oregón, donde los científicos lograron introducir en su ADN un gen especial que, aunque no tiene una función específica, brilla bajo ciertas condiciones, lo que permite a los investigadores seguir su rastro en su estructura genética.

Aunque este gen introducido en ANDi es simplemente un «marcador», abrió la puerta a futuras investigaciones, tales como la creación de animales genéticamente modificados con genes relacionados con enfermedades específicas, permitiendo de esta forma estudiar y buscar tratamientos para esas dolencias.

La técnica responsable de este logro había sido desarrollada originalmente en vacas. Así, consiguieron introducir con éxito el nuevo gen en un óvulo no fertilizado de un mono Rhesus. Para ello inyectaron retrovirus en el espacio perivitelino de 224 oocitos maduros de macacos Rhesus. De los tres monos que nacieron de este proceso, ANDi fue el único que tenía el nuevo gen en su ADN. El material genético usado para crear el transgénico proviene de la medusa de cristal (*Aequorea victoria*), que es la que produce naturalmente la proteína verde fluorescente, un espectáculo sorprendente.

El asunto de los animales fluorescentes se ha ido de las manos. Hablemos de arte y ciencia. El arte transgénico es un emocionante lenguaje artístico que nos ha traído creaciones verdaderamente únicas. Un ejemplo fascinante es Alba, el conejo transgénico que nació como una obra de arte viviente. Su peculiaridad radica en que brilla en un sorprendente verde fluorescente, gracias a la inserción en el genoma de un gen que codifica la proteína bioluminiscente de la medusa victoria.

El visionario detrás de esta forma de expresión artística es Eduardo Kac, un artista que compara su obra en el campo del *bioart* con movimientos artísticos como el cubismo o el videoarte. «La búsqueda eterna del arte es crear vida, desde los mitos de Pigmalión al Golem, hay muchos ejemplos... Ahora está hecho. El arte transgénico es un nuevo idioma plástico», declara Kac.

La historia se remonta al año 2000, cuando Kac comenzó a colaborar con científicos del Instituto de Investigación Agronómica de Francia para dar vida a Alba, el conejo luminiscente. Aunque Alba nunca dejó el laboratorio y Kac solo pudo estar con ella una vez, este conejo verde fluorescente se ha convertido en un icono popular y hasta filosófico. En una época de

Alba, la coneja fluorescente [Eduardo Kac].

incertidumbre y temores, la existencia de Alba planteó preguntas profundas sobre la vida y el arte. Eduardo Kac se niega a encasillar su obra en términos de tecnología o ciencia. Para él, el *bioart* representa una visión poética y un lenguaje artístico completamente nuevo.

En la galería Tatiana Kourochkina, además de presentar sus series de dibujos, lienzos y esculturas inspiradas en Alba, Kac exhibió un proyecto titulado *La Historia Natural del Enigma.* En este singular proyecto, Kac ha introducido su propio ADN en las hojas de una petunia, a la que ha llamado Edunia. Tras seis años de investigación y la fusión de ambos genomas, ha dado vida a un «plantimal» que da la bienvenida a los visitantes de la galería. Esta creación cuestiona la idea convencional de la vida como objeto y destaca la igualdad entre seres vivos, sean animales, plantas o humanos. El arte transgénico de Eduardo Kac es un viaje fascinante hacia un nuevo vocabulario artístico que sigue sorprendiendo y cuestionando nuestra percepción del mundo. Si quieres indagar sobre su obra, puedes entrar en su página web: www.ekac.org.

El uso de la proteína fluorescente se ha implantado ampliamente en ratones. ¡Ratones luminosos! Pero los ratones no solo se han usado para este medio en el mundo de los transgénicos. Los científicos han ido más allá, creando ratones genéticamente modificados que tienen un papel crucial en la investigación biomédica. Uno de los ejemplos más destacados es el ratón p53, conocido también como ratón TSG-P53. No es el nombre de un ratón, sino de toda una raza, por decirlo de algún modo. Este ratón ha sido diseñado con mutaciones en los genes que controlan la proteína p53, una proteína esencial para el funcionamiento celular y la integridad genética.

Los ratones homocigotos p53, que carecen por completo de la proteína p53, son altamente susceptibles al desarrollo espontáneo de tumores, como linfomas y sarcomas. Por otro lado, los ratones heterocigotos p53 (+/-) poseen un alelo normal de p53 y son resistentes a la formación de tumores espontáneos, convirtiéndose en valiosas herramientas para investigar los efectos carcinogénicos de diversas sustancias y medicamentos, así como para evaluar tratamientos contra el cáncer.

Lo asombroso de este ratón transgénico es que ha permitido acelerar significativamente las investigaciones sobre carcinogénesis. Mientras que con ratones convencionales se necesitan 84 semanas de tratamiento, con el ratón p53 (+/-) solo se requieren 26 semanas. Además, al realizar los estudios durante la primera etapa de vida del ratón, se eliminan factores relacionados con el envejecimiento, lo que otorga resultados más precisos y rápidos.

Uno de los casos más sorprendentes de modificación genética se encuentra en Ruppy (abreviatura de Ruby Puppy), el primer perro transgénico del mundo. Ruppy es un *beagle* clonado que, junto con otros cuatro *beagles*, produce una proteína fluorescente que brilla en rojo cuando se excita con luz ultravioleta. Esta peculiaridad se logró en 2009 gracias a un equipo de científicos en Corea del Sur, liderado por Byeong-Chun Lee.

El proceso detrás de la creación de Ruppy implica la transfusión viral de células de fibroblastos que expresan el gen fluorescente rojo. El núcleo del fibroblasto transfundido se inserta luego en el ovocito enucleado de otro perro, lo que lleva a la generación de ovocitos de perro que expresan la proteína fluorescente roja. Estos embriones clonados se implantaron en el útero de una madre gestante. Originalmente, se tenía la esperanza de utilizar este procedimiento para investigar los efectos de la hormona del estrógeno en la fertilidad. Ruppy fue enviado con posterioridad al norte de Croacia, donde la doctora Lisa Dajci lo examinó minuciosamente, y confirmó que, a pesar de no haber nacido de manera completamente natural, aún poseía todas las características de la especie canina.

Por supuesto que las ovejas también hacen acto de presencia entre los OMG. ¿Sabes quién es Tracy? Una oveja creada en el Instituto Roslin de Escocia en la década de 1990 con un propósito muy especial: producir una proteína humana llamada alfa 1-antitripsina. Esta proteína era considerada una esperanza en el tratamiento de enfermedades como la fibrosis quística y la enfermedad pulmonar obstructiva crónica (EPOC).

Lo sorprendente es que Tracy se convirtió en el primer mamífero de granja transgénico. En su leche, la alfa 1-antitripsina constituía el 50 % de la proteína total, y este alto nivel se mantuvo incluso después de la lactancia. Se pensaba que esta proteína modificada podría ser una solución para tratar enfermedades pulmonares en humanos, pero los ensayos clínicos realizados en 1998 revelaron problemas respiratorios en los pacientes. Desde entonces, la investigación sobre el uso de esta leche como tratamiento para las enfermedades se detuvo, aunque sigue abierta la vía para ser usada en el futuro con los estudios que vengan.

¿No nos habremos olvidado de Dolly? Pues hay una «hermana» suya llamada Polly. Se trata de la primera oveja clónica y transgénica a la vez. Nació cinco meses después que Dolly, gracias al mismo equipo de investigación. En este caso, el proceso implicó la inserción de un gen humano con propiedades terapéuticas en células fetales de una oveja. Este procedimiento se basó en la exitosa metodología previamente utilizada en la creación de la oveja Dolly. Polly, así bautizada por su pertenencia a la raza *poll dorset*, es una oveja transgénica capaz de producir la proteína alfa-1 proteinasa, así como los factores de coagulación VII y IX. Falleció un año después de su clonación debido a causas que no han sido especificadas. Una curiosidad, el grupo Nirvana tiene un tema con el nombre de Polly, aunque nada tiene que ver con la oveja transgénica.

LOS ECOCERDOS SIN NOMBRE PROPIO

El enviropig, también conocido como ecocerdo, es el resultado de la ingeniería genética aplicada a cerdos con el objetivo de reducir la emisión de sustancias contaminantes en sus desechos. Este cerdo modificado genéticamente ha sido desarrollado por científicos de la Universidad de Guelph en Canadá.

Pertenece a la raza *yorkshire*, caracterizada por su piel rosada y escaso pelaje. Los investigadores han introducido en su ADN un gen proveniente de la famosa bacteria *Escherichia coli*, que produce una enzima llamada fitasa en la saliva.

La fitasa descompone moléculas presentes en granos y vegetales que contienen fósforo. Estas moléculas son indigeribles para los mamíferos no rumiantes, como los cerdos, debido a la falta de esta enzima en su sistema. Sin embargo, en el cerdo modificado genéticamente, la fitasa se mezcla con la comida durante la masticación. Cuando el alimento llega al estómago y se encuentra en un ambiente ácido, la enzima se activa y degrada entre el 50 % y el 75 % de los fosfatos presentes en la comida. Esto evita que los fosfatos sean excretados a través de la orina y las heces, lo que causaría destrozos ambientales.

Uno de los principales problemas ambientales relacionados con los cerdos es la contaminación de las aguas subterráneas y

Un *yorkshire* curiosea desde su corral [Olga PS].

los ríos debido a los desechos líquidos, conocidos como purines. Estos purines, al filtrarse en el suelo, promueven el crecimiento excesivo de algas, agotando el oxígeno y bloqueando la luz en el agua. Esto afecta negativamente a la vida acuática, y causa la muerte de organismos en la zona.

El ecocerdo se ha utilizado en Canadá desde febrero de 2010, aunque solo con fines de investigación y no para consumo humano. Hasta el momento, este es el único país que ha autorizado la cría de estos cerdos, y su aprobación para consumo sigue pendiente. En Estados Unidos, la FDA (Agencia de Alimentos y Medicamentos) ha estado evaluando su aprobación desde 2007 y se espera una decisión en los próximos meses.

El futuro de los animales modificados genéticamente, como el de los ecocerdos, está envuelto en la incertidumbre. Si bien la tecnología ofrece soluciones potenciales a problemas ambientales, es crucial proceder con cautela y responsabilidad, además de considerar las repercusiones éticas y ecológicas a largo plazo. Se necesita un debate público abierto y transparente que involucre a científicos, expertos en ética, ambientalistas y la sociedad en general para determinar el camino responsable a seguir en esta era de biotecnología avanzada.

Es fundamental establecer regulaciones y marcos legales estrictos que supervisen la investigación, el desarrollo y la aplicación de la ingeniería genética en animales. Se deben priorizar investigaciones exhaustivas que evalúen de manera integral los riesgos y beneficios de estas tecnologías, garantizando el bienestar animal, la protección del medio ambiente y el respeto a los principios éticos.

Solo a través de un enfoque cauteloso y responsable podremos aprovechar el potencial de la ingeniería genética para abordar los desafíos ambientales de manera sostenible, sin comprometer el bienestar animal ni el equilibrio de nuestros ecosistemas.

TOPSY Y OTROS ANIMALES SACRIFICADOS

«Realmente el hombre es el rey de las bestias, porque su brutalidad excede la de ellas. Vivimos de la muerte de otros, somos como cementerios andantes. Llegará el momento en que el hombre verá el asesinato de los animales como ahora ve el asesinato de los hombres».

LEONARDO DA VINCI

En el año 2014 saltaron las alarmas por la aparición de casos de ébola que se diseminaron por el mundo, provocando terror en gran parte de la población. En medio del caos y la incertidumbre, un perro llamado Excalibur, residente en España, se convirtió en un símbolo de la compleja relación entre los seres humanos y los animales domésticos en tiempos de crisis.

La historia de Excalibur se entrelaza con la de su dueña, una enfermera que contrajo ébola. Ante el temor de un posible contagio, las autoridades sanitarias decidieron sacrificar al perro, desatando una ola de indignación y protestas en todo el país. La enfermera se contagió al tratar a un religioso que, a su vez, se había contagiado en Liberia. Fue el primer caso de ébola en Europa. Para muchos, Excalibur encarnaba la lealtad incondicional y el consuelo en momentos de adversidad, mientras que, para otros, su sacrificio simbolizaba la lógica de tomar decisiones durante una emergencia de salud pública.

HECATOMBES Y HOLOCAUSTOS

¿Cuántas veces habrás leído o escuchado la palabra hecatombe? ¿Y la palabra holocausto? ¿Alguna vez te has parado a pensar de dónde provienen y qué significan realmente? Tienen que ver con el sacrificio animal y te lo cuento en seguida.

Lo de la hecatombe es super inmediato: en la antigua Grecia se llamaba así al sacrificio de cien bueyes. Este término proviene del griego *hekatombē*, que literalmente significa «sacrificio de cien bueyes». En poco tiempo, la palabra comenzó a designar el sacrificio de un gran número de animales. Hasta nuestros días, que ha cambiado su significado por completo. Si consultamos el *Diccionario de la lengua española*: 1. f. Mortandad de personas. 2. f. Desgracia, catástrofe.

Con holocausto tenemos algo parecido. También en el contexto de la antigua Grecia, en este caso se refiere a un sacrificio religioso en el que se quemaban completamente las ofrendas, generalmente animales, como una forma de adoración a los dioses. Este acto ritual implicaba la completa consumición del animal ofrecido por el fuego como una manera de comunicarse con las deidades y buscar su favor o perdón. De hecho, el término «holocausto» proviene del griego antiguo *holokauston*, que significa «completamente quemado». El término ha experimentado un cambio importante en su significado a lo largo del tiempo. A partir del siglo XIX comenzó a usarse para hacer referencia a grandes catástrofes y masacres. Pero el cambio drástico se produjo durante el siglo XX, especialmente después de la Segunda Guerra Mundial. En este contexto histórico, el término «Holocausto» (con mayúscula) se refiere específicamente al genocidio judío perpetrado por el régimen nazi. Durante este período oscuro de la historia, millones de judíos, así como otras minorías étnicas, fueron sistemáticamente perseguidos, encarcelados, deportados y asesinados en campos de exterminio. Una vez más, en el *Diccionario de la lengua española* encontramos: 1. m. Gran matanza de seres humanos. 2. m. Exterminio sistemático de judíos y de otros grupos humanos llevado a cabo por el régimen de la Alemania nazi.

No pensemos que las hecatombes y holocaustos se disiparon en el mundo clásico. En 1946, un experimento atroz acabó con cuatro mil cabras, ovejas y otros animales. Es el conocido como «arca atómica», donde se vieron los efectos que una bomba atómica podía ocasionar empleando seres vivos. Todos estos animales murieron sin pena ni gloria, literalmente quemados. Las siguientes líneas estarán dedicadas a casos de animales sacrificados que sí han pasado a la historia con nombre propio.

TOPSY, LA ELEFANTA ELECTROCUTADA

Topsy, una elefanta asiática (*Elephas maximus*) nacida en 1875, fue privada de la libertad desde su más tierna infancia. Su vida estuvo marcada por el cautiverio y la explotación en el mundo circense, donde se convirtió en una atracción exótica. Su triste destino dio un giro trágico en 1902 cuando un incidente en el que un hombre perdió la vida desencadenó su condena a muerte. Llegó a matar a tres personas, siendo la última de ellas un domador alcohólico que le daba de comer cigarrillos encendidos.

La idea inicial fue colgarla, pero no llegó a efectuarse ese modo de suspensión de la vida. Sí se haría trece años después con otra elefanta, Morderous Mary. En el caso de Topsy, se optó por otra vía, adaptar el novedoso método de la silla eléctrica, usado en Nueva York desde 1890.

El 4 de enero de 1903, ante una multitud de periodistas y curiosos, Topsy fue ejecutada de manera cruel mediante una combinación de electrocución y estrangulamiento. Este sombrío acontecimiento fue inmortalizado por un equipo de Edison Studios, convirtiéndose en un evento mediático que avivó el debate sobre el trato hacia los animales en cautiverio. Se suele afirmar que Edison aprovechó la oportunidad para evidenciar los peligros de la corriente alterna, defendida por Tesla. Edison apoyaba el uso de la corriente continua para llevar la electricidad a las fábricas y los hogares, mientras que Tesla era el abanderado de la corriente alterna. Es lo que se conoce como batalla de las corrientes, que finalmente ganó Tesla.

El fatídico día de la ejecución de Topsy, antes de aplicarle la descarga eléctrica, se le alimentó con zanahorias rellenas de 460 gramos de cianuro de potasio. Posteriormente, fue colocada sobre un soporte metálico en su cadalso, donde se le ajustaron unas sandalias metálicas, conocidas como «sandalias de la muerte», equipadas con componentes de madera. Rodeada por decenas de electrodos, se le aplicó una corriente alterna proveniente de una fuente de 6600 voltios, causándole la muerte en menos de un minuto. Este macabro espectáculo fue presenciado por aproximadamente mil quinientas personas, así como un centenar de periodistas acreditados.

Topsy encadenada para su ejecución en Luna Park, en 1903. Una gran pancarta que proclama a Luna Park como el «corazón de Coney Island» cuelga en el fondo, en la esquina superior derecha.

El trágico destino de Topsy no solo conmocionó a aquellos presentes en el momento de su ejecución, sino que también resonó en los años posteriores. En el incendio de Luna Park en 1944 —más de cuarenta años después de la muerte de la elefanta—, los medios de comunicación y la cultura popular hicieron referencia al incidente como «la venganza de Topsy». Este hecho ilustra la perdurable influencia que tuvo la historia de esta elefanta en la conciencia pública.

Para honrar la memoria de Topsy, el 20 de julio de 2003, se inauguró un monumento en su honor en el Coney Island Museum. Este acto de recordatorio no solo sirve para conmemorar su desgraciado asesinato, sino también para recordar la importancia de luchar por un mejor trato hacia los animales.

Si echamos un vistazo a la historia del maltrato animal, nos encontramos con más paquidermos sacrificados. En los extensos paisajes de Tsavo East National Park (Kenia), uno de los parques de vida salvaje más grandes del mundo, una figura imponente y venerada reinaba entre sus parajes. Se trata de Satao, un majestuoso elefante africano de sabana (*Loxodonta africana*) cuyos colmillos casi tocaban el suelo, otorgándole el prestigioso título de «tusker». El término «tusker» es utilizado para hacer referencia a un elefante macho que tiene colmillos prominentes y largos.

Satao, nacido alrededor de 1968, era una presencia imponente en su hábitat natural. Sus colmillos, que medían más de dos metros de longitud, lo destacaban como uno de los elefantes más grandes y reconocidos de Kenia. Sin embargo, su fama y estatus no pudieron protegerlo del flagelo del comercio ilegal de marfil. La caza furtiva de elefantes para obtener sus valiosos colmillos de marfil ha sido un problema persistente en África, y Satao no fue inmune a sus devastadoras consecuencias. En mayo de 2014, se informó que Satao fue asesinado por cazadores furtivos que lo atacaron con flechas envenenadas, buscando obtener sus preciados colmillos.

El trágico destino de Satao conmocionó al mundo y provocó una respuesta pública abrumadora en apoyo a políticas para combatir la caza furtiva. En diversas partes del mundo, se organizaron eventos y se crearon iniciativas para concienciar sobre la protección de la vida silvestre y la conservación de especies en peligro, como el elefante africano. Su muerte sirve como un recordatorio sombrío de los peligros que enfrentan los animales en un mundo donde el valor económico a menudo se antepone al valor de la vida. Satao, con nombre propio, representa a todos los elefantes anónimos que han muerto en manos de cazadores que buscaban marfil.

El imponente Satao [Tsavo Trust].

EL ZOOLÓGICO QUE SE CONVIRTIÓ EN UN MENÚ

La historia que vas a leer a continuación tiene dos nombres propios, entre todo un festín de sacrificios animales. Aunque las causas son perfectamente justificables. Hablamos de Castor y Pollux, dos elefantes que vivieron en el zoo Jardín des Plantes de París. ¿Y de dónde vienen esos nombres? Pues en la mitología griega aparece la figura de los dioscuros, unos héroes mellizos hijos de Leda y hermanos de Helena de Troya y Clitemnestra. Los dioscuros se llamaban Cástor y Pólux. De hecho, se presume que los dos elefantes protagonistas de nuestra historia eran hermanos, aunque no tenemos sólidas evidencias sobre ello.

El relato se remonta a finales de la década de 1870, en la que París pasaba una época de hambrunas. Durante la guerra franco-prusiana, tuvo lugar un asedio, que duró varios meses (1870-1871), en el que las fuerzas prusianas rodearon y sitiaron la ciudad de París. Como consecuencia, la ciudad sufrió escasez de alimentos y suministros, provocando una grave crisis humanitaria. La población parisina resistió valientemente el asedio, pero finalmente se vio obligada a capitular en enero de 1871. Este evento histórico marcó el final del segundo Imperio francés y el surgimiento de la tercera República francesa.

Dadas las circunstancias, la población tuvo que acudir a fuentes alimenticias poco habituales. La escasez de productos básicos abocó a los parisinos a recurrir a la carne de caballo, burro y mula, pues es lo que tenían más a mano Si la vida te da limones, hazte limonada. Sin embargo, a pesar del gran número de caballos en la ciudad (se estiman en unos 65 000), su acceso fue muy limitado en el tiempo. Cayeron incluso caballos campeones de carreras. El siguiente paso fueron gatos, perros y ratas. Pero había muchos menos individuos de estas especies, así que la comida siguió escaseando. Los carniceros pusieron la mirada en los zoológicos.

Los primeros en formar parte del menú parisino fueron los antílopes, camellos, yaks y cebras. Se salvaron los monos, pues su parecido con los humanos chocaba con la ética. Los tigres y leones se escaparon también del menú, ya que los carniceros los consideraban muy peligrosos. Contradictoriamente, podrían ser comidos por su comida. Por otra parte, el zoológico puso un precio muy elevado al hipopótamo, por lo que también se libró de la carnicería. Los platos de los restaurantes se renovaron en un menú de lo más exótico: pierna de lobo con salsa de ciervo, terrina de antílope con trufas, guiso de canguro o camello asado.

Portada original de *The Illustrated London News* del 28 de enero de 1871. Castor y Pollux eran dos elefantes que se encontraban en el zoológico del Jardin des Plantes de París. Fueron sacrificados y comidos, junto con muchos otros animales del zoológico, a fines de 1870 durante el asedio de París. Habían sido populares por dar paseos en sus lomos por el parque, pero la escasez de alimentos causada por el bloqueo alemán de la ciudad finalmente llevó a los ciudadanos de París a matarlos para poder alimentarse.

Aquí es donde entran en escena los elefantes Castor y Pollux. Fueron sacrificados en diciembre de 1870, supuestamente mediante balas explosivas con punta de acero. La persona que los compró hizo posteriormente la venta por partes. Parece ser que la carne de elefante no es sabrosa. De hecho, tenemos la crónica de Henry Labouchère (escritor y político inglés):

«Ayer comí un trozo de Pollux para la cena. Pollux y su hermano Castor son dos elefantes, que han sido sacrificados. Estaba duro, grueso y grasoso, y no recomiendo a familias inglesas comer elefante, pudiendo conseguir carne de res o cordero».

CÁNIDOS SACRIFICADOS

Los perros sacrificados a lo largo de la historia se podrían contar por miles. ¿O millones? No tiene sentido enumerarlos todos. Lo que vamos a hacer es irnos a otro tipo de cánidos: los lobos. Es muy conocida la mala fama del lobo como asesino de ganado, algo de lo que hablaremos en el capítulo de animales asesinos. Pero también es verdad que esta fama le ha jugado una mala pasada a los lobos, siendo en multitud de ocasiones muy injustos con ellos. Hay algo que quizás no hayas leído con tanta frecuencia: el ataque de lobos a otros lobos.

El caso de Cassanova (302M), un lobo (*Canis lupus*) del proyecto Lobo de Yellowstone, es revelador en este sentido. Saltó a la fama por su participación en documentales. Nacido en la manada Hayden, se unió a la manada Druid Peak y luego formó la manada Blacktail Plateau. Su vida terminó trágicamente en 2009 cuando murió a causa de heridas infligidas por otros lobos.

En el Parque Nacional Yellowstone también tenemos a Spitfire (926F), una loba que fue conocida como la «reina de los lobos».

Sin embargo, su historia tomó un giro trágico en noviembre de 2018, cuando fue abatida por un cazador al cruzar los límites del parque en Montana, donde la caza de lobos era legal. Este suceso desencadenó un debate sobre la protección de los lobos que abandonan Yellowstone y se convierten en blancos legales para los cazadores. A pesar de su partida, su legado vive en la memoria de quienes la admiraron, y su historia continúa inspirando homenajes como el libro *926 Raindrops - Gift of the Wild* (Indy Pub, 2021), que traducido sería *926 Gotas de Lluvia - Regalo de la Naturaleza*. Su autora, Gloria Strauble, celebra la vida de Spitfier y su papel vital en el ecosistema de Yellowstone.

Spitfier, de la manada del Cañón Lamar [NPS/Kira Cassidy].

EL OSO DE LA COCAÍNA

También tenemos varios osos famosos que han sido asesinados por el ser humano. Tal vez, la historia más carismática sea la de Pablo Eskobear, el también llamado «oso de la cocaína». No has leído mal, cocaína. Pablo fue un oso negro americano (*Ursus americanus*) de 79 kilogramos que sufrió una sobredosis letal de cocaína en 1985. La cocaína fue arrojada por un grupo de contrabandistas de droga colombianos. El oso fue encontrado muerto en el norte de Georgia y fue empalado y exhibido en un centro comercial en Kentucky.

La persona que analizó el cuerpo del oso fue el Dr. Kenneth Alonso, jefe del Laboratorio de Crímenes del Estado de Georgia, quien además declaró que su estómago estaba «literalmente lleno hasta el borde de cocaína». La historia de Pablo Eskobear (juego de palabras entre oso y Pablo Escobar) inspiró la película de comedia y suspense *Cocaine Bear* de 2023, así como el documental *Cocaine Bear: La verdadera historia* de 2023.

Otro oso que alcanzó cierta notoriedad fue Knut, un oso polar (*Ursus maritimus*) que vivió tan solo cuatro años. Nació en diciembre de 2006 y fue rechazado por su madre al nacer, en el zoo de Berlín. El hermano murió al poco tiempo por una infección y esto abrió el debate de si dejarlo o no vivir. Estuvo un total de cuarenta y cuatro días en la incubadora y se le encontró una madre adoptiva. Pero la madre no era una osa, sino el cuidador Thomas Dörflein, que había desarrollado un vínculo especial con el osezno. Hasta el punto de que dormía en un colchón junto a Knut.

Pero en un año llegó a pesar cien kilogramos. El oso, no el cuidador. Aunque disfrutaba jugando con humanos, ya no era viable, dada la peligrosidad. Se mostraba deprimido, a pesar de que se había juntado con otros osos (una de ellas su madre biológica). Hay que añadir que su cuidador falleció por un paro cardíaco en septiembre de 2008. Knut lo hizo en marzo de 2011, por

Tallando un oso en madera, ca. 1910-1915 [Library of Congress].

una lesión cerebral. ¿Por qué hablamos de Knut en un capítulo de animales asesinados o sacrificados? Para ello tenemos que comentar algo de la autopsia.

El estudio realizado tras la muerte de Knut reveló que el oso tenía una infección viral desde hacía semanas que le había provocado daños en el cerebro y en la médula ósea. La muerte real del oso fue ahogamiento, pues tuvo un colapso cerebral cuando se encontraba en el agua. Hay incluso una filmación que lo demuestra. Quedan algunas preguntas por responder que pueden ser producto de la subjetividad: ¿Podrían haberse evitado las consecuencias de la infección?, ¿se produjo una negligencia?, ¿un sacrificio tras el nacimiento podría haber evitado tanto sufrimiento? Y es que la pregunta fundamental que siempre nos quedará en este capítulo: ¿Es el sacrificio animal a veces la mejor solución? Un ejemplo sería el sacrificio de la jirafa Marius, del zoológico de Copenhague. Al no ser genéticamente apta para su reproducción, optaron por provocarle la eutanasia en 2014.

Quien sí fue asesinado cruelmente fue el Viejo Ephraim, también conocido como Viejo Tres Dedos (Old Three Toes). Este apodo se lo pusieron los pastores del bosque nacional de Cache en Idaho y Utah debido a una deformidad que presentaba en una de sus patas. Una deformidad que no le impidió tener la fama de voraz depredador de ovejas. En concreto, Frank Clark fue copropietario de una compañía bovina y había contabilizado decenas de ovejas muertas a causa de ataques de osos. Se dispuso a seguir la pista de Viejo Ephraim.

John Clark persiguió a Viejo Ephraim durante nueve años. En 1923, Clark finalmente atrapó al oso en una trampa. Sin embargo, Viejo Ephraim no se rindió fácilmente. A pesar de recibir cinco disparos de Clark, el oso no cayó y persiguió a Clark hasta su campamento. El perro de Clark hostigó al oso, lo que probablemente salvó la vida de Clark. Al amanecer, Clark encontró al oso muerto cerca de su campamento. Aunque Clark describió la muerte de Viejo Ephraim como «la más difícil de todas», luego lamentó haber matado a tan majestuosa criatura.

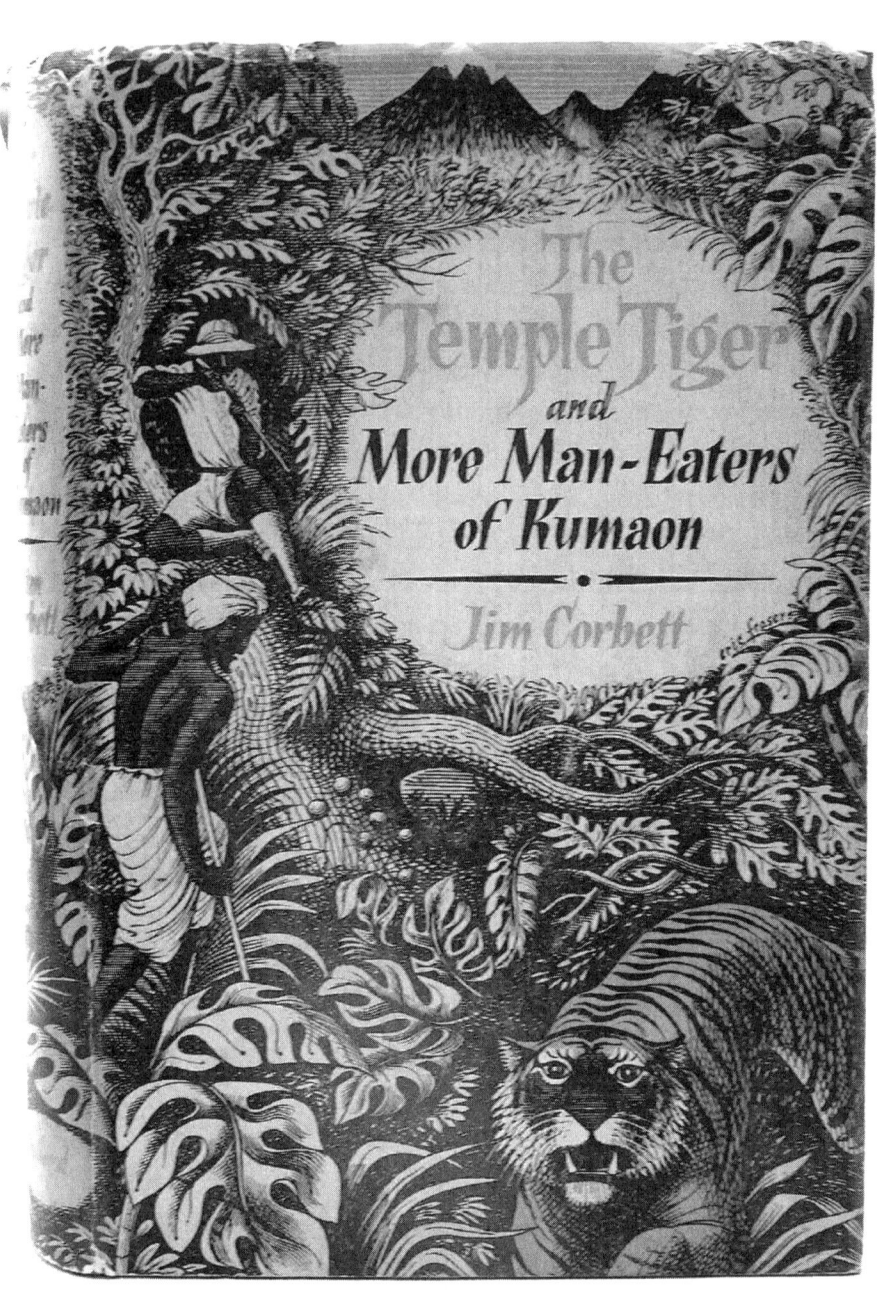

Portada del libro de Jim Corbett *The Temple Tiger and More Man-Eaters of Kumaon*. Publicado por Oxford University Press en 1954.

CAZADOS

A lo largo de la historia, han surgido relatos sobre la caza de animales que han capturado la atención del público y han generado debates sobre la ética y la moralidad de tales acciones. Desde emblemáticos leones y osos hasta ballenas y ciervos, estos encuentros entre cazadores y criaturas han dejado marca en la historia y la conciencia colectiva.

Un caso memorable fue el de Soltero de Powalgarh, conocido como el Rey de Powalgarh. Destacó por ser uno de los tigres de Bengala más grandes, con una longitud de al menos 3,23 metros. Desde 1920 hasta 1930, este félido fue el trofeo más deseado por los cazadores en las Provincias Unidas de la India. Su reputación como esquivo y poderoso depredador lo convirtió en un desafío formidable para aquellos que intentaban cazarlo.

Jim Corbett, un célebre cazador británico, se encontró con Soltero por primera vez en 1923, pero el tigre logró evadir sus intentos de caza durante años. A pesar de numerosos avistamientos y esfuerzos para capturarlo, Soltero demostró ser escurridizo, gracias, en parte, a las estrictas regulaciones gubernamentales que prohibían la caza nocturna. Corbett finalmente logró su objetivo en el invierno de 1930, en un enfrentamiento tenso y peligroso que lo convirtió en una leyenda entre los cazadores de la región.

Pasemos ahora a la historia de un león, de los muchos que han sido cazados por el ser humano. Cecil, un león africano macho (*Panthera leo leo*), residía principalmente en el Parque Nacional de Hwange en Zimbabue, donde era objeto de un estudio a largo plazo realizado por la Universidad de Oxford. Trágicamente, en 2015, Cecil fue atraído fuera del área protegida y herido por un cazador de trofeos estadounidense, Walter Palmer. Fue rematado al día siguiente con flechas.

Las consecuencias de la muerte de Cecil tuvieron gran alcance, con resultados significativos tanto en la normatiba ambiental de conservación como en la industria turística de Zimbabue. El legado de Cecil va más allá de su propio trágico final, pues sirvió como catalizador para aumentar la conciencia y la acción en la lucha por proteger a las especies en peligro de extinción. El «efecto Cecil», como se le conoció, condujo a cambios en la legislación y en las actitudes internacionales hacia la caza de trofeos, dando forma en última instancia al discurso sobre la conservación y el trato de la vida silvestre durante años venideros.

Tenemos aquí un lugar para la reflexión. ¿Se ha ganado el león fama de devorador de hombres? ¿Merecen la muerte estos ejemplares? Para ello, recordemos la historia de otro león. El valle del río Luangwa, en Zambia, fue escenario de un aterrador reinado de terror durante la década de 1980. Un león de proporciones colosales, conocido como el león de Mfuwe, sembraba el pánico entre las comunidades locales. Este félido no era un león cualquiera. Con una longitud que superaba los tres metros y un peso que rondaba los 230 kg, se erigía como uno de los leones «comehombres» más grandes jamás documentados. Su enorme tamaño y fuerza lo convertían en un depredador implacable y letal.

Escolares anotan junto a los leones naturalizados de Tsavo [Museo Field de Chicago].

Las noticias de ataques a personas se multiplicaron en las cercanías de Mfuwe, la principal localidad del valle. Se estima que el león de Mfuwe fue responsable de la muerte de al menos seis personas. Los lugareños evitaban salir de noche y tomaban medidas extremas para protegerse del temible león.

En 1991, un cazador estadounidense llamado Wayne Hosek se embarcó en la peligrosa misión de poner fin al terror del león. Tras una ardua cacería, Hosek logró abatir al animal, poniendo fin a su sangrienta existencia. Desde entonces, el imponente cuerpo del león de Mfuwe ha encontrado su lugar en el Museo Field de Chicago. Sus restos, junto con los de otros leones legendarios, como Tsavo, sirven como un recordatorio de la fuerza y la ferocidad de la naturaleza salvaje.

El león de Mfuwe es un símbolo de la necesidad de encontrar un equilibrio entre la protección de la fauna salvaje y la seguridad de las comunidades humanas. ¿Cuándo está justificada la muerte de un animal? ¿Había otras soluciones para el león de Mfuwe? Lo que está claro es que este león es un caso individual y no debe ser tomado como excusa para abatir a otros ejemplares de la misma especie.

EL TIGRE QUE NO ERA UN TIGRE

El tigre de Sabrodt era en realidad un lobo. La historia es la misma que en otras ocasiones: fue abatido por haber atacado al ganado. Su muerte se produjo en 1904, en Lusacia (Alemania). En este caso, el guardabosques que acabó con él recibió una recompensa de cien marcos. Su memoria ha sido inmortalizada en un tema musical, «Tiger of Sabrod» en el álbum *Lupus Dei* (2007), de la banda Powerwolf. A mí me pone un poco triste que incluso en el siglo XXI se siga pintando al lobo de malo y al ser humano como dador de justicia. En la canción se puede escuchar: «Los ojos del tigre están cerrados ahora / Y sin vida yace en el barro / No confíes en tu triunfo y gloria / La venganza traerá sangre».

Hay tantos ejemplos en la literatura sobre ataques de animales a humanos o ganado que podríamos escribir un libro solo con ellos. Rindamos homenaje a un último caso en este capítulo, el leopardo de Rudraprayag. Este leopardo (*Panthera pardus*) fue un depredador temido en la región de Garwhal (India), conocido por sus ataques mortales a los habitantes locales. Durante un período de ocho años, desde 1918 hasta su muerte en 1926, sembró el terror en los alrededores de los santuarios hindúes de Kedarnath y Badrinath. Con una preferencia evidente por la carne humana, el leopardo se ganó la reputación de romper

Portada del libro de Jim Corbett *The Man-Eating Leopard Of Rudraprayag*. Publicado por Oxford University Press en 1948.

puertas, saltar por ventanas y desgarrar las paredes de las chozas para atrapar a sus víctimas.

A pesar de los esfuerzos de las autoridades y varios cazadores, incluido el ya nombrado Jim Corbett, el leopardo evadió todos los intentos de captura durante años. Equipos de soldados, trampas ingeniosas y recompensas financieras ofrecidas por el gobierno británico no lograron detener su reinado de pánico. Corbett finalmente asumió la misión de cazar al leopardo y, después de una larga y peligrosa búsqueda, logró acabar con él en mayo de 1926, poniendo fin a la amenaza que había acosado a la región durante tanto tiempo. Nos queda una última reflexión: ¿no estaremos invadiendo nosotros las zonas que antes eran de estos depredadores? Tal vez esta sea la cuestión.

CUANDO NOS DEBATIMOS ENTRE EL ORGULLO Y LA NECESIDAD

El asunto se pone triste y feo cuando hablamos de animales indefensos que son aniquilados por diversión o por orgullo humano. Así, tenemos un ciervo rojo (*Cervus elaphus*) apodado como el Emperador de Exmoor, que captó la atención del público en octubre de 2010. Se estimaba que pesaba más de 136 kilogramos y medía 2,7 metros de altura, un espécimen excepcionalmente grande del sudoeste de Inglaterra.

Su apodo se lo dio el fotógrafo Richard Austin, y su cuerpo fue encontrado cerca de la carretera A361 en Devon durante la temporada de apareamiento. Se dice que fue sorprendido por un cazador con licencia, aunque la historia no ha sido completamente verificada, lo que ha llevado a algunos a considerarla un mito. Se cree que el ciervo tenía alrededor de doce años en el momento de su muerte, pero todavía se encontraba en buen estado de salud.

La muerte de este ciervo rojo generó controversia, con varios miembros del parlamento británico firmando una moción para prohibir la caza de animales salvajes. Incluso se colgó en un hotel local una cabeza que se decía era la del Emperador, pero fue retirada debido a las amenazas recibidas. Y es que aún hay una pregunta sin responder: ¿cuál fue en este caso el motivo del sacrificio?

Otro ejemplo que acaparó todos los medios de comunicación en 2016 fue el de Harambe, un gorila del zoológico de Cincinnati, EE. UU. Un niño de tres años cayó en su recinto. El animal, de diecisiete años, lo tomó en sus brazos y lo llevó por el lugar. En un vídeo, se observa cómo el gorila arrastra al niño hasta el agua. Las imágenes pueden dar un poco de escalofríos, y es lo que sentirían los cuidadores. Las autoridades del zoológico, preocupadas por la seguridad del niño, optaron por disparar y matar a Harambe.

La decisión generó una gran controversia y debate a nivel mundial. ¿Era necesario matar a Harambe? ¿Se pudo haber utilizado un tranquilizante? El caso es que el pequeño tuvo que escalar la valla hasta caer al otro lado. ¿Qué medidas se pueden tomar para evitar que esto vuelva a ocurrir?

De hecho, este caso recuerda el episodio del gorila Jambo, en el Parque de Fauna y Flora de Jersey (Inglaterra). El 31 de agosto de 1986, Levan Merritt, un niño de cinco años, cayó al recinto de los gorilas y perdió por completo el conocimiento, quedando indefenso a la acción de los gorilas. Jambo actuó de una forma magistral: se colocó entre Levan y los demás gorilas para protegerlo. Diez años después ocurrió lo mismo en el zoológico Brookfield (Illinois), cuando la gorila Binti Jua también protegió a un niño de tres años que había caído en el recinto. Nunca sabremos si el caso de Harambe habría acabado con el mismo final feliz.

BALLENAS

Las ballenas de varias especies han sido también objeto de cacería por diversos motivos. Aceptadas podrían llegar a ser las motivaciones alimentarias, pero no otro tipo de situaciones. Una ballena particularmente famosa fue Tay, conocida como El Monstruo, una ballena jorobada que vivió al este de Escocia en la segunda mitad del siglo XIX. Un sinfín de arpones la atravesaron en 1883, aunque no moriría en el acto. Su colosal cuerpo apareció sin vida una semana después. La remolcaron a Dundee, una localidad cercana. John Woods, un *showman* de la época, la compró y la mostró en su propio patio, doce mil personas pagaron por verla. Pero su casa se quedó pequeña, así que la exhibió en una gira en tren por Escocia e Inglaterra. ¿Había necesidad de eso?

No termina ahí el esperpento. La ballena empezaba a descomponerse, así que tenían que aprovechar los últimos momentos. John Struthers, profesor regius de Anatomía de la Universidad de Aberdeen, disecó a Tay. ¿Y cómo lo hizo? En público y con una banda militar tocando de fondo. Evidentemente lo organizó John Wood, quien ganó mucho dinero por el espectáculo que le había venido del mar. Y, de paso, Struthers pudo escribir varios artículos de anatomía a costa de Tay.

John Struthers (1889), *Memoir on the Anatomy of the Humpback Whale.*

En tiempos pretéritos, las carnicerías estaban bien vistas. Un sacrificio anual en la antigua Roma era «El caballo de octubre» (*Equus October*). El 15 de octubre de cada año se celebraba el final de la temporada militar y agrícola. Y se hacía sacrificando un caballo en honor al dios Marte. El ritual tenía lugar durante una de las tres festividades de carreras de caballos. La competición se llevaba a cabo en el Campo de Marte (*Campus Martius*), el área de Roma que llevaba el nombre del dios Marte. Los mejores equipos de caballos corrían tirando de carros en busca de la victoria. En una ironía del destino, el caballo derecho del equipo ganador era designado como el «caballo de octubre». Se le coronaba con una guirnalda de pan y luego era atravesado por una lanza ritual por el Flamen Martialis, el sacerdote de Marte.

La cabeza y la cola del caballo se utilizaban por separado en dos partes de la ceremonia que seguía. La cabeza era disputada por los dos barrios de la Via Sacra y la Subura, cuyos residentes competían en una carrera a pie por el derecho de exhibirla. Si los vencedores eran de la Via Sacra, la cabeza se colocaba en

Moneda romana con la efigie de Marte y un caballo.

el muro exterior de la Regia; si eran de Subura, se exponía en la Torre Mamilia. La cola, aún goteando sangre, se llevaba al hogar sagrado de la Regia para rociar con su sangre la entrada, simbolizando el corazón sagrado de Roma, y se utilizaba en ritos dedicados a la divinidad.

Pero lo del caballo de octubre puede parecer una simple broma al lado del Festival de Yulin. Depende del estómago y los principios de cada cual. El Festival de Yulin, también conocido como el Festival del Lichi y la Carne de Perro, es una festividad anual celebrada en Yulin, Guangxi (China), en la época del solsticio de verano. Durante este festival, los participantes consumen carne de perro y lichis (*Litchi chinensis*), un árbol tropical propio de China. Iniciado en 2009, el festival dura alrededor de diez días y se estima que durante este tiempo se consumen miles de perros, algunos de los cuales sufren tratos extremadamente crueles, como ser quemados vivos con sopletes. Este evento ha generado críticas tanto a nivel nacional como internacional.

A pesar de las afirmaciones de los organizadores de que los perros son sacrificados «humanamente» (no sé lo que significa eso) y que consumir carne de perro no difiere mucho de consumir carne de cerdo o res, activistas por los derechos de los animales sostienen que los perros son tratados de manera cruel. Las reacciones ante este festival han sido diversas. En China, se han dado rescates de perros por parte de activistas y propuestas legislativas para prohibir el comercio de carne de perro. Sin embargo, también existen defensores del festival que argumentan que comer carne de perro es una costumbre local y que la oposición occidental es una interferencia. Las campañas mediáticas y las acciones políticas también han tenido un papel importante en aumentar la conciencia sobre este tema a nivel nacional e internacional.

El Festival Gadhimai es menos conocido. Era una celebración religiosa hindú nepalí que se llevaba a cabo cada cinco años en el templo Gadhimai de Bariyarpur, en el distrito Bara, ubicado aproximadamente a 160 km al sur de Kathmandú, la capital de Nepal. Originalmente celebrado por los pueblos Madheshi y Bihari, el festival incluía sacrificios masivos de animales, como búfalos de agua, cerdos, cabras, pollos y palomas, con el propósito de rendir homenaje a Gadhimai, la diosa del poder. Además de los animales, se ofrecían cocos, golosinas, y ropa roja, entre otros objetos.

En el festival participaban alrededor de cuatro millones de personas, quienes creían que los sacrificios animales a la diosa hindú Gadhimai erradicarían el mal y traerían prosperidad. Después del evento, la carne, los huesos y las pieles de los animales sacrificados eran vendidos a empresas en India y Nepal.

El festival fue objeto de numerosas protestas por parte de activistas de derechos animales y la comunidad hindú nepalí. A pesar de los esfuerzos de activistas y organizaciones para detener los sacrificios, el festival continuó realizándose. En 2015, el administrador del templo Gadhimai anunció públicamente la prohibición de los sacrificios animales en futuros festivales, pero esta medida no fue cumplida completamente.

En octubre de 2014, Gauri Maulekhi, administradora de Gente por los Animales (PFA) en Uttarakhand, presentó una petición contra el transporte ilegal de animales para sacrificio desde India a Nepal. La Corte Suprema de India emitió una orden provisional para detener este transporte ilegal y se implementaron medidas para asegurar su cumplimiento. Sin embargo, en el festival de 2019, a pesar de los esfuerzos para controlar los sacrificios animales, se informó que miles de animales fueron sacrificados, aunque en menor cantidad que en eventos anteriores.

CHITAS, LASSIES Y OTRAS ESTRELLAS DEL MUNDO POP

«No olvidemos que los animales existen por su propia razón;
no fueron hechos para complacer a los humanos».

ALICE WALKER

Dependiendo de la edad, estarás más familiarizado con el nombre de Chita o con el nombre de Lassie. En cualquier caso, si miramos el título, tanto en uno como en otro nombre propio se ha añadido una «s». ¿Y esto por qué? Pues porque son animales reales y es muy común usar varios individuos de la misma especie para representar un papel de ficción en las películas. Así, Chita no era «una» chimpancé, sino varias que hacían el mismo papel. Lo mismo ocurría con Lassie.

En este capítulo nos acercaremos a estrellas animales del cine, la televisión o internet. Hablaremos exclusivamente de animales reales que hacen un papel, no de animales de ficción que no existen. Esto nos llevaría a otra faceta de la cultura pop, a la del cómic, literatura y películas de animación.

LOS CANES DE LA GRAN PANTALLA

En el fascinante mundo del cine, los animales han desempeñado papeles destacados, y han capturado el corazón del público con sus actuaciones encantadoras y, en muchos casos, inolvidables. Desde leales compañeros hasta estrellas por derecho propio, los animales han dejado una marca imborrable en la historia cinematográfica. Un claro ejemplo de esto es Lassie, la elegante perra *collie* de pelo largo. Los *collies* de pelo largo (*rough collie*) generalmente exhiben mantos en tonos arena, merlé y tricolor, contribuyendo a su apariencia distintiva y hermosa. Es interesante señalar que existe otra variedad llamada *collie* de pelo corto (*smooth collie*), considerada por algunas organizaciones de criadores como una variación de la misma raza. Esta raza comparte similitudes con el perro pastor de las islas Shetland, aunque el *rough collie* se distingue por su tamaño más grande y su papel histórico en las tierras escocesas como un hábil perro pastor.

Detalle de la portadilla de *The Story of Lassie: His Discovery and Training from Puppyhood to Stardom.*

La historia de Lassie no solo se encuentra en el ámbito de la ficción, sino que tiene raíces en la realidad. Durante la Primera Guerra Mundial, una mezcla de *collie* de pelo largo, propiedad del dueño de la taberna Pilot Boat en Lyme Regis, desempeñó un papel heroico. En el incidente, la lealtad y valentía de Lassie quedaron grabadas cuando, en una tormenta que siguió al naufragio del buque de guerra Formidable, se acercó a un marinero herido, Able Seaman John Cowan, brindándole calor y afecto hasta que fue rescatado. Este evento inspirador se convirtió en la génesis de la leyenda que llegaría a Hollywood.

La versión literaria de Lassie fue creada por el autor inglés Eric Knight en 1938, y la adaptación cinematográfica de MGM en 1943, *Lassie: vuelve a casa*, con el perro Pal en el papel de Lassie, marcó el inicio de una serie de películas exitosas. El legado de Lassie se extendió a la televisión con la serie homónima que se emitió desde 1954 hasta 1973, ganando varios premios Emmy y PATSY (Picture Animal Top Star of the Year, la versión animal de los Óscar).

Este icónico personaje no se limitó al formato visual, ya que también se hizo presente en la radio, cómics, juguetes, y mucho más. Incluso décadas después, Lassie sigue siendo una figura influyente, con una estrella en el paseo de la fama de Hollywood y reconocimientos en la lista de «100 iconos del siglo» de la revista *Variety* en 2005.

Si damos un salto en el tiempo, podemos llegar a una época que difícilmente el lector haya vivido. Pero las películas están ahí y puede buscarlas cuando desee. En la década de 1920, una figura canina emergió en la pantalla cinematográfica, marcando el inicio de una leyenda que perduraría a través de generaciones. Rin Tin Tin, el legendario pastor alemán, nació en circunstancias extraordinarias durante la Primera Guerra Mundial, rescatado de un campo de batalla en Francia por el soldado estadounidense Lee Duncan en 1918.

Desde su llegada a Estados Unidos, Rin Tin Tin se convirtió en una sensación del cine mudo. A lo largo de su carrera protago-

La estrella Rin Tin Tin.

nizó una serie de películas que cautivaron a audiencias de todas las edades. Su atractivo no se limitó solo a la gran pantalla; también triunfó en representaciones teatrales y programas de radio, asombrando al público con sus trucos y habilidades acrobáticas.

A medida que la era del cine sonoro llegaba, Rin Tin Tin realizó la transición con éxito, consolidándose como una estrella canina perdurable. Su legado continuó en la pantalla, tanto en películas como en programas de televisión, donde se convirtió en un símbolo de lealtad y valentía. Rin Tin Tin falleció en 1932, pero su influencia persiste en la memoria colectivas.

Otros perros famosos de la gran pantalla son: Moonie, el chihuahua que interpretó a Bruiser en *Una rubia muy legal*; Terry, la icónica *cairn terrier* que interpretó a Toto en *El mago de Oz*; Uggie, el *jack russel terrier* que apareció en *Agua para Elefantes*; Chris, el San Bernardo que interpretó a Beethoven en las películas homónimas; Hachiko, de la película *Siempre a tu lado, Hachiko*. Fue interpretado por tres perros de la raza akita: Chico, Layla y Forest; Tiger, el perro del Doc Brown en *Regreso al futuro*, que se llamaba Einstein en 1985 y Copérnico en 1955. Se trataba de un pastor catalán; o Spirit y su hermano George son dos perros gran danés que interpretaron a *Marmaduke*.

EL LEÓN MÁS FAMOSO DE LA HISTORIA CINEMATOGRÁFICA

Leo es el león de la Metro, la mascota que aparece en el logotipo de la Metro-Goldwyn-Mayer rugiendo al principio de multitud de películas. Ha marcado a varias generaciones y se mantiene patente en el ideario popular. En el logo, Leo aparece rodeado de una película de celuloide con una inscripción: «*Ars Gratia Artis*» («El arte por el arte»). Desde 1924 hasta la fecha en la que se escribe este libro (2024) se han usado nueve leones, de los cuales siete han recibido nombre propio: Slats, Jackie, Telly, Tanner, George y Leo.

A pesar de que las primeras grabaciones exhibían una espontaneidad notable, se establecieron normas con respecto a la cantidad de rugidos utilizados por MGM en la apertura y el cierre de cada película. En el inicio de la película, el león ejecuta dos rugidos, mientras que al concluir los créditos el logotipo reaparece con el león rugiendo una sola vez. Una curiosidad es que, aunque el sonido se presenta como el rugido de un león, en realidad, muchos de los rugidos que se escuchan en los distintos logotipos, especialmente en el de Leo, son rugidos de tigre. Mark Mangini, un destacado diseñador de sonido con tres nominaciones a premio de la Academia, explica que tuvo que utilizar diversos rugidos para lograr el impactante efecto de trueno, y este solo se podía conseguir con rugidos de tigre, ya que, según él, «el león no puede rugir de esa manera».

Seguimos nuestra andadura con los animales más famosos que han pasado por la televisión. Y nos vamos a todo un icono de las series. En el escenario televisivo de los años 90, *Rex, un policía diferente*, se erigió como un clásico inolvidable con 209 episodios a lo largo de dieciocho temporadas. En esta serie policiaca austriaca, el suspense reinaba junto con la astucia del pastor alemán más inteligente del mundo. Rex se convirtió en el protagonista indiscutible de la trama, colaborando activamente con sus compañeros del cuerpo de policía en la resolución de casos criminales delicados y rastreando con éxito pruebas y personas.

La serie, que se emitió durante diez años, gozó de tal éxito que se rehízo en varias ocasiones con diferentes elencos de actores, actrices y perros. Filmada entre 1994 y 2004 con tres conjuntos de actores y dos pastores alemanes en el papel de Rex, la producción continuó su legado con una nueva versión de 2007 a 2015, en la que se usaron cuatro pastores alemanes para dar vida al icónico personaje.

A lo largo de las décadas, seis pastores alemanes encarnaron el papel de Rex, cada uno contribuyendo con su talento único. Desde Rex I, Reginald Von Ravenhorst (1993-2000), hasta Rex V, Aki y Tokyo (2013-2014), estos perros dejaron una huella imborrable en la historia de la televisión.

Detrás de las escenas, la entrenadora experimentada Teresa Ann Miller desempeñó un papel crucial, entrenando a los tres primeros pastores alemanes que interpretaron a Rex. Su presencia en el plató motivaba a los perros, ya que los recompensaba con merecidos premios. La vida de los perros actores, como Reginald Von Ravenhorst, Rhett Butler y Henry, estuvo ligada a la de Miller hasta su fallecimiento, asegurándose de que disfrutaran de una vida plena antes, durante y después de la serie en California.

La leyenda de Rhett Butler, Rex II e hijo de Rex I, amplía la fascinación en torno a estos caninos estelares. Su viaje a Roma para rodar un episodio causó sensación, mediante su estilo de vida lujoso con un avión privado, comidas especiales y una villa en Beverly Hills. Rex II, junto con otros pastores alemanes que se asemejaban a él, asumieron las escenas más arriesgadas. Si nunca has visto la serie, no sé a qué esperas para buscarla y echarle unos minutos.

Igual que en el cine, la lista de perros que han aparecido en televisión es verdaderamente abrumadora. Y no es de extrañar, pues se trata del mejor amigo del hombre. Algunos ejemplos son: Eddi, el adorable *jack russell terrier* perro de la serie *Frasier*. Este papel lo interpretó Moose y, posteriormente, su hijo Enzo; Cook, el *jack russell terrier* que hacía el papel de Pancho en los anuncios de la Lotería y que salió en *Aquí no hay quien viva*, *La que se avecina* y *Los Serrano*; Madison, la perra labrador *retriever* que encarnaba a Vicent, en *Perdidos*; o Brigitte, el *buldog* francés de la serie *Modern Family*.

TODA UNA SELVA TELEVISIVA

Los perros no son los únicos animales que han aparecido en series de televisión, incluso tenemos individuos de muchas especies que han hecho acto de presencia en programas y espectáculos televisivos. Un buen ejemplo lo encontramos en *Zoboomafoo*, una serie infantil canadiense que a España ha llegado a través de plataformas *online*. Zoboomafoo es un sifaca de Coquerel (*Propithecus coquereli*), un tipo de lémur endémico de Madagascar. El nombre real de este lémur era Jovian.

También los cetáceos han paseado por el cine y la televisión. Un ejemplo mítico es la serie *Flipper*, con un delfín nariz de botella (*Tursiops truncatus*), de nombre similar. Esta serie de la década de 1960 muestra en Flipper una sorprendente capacidad para comprender y ayudar a los humanos en situaciones difíci-

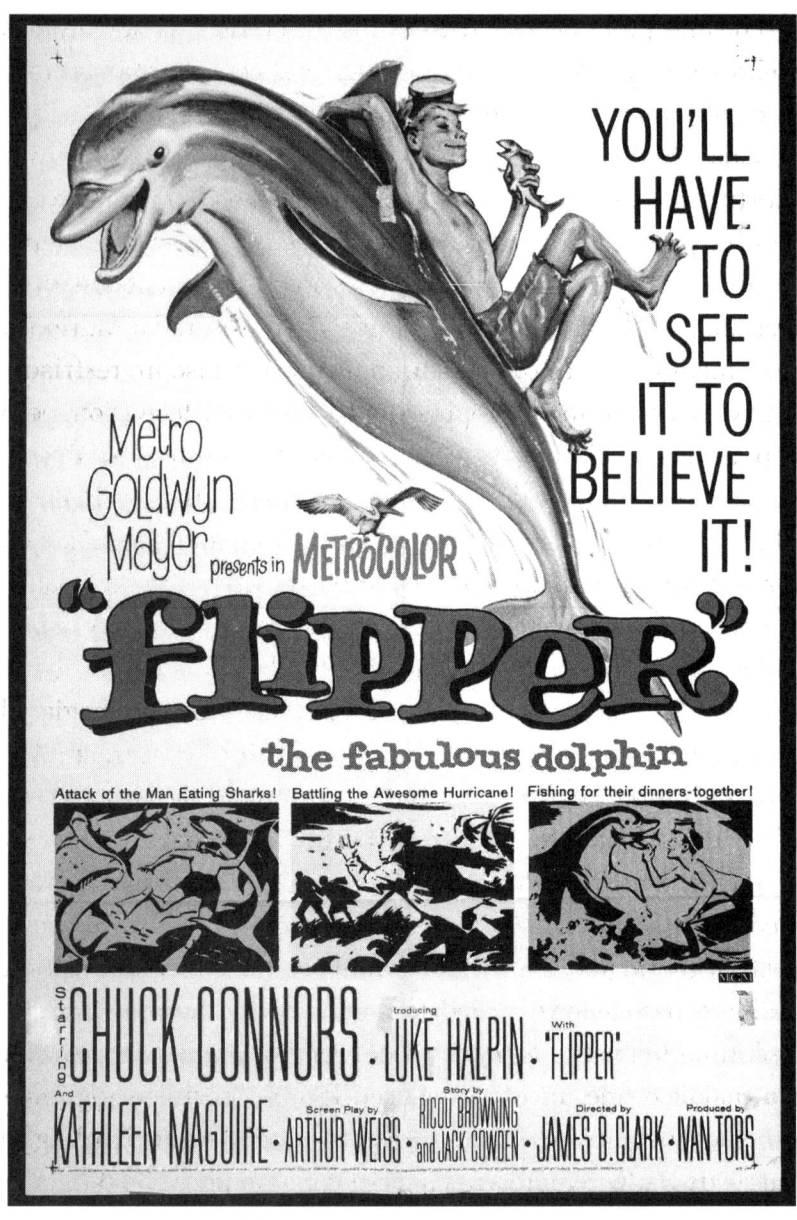

Cartel promocional de *Flipper*. La película cuenta la historia de un niño llamado Sandy Ricks (interpretado por Luke Halpin) que vive en los Cayos de Florida. Su padre, Porter Ricks (interpretado por Chuck Connors), es un pescador y Sandy pasa mucho tiempo explorando el entorno marino. Un día, Sandy encuentra un delfín herido después de una tormenta y decide cuidarlo. Sandy nombra al delfín «Flipper» y, a pesar de las objeciones iniciales de su padre, logra curarlo y establecer un fuerte lazo de amistad con el animal. Flipper demuestra ser un delfín excepcionalmente inteligente y leal, ayudando a Sandy y su familia en diversas situaciones peligrosas y aventuras. La historia desarrolla temas de amistad, lealtad y la conexión entre humanos y animales. La película fue muy popular en su tiempo y llevó a la creación de una serie de televisión del mismo nombre, que también fue un gran éxito.

les. Fue interpretado por cinco delfines diferentes, siendo los más célebres Kathy y Susie. Aunque tal vez el cetáceo más famoso de los últimos treinta años sea Keiko, la orca (*Orcinus orca*) que dio vida a Willy en *Liberad a Willy*. Su nombre, Keiko, significa «afortunado» en japonés. La historia de Keiko es contradictoria, pues fue precisamente capturada cerca de Islandia cuando tenía dos años, en 1979. Hasta julio de 2002 no fue puesta de nuevo en libertad, en las mismas costas donde fue encontrada. Murió un año y medio después por la neumonía que le causó un resfriado.

Las aves están menos representadas en cine y televisión, pero no podemos olvidarnos de algunas apariciones estelares. Y tenemos todo un símbolo de la literatura y el cine juvenil. Hedwig, el búho nival (*Bubo scandiacus*) de Harry, que le fue regalado en *Harry Potter y la piedra filosofal* como presente de cumpleaños número once por Rubeus Hagrid, quien compró al búho en el Eeylops Owl Emporium de Diagon Alley. Harry le da este nombre después de leerlo en un libro sobre la historia de la magia. El nombre viene del noruego, Hedvig, que significa «guerrera». A lo largo de la serie, Hedwig se utiliza para entregar mensajes y también como compañera de Harry, especialmente cuando no puede interactuar con otros magos. En los libros se sugiere que Hedwig puede entender completamente el habla de Harry. En el quinto libro, *La Orden del Fénix*, Dolores Umbridge intercepta a Hedwig y la hiere, pero luego es curada por el profesor Grubbly-Plank. En el séptimo libro, *Las Reliquias de la Muerte*, Hedwig muere por una maldición de un Mortífago; en la versión cinematográfica, ella muere defendiendo a Harry del Mortífago. Según Rowling, la muerte de Hedwig representa la pérdida de la inocencia de Harry.

Aunque el personaje de Hedwig es femenino, en la película es interpretado por búhos machos. Esto se debe a que las hembras de búho nival tienen parches de plumaje oscuro, mientras que solo los machos son completamente blancos. El más usado fue un individuo llamado Gizmo. Dato final: la composición de John Williams que sirve como música principal para toda la serie de películas se llama *El tema de Hedwig*. Sublime.

En el cine clásico hay otra ave que ha ocupado un lugar destacado, aunque en la actualidad no resuena tanto como Hedwig. Hablamos de Jimmy, un cuervo (*Corvus corax*) que estuvo en cientos de largometrajes, entre 1930 y 1950. Su primera actuación fue en una película dirigida nada menos que por Frank Capra, *Vive como quieras*. Su aparición más estelar es la del cuervo que se posó en el Espantapájaros de *El Mago de Oz* (1939). Una escena mítica. También fue la mascota del tío Billy en la legendaria cinta *Qué bello es vivir*, de 1946 y dirigida de nuevo por Capra.

Jimmy fue adquirido por el entrenador de animales de Hollywood Curly Twiford, quien lo tomó de un nido en el desierto de Mojave en 1934. Twiford entrenó a Jimmy para realizar diversos trucos, desde escribir a máquina hasta abrir cartas e incluso conducir una pequeña motocicleta. Demostró comprender cientos de palabras, aunque Twiford consideraba útiles solo alrededor de cincuenta. Aprendía una nueva palabra útil en aproximadamente una semana, dos si tenía dos sílabas. Twiford aseguró que Jimmy podía llevar a cabo cualquier tarea equivalente a la capacidad de un niño de ocho años.

CERDITOS, OSOS, CABALLOS Y ELEFANTES

Seguimos nuestro periplo animalesco por la pantalla con un cerdito singular: *Babe, el cerdito valiente*. Para la interpretación de Babe se hizo todo un despliegue humano y animal. Se entrenaron más de quinientos cerdos por cincuenta y nueve personas. Al final, en el rodaje se usaron cuarenta y ocho cerdas (*Sus scrofa domestica*) de la raza *large white yorkshire*, siendo todas hembras para que no se viesen los testículos. ¿A qué se debe tanto cerdo? El rodaje duró tres años y los cerditos tenían la manía de crecer. Incluso se crearon réplicas animatrónicas para algunas escenas.

Osos. Hay también osos famosos. Bart el Oso, por ejemplo, fue un oso *kodiak* (*Ursus arctos middendorffi*) macho reconocido por sus numerosas apariciones en películas, entre ellas *El oso* (por la cual recibió elogios generalizados), *Colmillo blanco*, *Leyendas de pasión* y *El clan del oso cavernario*. Fue entrenado por los adiestradores de animales Doug y Lynne Seus. Bart nació el 19 de enero de 1977 en el zoológico de Baltimore. Después de alcanzar la adultez, hizo su debut cinematográfico en la película *Windwalker* (1981). Creció hasta medir 2,90 metros de altura y pesar 680 kg en su vida adulta. Robert Redford, Brad Pitt y Anthony Hopkins, entre otros, aparecieron en películas junto a Bart, y todos quedaron impresionados por su entrenamiento. Llegó a conocerse como «El John Wayne de los osos». Murió con veintitrés años debido a un cáncer del que no se pudo recuperar. Su legado continúa en Bart II, sin relación familiar con Bart. Se trata de un oso pardo de Alaska (*Ursus arctos*) que también tuvo varias apariciones cinematográficas.

Otro oso carismático es Brody, un oso *kodiak* que ha participado en varias películas. Llegó a ser portada de *National Geographic* en julio de 2001. Y de quien no podemos olvidarnos es de Bruno, un oso pardo americano (*Ursus americanus*) que ya era todo un mito antes de que nacieran Bart y Brody. En España no era conocido cuando en EE. UU. era ya toda una estrella. Allí fue ampliamente reconocido por interpretar el papel principal de «Ben el oso» en la serie de televisión *Gentle Ben* de CBS, que se transmitió de 1967 a 1969. También desempeñó el papel de Ben adulto en la película previa a la serie de televisión, *Gentle Giant* (1967). Después de que la serie *Gentle Ben* concluyera, Bruno tuvo otra destacada aparición en la película de 1972 dirigida por John Huston, *El juez de la horca*. Este largometraje fue protagonizado por Paul Newman, quien se quejó porque Bruno le robaba todas las escenas. Y es que Bruno se comía la pantalla.

Vayamos ahora a los caballos. La lista es realmente agotadora; así que únicamente haremos mención a un par de ellos. El caballo más carismático de la historia de mi infancia es, sin duda, Bunting. Tal vez por este nombre no caigamos en quién es. ¿Y si menciono que tenía «lunares»? Fue el caballo que interpretó al caballo Pequeño Tío de *Pippi Calzaslargas*, una simpática gamberrilla de toda una generación. Pippi es la «niña más fuerte del mundo», pues podía levantar a Pequeño Tío con una mano. También tenía un nervioso mono tití (*Cebuella pygmaea*) llamado Señor Nilsson.

Sello postal emitido por Suecia en 1987. Pippi Calzaslargas, creada por la autora sueca Astrid Lindgren, es un ícono de la literatura infantil. Lindgren, cuyas obras han sido traducidas a más de noventa idiomas, recibió numerosos premios, incluido el prestigioso Premio Hans Christian Andersen. Además de ser una escritora prolífica, fue una destacada activista por los derechos de los niños y los animales, dejando un legado duradero en la literatura y la sociedad. El sello, diseñado por I. Vang Nyman, forma parte de una serie que celebra íconos culturales de la literatura infantil. Representa a Pippi Calzaslargas en una divertida escena campestre con su caballo, Pequeño Tío, y su mono, Señor Nilsson.

Y ya que lo hemos mencionado, no pueden faltar caballos del wéstern. Trigger (1934-1965) fue un caballo palomino famoso en las películas del lejano Oeste estadounidense junto a su dueño y jinete, la estrella del cine vaquero Roy Rogers. Su jinete lo compró en 1943 y lo rebautizó como Trigger por su rapidez tanto de pie como de mente (se llamaba Golden Cloud). Trigger aprendió 150 señales y podía caminar quince metros sobre sus patas traseras. Se volvió tan presumido que, en el momento que escuchaba aplausos, comenzaba a inclinarse y arruinaba el truco que estaba realizando. Podía sentarse en una silla, firmar su nombre «X» con un lápiz y acostarse a dormir cubriéndose con una manta. El secreto comercial más cuidadosamente guardado de Rogers era enseñarle a Trigger a hacer sus necesidades fuera de casa. Salió en todo un clásico del cine, *Robin de los bosques* (1938).

En este apartado ya solo nos queda hablar de elefantes, pues no han estado ausentes en el cine y la televisión. Aunque aquí vamos a adoptar un tono algo más serio. Tai fue una elefanta asiática (*Elephas maximus*) conocida por su participación en películas como *Operación elefante* (1995), *Una elefanta llamada Vera* (1996) y *Agua para elefantes* (2011). Nacida en Tailandia, fue capturada en la naturaleza y posteriormente llevada al cautiverio. Tai pertenecía a Gary y Kari Johnson, de Have Trunk Will Travel, una organización privada que generaba ingresos a través de paseos en elefante, espectáculos y eventos, así como apariciones en películas y comerciales.

Después de las apariciones de Tai en *Agua para elefantes*, surgió controversia sobre las preocupaciones de si había sido maltratada antes de la filmación. Un video lanzado por Animal Defenders International (ADI) en 2011 muestra imágenes de Tai siendo supuestamente electrocutada con pistolas de electrochoque y golpeada alrededor del cuerpo y las patas con garrotes mientras estaba bajo el cuidado de Have Trunk Will Travel en 2005. La organización respondió al video afirmando: «El video muestra fragmentos muy editados y muy cortos, obviamente tomados furtivamente hace seis años, pretendiendo maltrato de nuestros elefantes. Si realmente hubiera algún abuso, ¿por qué esperar seis minutos, y mucho menos seis años?». Tai falleció en mayo de 2021 por una insuficiencia renal.

La verdad es que los elefantes llevan detrás diversas historias de tortura y humillaciones. Recordemos ese elefante bebé en la fiesta de *El guateque* (1968), protagonizada por Peter Sellers. Si has crecido viendo películas de Disney, es probable que te hayas llevado la sorpresa de descubrir que las historias originales eran menos hermosas y dulces de lo que recordabas. Este es el caso de *Dumbo*, cuya novela original tenía un final feliz similar al conocido, pero la realidad en la que se basó no fue tan agradable. En la película de 1941, *Dumbo*, un elefante con orejas grandes, es marginado y se convierte en una atracción de circo. Aunque sus orejas se convierten en su salvación al aprender a volar, una de las escenas más tristes del cine muestra cómo es separado de su madre cuando aún es un bebé. La realidad detrás de esta historia es todavía más impactante, como revela un documental de David Attenborough para la BBC.

El elefante real se llamaba Jumbo, un elefante africano de la sabana que vivió en el siglo XIX entre París, Londres y Estados Unidos. Nacido en Abisinia en 1860, fue capturado con un pariente mayor y llevado a París con solo un año. Vendido al zoológico de Londres en 1865, vivió dieciséis años y se convirtió en la atracción preferida de la alta sociedad londinense. Permitía que los niños se subieran a su espalda y hasta llevó a pasajeros tan distinguidos como Churchill.

Cuando Jumbo llegó a la pubertad, comenzó a sufrir trastornos de violencia nocturna, con destrozos en su cobertizo e incluso llegando a romper sus colmillos en una ocasión. Este comportamiento se atribuyó a un problema hormonal, pero algunos expertos sugieren que, de ser así, también habría atacado a sus cuidadores, algo que nunca ocurrió. La razón más probable de estas crisis fue el dolor intenso causado por malformaciones en sus dientes, resultado de una dieta inadecuada en el zoológico.

Dada la peligrosidad de seguir llevando niños en su espalda, en 1882, Jumbo fue vendido al circo de Phineas Taylor Barnum y llevado a América. Aunque Barnum no pudo enseñarle malabares, la imponente estatura de Jumbo atrajo a millones de personas durante su tiempo en el circo.

En 1885, un error en la estación de St. Thomas en Ontario terminó con el impacto de un tren sobre Jumbo, causándole la muerte. Aunque Barnum afirmó que el elefante murió intentando salvar a otro más pequeño, las evidencias sugieren que el tren lo golpeó desde atrás, mientras intentaba subir a su vagón. El estudio de sus huesos reveló malnutrición y estrés, así como lesiones no curadas en las caderas y rodillas, que parecían las de un elefante mucho más anciano.

Jumbo, el famoso elefante que perteneció al empresario estadounidense Phineas Taylor Barnum, en el zoológico de Londres, en Regent's Park [JM].

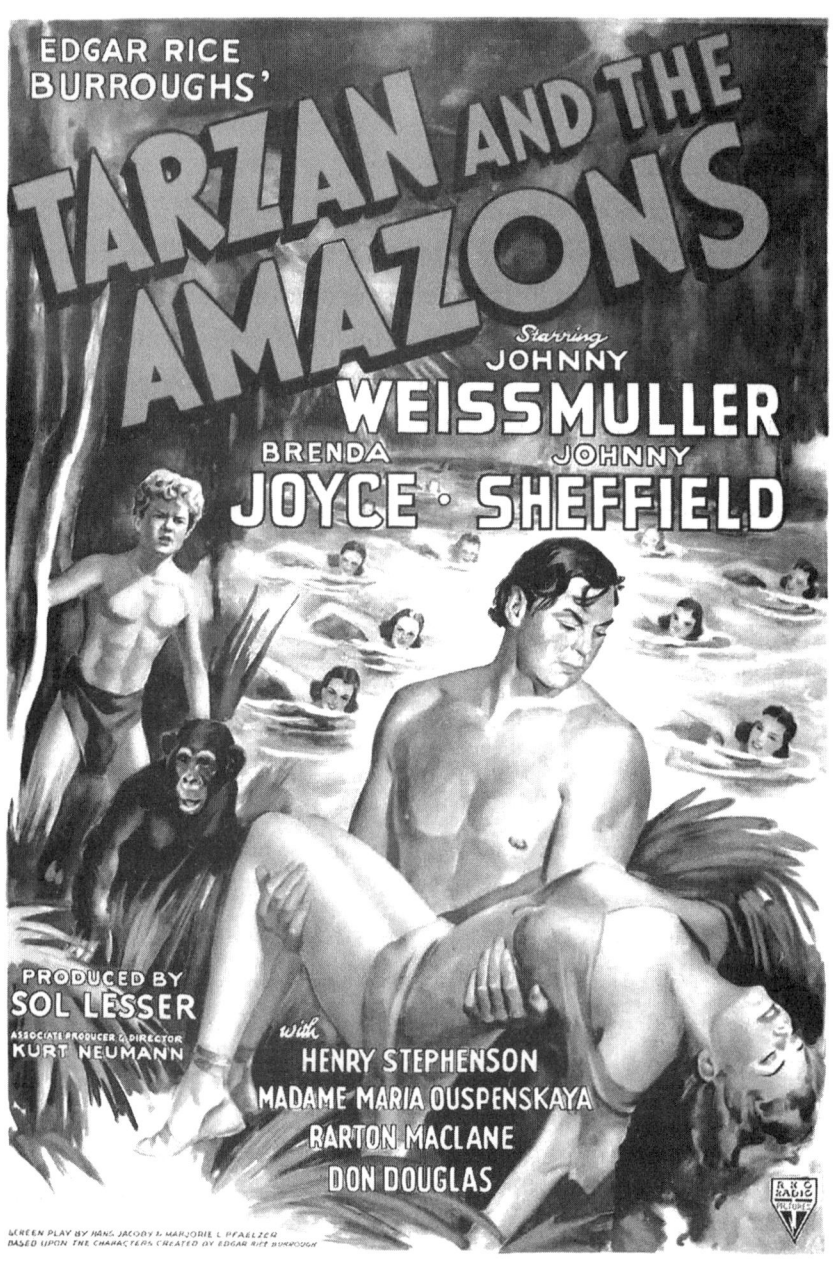

Póster publicitario de la película *Tarzan and the Amazons,* una cinta de aventuras estadounidense de 1945 protagonizada por Johnny Weissmuller como Tarzán, acompañado de su
inseparable Chita, de Brenda Joyce como Jane en su primera aparición en el papel, y Johnny
Sheffield como Boy. Dirigida por Kurt Neumann, la trama sigue a Tarzán y Boy rescatando
a una mujer amazona, lo que los lleva a la ciudad secreta de Palmyria. Boy es engañado para
guiar a unos exploradores allí, resultando en su captura y condena a muerte, pero finalmente
es salvado por Tarzán, quien devuelve el tesoro de las amazonas a cambio de la libertad de
Boy [RKO Radio Pictures].

QUÉ MONADA DE ACTORES

Los monos han estado ampliamente representados en la pantalla. Para gustos, los colores, pero para mí no hay duda. El chimpancé que más ha cautivado al gran público es la mona Chita. Como seguramente sabrás, Chita es un chimpancé que ganó fama en numerosas películas de Tarzán, en las décadas de 1930 a 1960, así como en la serie de televisión de 1966-1968. Este simio sirvió como compañero del personaje principal, Tarzán, proporcionando ambiente cómico, entregando mensajes entre Tarzán y sus aliados y, ocasionalmente, liderando a otros amigos animales para ayudar al hombre mono. Curiosamente, aunque Chita está estrechamente asociado en la mente del público con Tarzán, ningún chimpancé aparece en las novelas originales de Tarzán de Edgar Rice Burroughs que inspiraron las películas. En las obras de Burroughs, el análogo más cercano a Chita es el mono compañero de Tarzán, Nkima, que aparece en varios libros posteriores a la serie.

El papel de Chita no fue interpretado por un solo chimpancé, sino más bien por la combinación de numerosos actores animales. Más de una docena de chimpancés actuaron en las diversas películas y series de televisión. Algunos intérpretes destacados son Jiggs, Jacky I, Cheetah-Mike (Org), Skippy y Jacky III, entre otros. La interpretación de Chita no se limitó a chimpancés machos, desempeñando el personaje tanto machos como hembras.

Una mona que sí ha pasado desapercibida y que muchos de los lectores probablemente hayan visto alguna vez es Crystal. Esta mona capuchino (*Sapajus apella*), nacida en 1994, ha aparecido en varias películas taquilleras en España. Fue adquirida y entrenada por Birds & Animals Unlimited, el mayor proveedor de animales de Hollywood. Su lanzamiento como actriz comenzó siendo una cría en la película de Disney de 1997, *George de la jungla*. Desde entonces no ha parado. Interpretó al travieso Dexter en *Noche en el museo* (2007), a un mono traficante de drogas en *Resacón 2: Ahora en Tailandia* (2011), al mono borracho en el *Dr. Dolittle* (1998) y al mono de pruebas en *Garfield: la película* (2004). Pero además ha aparecido en televisión, como en *Malcolm* y en *The Big Bang Theory*, interpretando en este caso a Ricky, el mono fumador. Toda una estrella.

Tomaron un plano de Crystal bebiendo vodka en un bar en *All Hail the King*, un cortometraje estadounidense del año 2014 que presenta al personaje del Universo Cinematográfico de Marvel (MCU), Trevor Slattery. Fue producido por Marvel Studios, dirigido y escrito por Drew Pearce, y distribuido por Walt Disney Studios Home Entertainment. El cortometraje es una continuación y *spin-off* de la película *Iron Man 3* (2013) y es el quinto dentro de los *Marvel One-Shots*, compartiendo continuidad con las películas de la franquicia.

Los orangutanes también han sido carne de celuloide: Manis fue un orangután entrenado que interpretó a Clyde, el compañero de Clint Eastwood, en la exitosa película de 1978 *Duro de pelar*. En la secuela de 1980, *La gran pelea*, Manis ya no participó, ya que el «actor infantil» había crecido demasiado entre producciones. En su lugar, dos orangutanes, C.J. y Buddha, compartieron el papel. Manis también deslumbró en la película de comedia de acción de 1984 *Los locos del Cannonball 2*, como el conductor de limusina.

Como en otras ocasiones, hay antecedentes del cine clásico que eclipsan el papel de animales más modernos. Joe Martin, (1911- después de 1931), fue un orangután cautivo que participó en más de cincuenta películas estadounidenses durante la era del cine mudo. Hizo acto de presencia en aproximadamente veinte cortometrajes cómicos, varios seriales y películas notables. Joe Martin llegó a los Estados Unidos en 1911, procedente de Singapur, y pasó por varios dueños, siendo finalmente adquirido por Universal Pictures. Sin embargo, a medida que entraba en la adolescencia, mostraba comportamientos agresivos hacia humanos y otros animales. Llegó a organizar escapes del zoológico en dos ocasiones, liberando incluso lobos y elefantes. En 1924, Universal Pictures decidió que era demasiado peligroso para la filmación y lo vendió al circo Al G. Barnes, donde permaneció hasta alrededor de 1931. Aunque las circunstancias de su muerte son desconocidas, Joe Martin tuvo una vida relativamente prolongada para un orangután cautivo de su época.

LOS GATITOS DE INTERNET

Pocos animales son tan icónicos como el gato de *Desayuno con diamantes* (1961). Se trata de Orangey (1950-1967), un gato atigrado. Su dueño fue el cuidador de animales cinematográfico Frank Inn. Orangey interpretó otros papeles, como el gato Mouschi en *El diario de Ana Frank* (1959) o Butch en *El increíble hombre menguante* (1957). Llegó a ganar dos PATSY. Fue capaz de trabajar en diversos géneros y formatos. Por ejemplo, la ciencia ficción, en la mítica *Regreso a la Tierra* (1955), o el terror, en *Historias de terror* (1962).

Por supuesto que hay muchos más gatos en el cine y la televisión. Pero los gatos no solo han copado la pantalla para hacer películas y series. También han estado presentes en Internet desde sus inicios. Desde las presentaciones de diapositivas que nos llegaban al correo electrónico en torno al año 2000, hasta las múltiples cuentas de Instagram y Tik Tok que hoy en día están dedicadas a gatos. Sí, también hay cuentas de perros y otros animales. Pero las fotos de gatitos siempre han tenido un lugar especial.

La conexión entre los gatos e Internet ha captado incluso la atención de investigadores y expertos. Aunque pueda parecer frívolo, el contenido relacionado con gatos ofrece una ventana para estudiar cómo las personas interactúan con los medios y la cultura. El término «cat content» («contenido gatuno») abarca la presencia de gatos en la cultura popular, memes, libros, revistas y películas.

Desde principios de la década de 2010, el *cat content* y su recepción masiva han ganado atención tanto de la ciencia como de la cultura popular. Sin embargo, los efectos del frecuente uso de Internet para ver contenido gatuno solo han despertado el interés de la investigación científica desde mediados de la misma década.

Los gatos han desempeñado un papel significativo en el arte, la mitología y la literatura a lo largo de la historia. En la antigüedad, en la ciudad egipcia de Bubastis, se celebraba anualmente una fiesta en honor a la diosa Bastet, retratada como un gato. A lo largo de la historia, varios escritores como E. T. A. Hoffmann, Lewis Carroll y Edgar Allan Poe han tratado la temática de los gatos en sus obras.

Aunque el *cat content* tiene críticos preocupados por el bienestar de los gatos en la producción de estos videos, su éxito se atribuye a la ternura y su capacidad para aligerar el estado de ánimo, siendo consumido en cortos intervalos como un pequeño placer. Desde una perspectiva psicológica, se compara con el consumo de un pequeño caramelo.

Un ejemplo lo encontramos en Lil Bub, que una gata famosa por su apariencia peculiar. Adoptada por Mike Bridavsky cuando sus amigos buscaban un hogar para ella, Lil Bub ganó popularidad después de que sus fotos fueran compartidas en Tumblr en 2011. Su lengua siempre estaba afuera debido a su mandíbula inferior corta y la falta de dientes, pero esto no afectaba su apetito.

Nacida con varias mutaciones genéticas y siendo la más pequeña de su camada, Lil Bub fue alimentada con biberón y sufrió problemas de salud, entre otros, osteopetrosis, un trastorno óseo. Protagonizó un documental llamado *Lil Bub & Friendz*, que ganó premios en el Festival de Cine de Tribeca en 2013. Además, participó en campañas de caridad y eventos para recaudar fondos para refugios de animales.

Hay muchos más ejemplos y esto va a más. «Yo soy Maru», es el título de un vídeo subido a YouTube con veintiséis millones de reproducciones a comienzos de 2024. Desde su primer vídeo en 2008, Maru, un gato japonés de la raza *fold* escocés, ha conquistado los corazones del público gracias a su amor por las cajas de cartón y su columpio. Aunque Maru ostenta el récord de mayor número de reproducciones, el título para el mayor número de suscriptores en YouTube pertenece a Mishka, el perro hablador. Mishka es un *husky* siberiano famoso por su habilidad para «hablar» y decir frases en inglés como «te amo» y «tengo hambre».

La fauna de Internet parece el arca de Noé del siglo XXI: conejos, ardillas, cabras, etc. Hay de todo, incluso tenemos a MacGyver, un lagarto tegu rojo argentino (*Salvator rufescens*) que causa sensación en las redes. Es muy conocido por su inteligencia, carácter amigable y distintiva mandíbula grande. Con un peso de 7,5 kg, ha ganado popularidad a través de diversas plataformas de redes sociales, como YouTube, Instagram y Facebook.

ANIMALES EN LA MÚSICA

En la historia de la música también han estado presentes animales con nombre propio, a través de la sensibilidad y cariño de los compositores. Este último apartado no es más que una lista de temas que pueden servir para una *playlist* temática de animales en la música. ¡Anímate!

— *Tennessee stud* (1959), de Johnny Cash. Es una canción original de Jimmy Driftwood que Cash popularizó en honor a su caballo, del mismo nombre que la canción.

— *I love my dog* (1967), de Cat Stevens. Dedicada al perro de su infancia.

— *Martha my dear* (1968), de The Beatles. Dedicada a la perra de Paul McCartney, de raza *bobtail*.

- *Bron Yr-Aur stomp*, de Led Zeppelin. Robert Plant escribió este tema para su perro Strider.
- *Seamus* (1971), de Pink Floyd. En el tema aparecen los ladridos del *collie* de Steve Marriot, el cantante. Recibió muchas críticas porque el sonido puede llegar a ser molesto.
- *Laika* (1988), de Mecano. Dedicada a la perra espacial.
- *Delilah*, de Queen. Dedicada a la gata de Freddie Mercury.
- *Old King* (1992), de Neil Young. Dedicado a su perro Elvis, tras su fallecimiento.
- *Man on the Hour*, de Norah Jones. Un *blues* como homenaje a su caniche, cuya compañía le parece mejor que la de muchos hombres.
- *No encuentro a Samuel* (2013), de Quique González. El cantautor homenajeó a su perro Samuel con esta bonita composición.
- *Púter* (2016), de Andrés Lewin. Dedicado a su perro Púter. El álbum en el que salió (*La tristeza de la Vía Láctea*) se lanzó después de la muerte del autor.
- *Mi otra mitad* (2019), de Tisuby. En el videoclip aparece un adorable perro llamado Ingo.

EL LEÓN DE MACARTE Y OTROS DEVORADORES DE HOMBRES

«Cuando un hombre quiere matar a un tigre, lo llama deporte; cuando es el tigre quien quiere matarle a él, lo llama ferocidad».

GEORGE BERNARD SHAW

Los encuentros entre humanos y animales han sido parte de la historia desde tiempos inmemoriales, a menudo llenos de fascinación y peligro. En este capítulo, exploraremos un aspecto particularmente intrigante de estos encuentros: los animales con nombre propio que han desencadenado tragedias mortales. A lo largo de la historia, ciertas criaturas han sufrido infamia debido a su capacidad para infligir daño a los seres humanos, ya sea por instinto natural, defensa territorial o, en algunos casos, por encuentros desafortunados. Desde majestuosos depredadores hasta diminutos insectos, estos incidentes abren una ventana a la complejidad de la relación entre humanos y el reino animal, lo que nos recuerda tanto nuestra vulnerabilidad como nuestra capacidad para coexistir con la naturaleza.

¿Alguna vez te has preguntado cuál es el ser vivo que más vidas humanas ha arrebatado? ¿El león? ¿Los tiburones? Esto mismo lo contaba en mi libro *Eso no estaba en mi libro de Historia de la ciencia*, cuando hablaba del podio de asesinos: «Vamos a pasar pues al primero de los puestos del top 3 de los seres vivos mortíferos. No lo ocupan los tiburones, ni los leones, tampoco los cocodrilos o los escorpiones. Arriba del podio encontramos nada menos que a los mosquitos. Tal como suena». Para inmortalizar a un mosquito en este libro, debería tener un nombre propio y que este haya matado a un ser humano. Pero claro, nadie en su sano juicio pone nombres a mosquitos. Que yo sepa, porque hay gente para todo. Así que nos centraremos en animales un poco más grandes.

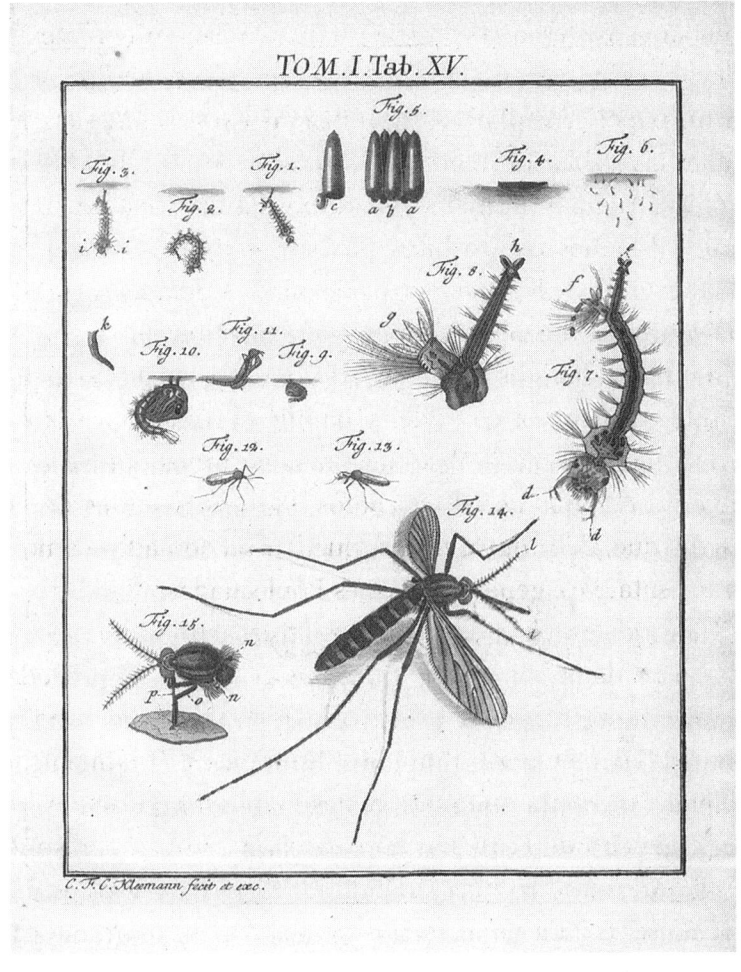

Ciclo de vida de un mosquito, ilustración de *Der Insecten Belustigung* de August Roesel von Rosenhof (1705-1759).

QUE VIENE EL LOBO

El lobo (*Canis lupus*) es una figura emblemática de la naturaleza salvaje que ha sido objeto de una larga historia de mitos y realidades. A menudo, se ha retratado como un depredador voraz y sanguinario, y ha inspirado temor y desconfianza en muchas culturas a lo largo del tiempo. Sin embargo, la verdad detrás de esta percepción merece una mirada más profunda. Si bien es cierto que el lobo es un cazador capaz y un competidor natural en su ecosistema, atribuirle una naturaleza inherentemente malévola es injusto y simplista. De hecho, los lobos desempeñan un papel crucial en el equilibrio de los ecosistemas, pues regulan las poblaciones de presas y contribuyen a la diversidad biológica. Además, numerosos estudios han demostrado que los ataques de lobos contra humanos son extremadamente raros, con la mayoría de los encuentros resultando de malentendidos o situaciones provocadas por la interferencia humana en los hábitats naturales de estos animales. Así, mientras que el lobo puede infundir respeto por su poder y habilidad como depredador, el miedo irracional hacia él se basa más en mitos que en hechos concretos. A pesar de ello, traemos algunas historias de lobos asesinos que, de ningún modo, pueden ser tomadas como una herramienta para generalizaciones inadecuadas.

El legendario caso del «Lobo de Ansbach» permanece grabado en la historia como el fascinante relato de un depredador que sembró el terror en el Principado de Ansbach en el año 1685, parte del Sacro Imperio Romano Germánico. Inicialmente, este lobo era visto como una mera molestia, pues saqueaba los rebaños de ganado de la región. Sin embargo, su comportamiento pronto tomó un giro más siniestro al dirigirse hacia los niños, cobrándose la vida de al menos dos o tres en pocos meses. La creencia popular entre los ciudadanos de Ansbach era que este feroz animal había sido poseído por el espíritu de un despiadado burgomaestre recientemente fallecido, Michael Leicht, cuya partida no había dejado ningún pesar. En un intento por poner fin al reinado de terror del lobo, los habitantes locales organizaron una cacería. Fue cuando lograron expulsarlo de un bosque cercano y acorralarlo hasta un pozo oculto entre la maleza. Una vez atrapado, el lobo fue rápidamente abatido y su cadáver se trasladó al mercado de la ciudad para una macabra exhibición. Siguiendo un ritual grotesco, se vistió al lobo con prendas humanas, le cortaron el hocico y le colocaron una máscara con bigote y una peluca, asemejándolo al antiguo burgomaestre. Este acto de justicia popular tenía un doble propósito: mostrar a Satanás que su artimaña había sido descubierta y que su siervo había sido eliminado, y también servir como una forma de desahogo para los plebeyos que no pudieron derrocar a su opresor mientras estuvo vivo. Como un recordatorio permanente de esta extraña saga, el cuerpo del lobo disfrazado se conservó en exhibición en un museo local, mientras que escritores como Franz Ritter von Kobell inmortalizaron sus hazañas en versos desconocidos.

Una de las bestias que atemorizó Francia, en el grabado se representa al cazador real François Antoine.

Otra historia es la del «Lobo de Soissons», que se convirtió en una figura temida tras sembrar el pánico en la comuna de Soissons, al noreste de París, durante un período de dos días en 1765. Este feroz depredador atacó a dieciocho personas, cuatro de las cuales perdieron la vida a causa de sus heridas. La primera víctima del lobo fue una mujer embarazada, atacada en la parroquia de Septmont el último día de febrero. Los lugareños, en un intento desesperado por salvar al feto de su vientre, lo sacaron para bautizarlo antes de que muriera a manos del lobo, que volvió a atacar a poca distancia del lugar del primer asalto. El 1 de marzo, cerca de un caserío de Courcelles, un hombre fue atacado por el lobo de Soissons y sobrevivió, a pesar de las heridas de su cabeza. Los siguientes en ser asaltados fueron dos jóvenes, llamados Boucher y Maréchal, que resultaron gravemente heridos en el camino a París. Un granjero a caballo perdió parte de su rostro antes de escapar del lobo a un molino local, donde un joven de diecisiete años fue sorprendido y asesinado. Después de estas atrocidades, el lobo huyó a Bazoches, donde decapitó parcialmente a una mujer y causó graves heridas a una niña que corrió gritando al pueblo en busca de ayuda. Cuatro ciudadanos de Bazoches tendieron una emboscada en el lugar del último ataque, pero cuando el lobo regresó, resultó ser demasiado para ellos y pronto se vieron luchando por sus vidas. La llegada de más campesinos del pueblo finalmente hizo huir al lobo, persiguiéndolo hasta un patio donde luchó con un perro encadenado. Cuando se rompió la cadena, persiguió al lobo a través de un prado, donde de nuevo mató a varias ovejas. Entonces entró en un establo, y allí un sirviente y el ganado resultaron mutilados. La tragedia llegó a su fin cuando Antoine Saverelle, un antiguo miembro de la milicia local, rastreó al lobo hasta un pequeño callejón armado con una horca. El lobo se abalanzó sobre él, pero logró sujetarle la cabeza contra el suelo con el instrumento, manteniéndolo bajo control durante unos quince minutos antes de que un campesino armado acudiera en su ayuda y matara al animal. Saverelle recibió una recompensa de trescientas libras de Luis XV de Francia por su valentía.

El lector tal vez se esté preguntando algo, con toda lógica. ¿Cómo podemos tener un relato tan detallado de aquella época? Pues curiosamente aparece en el Volumen 66 de la *Journal encyclopédique*, editado por Pierre Rousseau. Lo que no sabemos es si hubo exageración en los testimonios o en la forma de escribirlo.

Ya en el siglo XIX, tenemos al «Lobo de Gysinge». Se convirtió en una temible figura tras atacar y matar a varios niños en los primeros años de la década de 1820. Durante tres meses, el lobo atacó a treinta y una personas, resultando en un total de doce víctimas fatales, la mayoría de las cuales fueron parcialmente consumidas por el lobo. Los ataques ocurrieron cerca de Gysinge, en la actualidad dentro del municipio de Sandviken, en Uppland, cerca de la frontera de Dalarna y Gästrikland en el centro de Suecia. Con la excepción de una mujer de diecinueve años, todas las víctimas de los ataques mortales eran niños de entre tres años y quince años. Acabaron con el lobo el 27 de marzo de 1821. Los relatos históricos indican que antes de convertirse en un devorador de hombres, el lobo fue capturado siendo un cachorro en 1817 y estuvo en cautiverio durante varios años, antes de escapar. En cautiverio, los lobos tienden a perder su timidez natural hacia los humanos y, por lo tanto, atacan con más frecuencia después de escapar. Este incidente fue dramatizado en *Devoradores de hombres*, una serie de televisión de la BBC. El episodio tomó ciertas licencias artísticas al retratar el número de lobos involucrados en los ataques, mostrando dos animales en lugar de uno. Curiosamente, los lobos devoradores de hombres fueron interpretados por perros lobo checoslovacos.

Pero lo cierto es que a veces los lobos actúan en conjunto, de ahí las licencias tomadas en el documental. Los «Lobos de Turku» fueron en realidad un trío de lobos devoradores de hombres que, en 1880 y 1881, mataron a veintidós niños en Turku, Finlandia. La edad promedio de las víctimas de estos lobos era de 5,9 años. Sus depredaciones causaron tanta preocupación que el gobierno local y nacional se involucraron, solicitando ayuda de cazadores rusos y lituanos, así como del propio ejército. Los lobos mataron a su última víctima el 18 de noviembre de 1881. El 12 de enero de 1882, se abatió a una hembra vieja y doce días después, se envenenó a un macho adulto, poniendo fin a los ataques. Uno de los lobos muertos fue enviado al museo de caza de Riihimäki, el otro a la escuela de San Olaf, donde pueden verse en la actualidad. El tercer lobo terminó como un felpudo y desapareció, pisoteado por el paso del tiempo. Recientemente, algunos conservacionistas finlandeses han debatido sobre la precisión de los relatos que han pasado a la historia. Erkki Pulliainen, el principal especialista en lobos del Grupo Especialista en Lobos de la UICN, afirmó que la información histórica era muy poco confiable y dijo al periódico *Demari* el 27 de octubre de 2005 que uno de los lobos de Turku era realmente un híbrido de lobo y perro.

En el siglo XX continúan las historias de lobos. El «Lobo de Custer», un lobo gris norteamericano (*Canis lupus tundrarum*), fue culpado por los daños al ganado en el área de Custer, Dakota del Sur, entre 1911 y 1920. Después de nueve años evadiendo todas las trampas, el cazador federal H. P. Williams puso fin a su vida en octubre de 1920. La leyenda local lo describía como una «monstruosidad de la naturaleza». Williams, tras meses de caza, finalmente logró matarlo, revelando que era un lobo normal pero envejecido, con el pelaje blanco. A pesar de ello, sugirió que podría haber seguido matando durante otros quince años. No se le atribuyen muertes de personas, pero sí de unas quinientas cabezas de ganado y caballos. La historia de este lobo inspiró el libro *El lobo de Custer* de Roger A. Caras, en el que se reflexiona sobre la relación entre el hombre y la naturaleza.

Otro devorador de ganado fue Viejo tres patas (Old Three Legs), del condado de Harding de las grandes llanuras de América del Norte. No debe confundirse con Viejo tres dedos (Old Three Toes), el oso del que ya hemos hablado. Este solitario lobo macho mató a unas 66 ovejas y fue perseguido por 150 hombres, que lograron atraparlo el 23 de julio de 1925.

Old Three Legs fue un lobo astuto que eludió a los mejores cazadores y tramperos, hace más de cien años, matando ganado y aterrorizando a los habitantes rurales del condado de Becker y alrededores. Vivió entre 1917 y 1926, recorriendo varios condados y el Parque Estatal Itasca. Su muerte fue noticia en los periódicos locales, y gran parte de su historia proviene de un artículo escrito por A. M. Thompson, publicado en la revista *Field and Stream* en abril de 1931, pocos años después de su muerte [Becker County Museum].

Aquí llegamos a un punto de reflexión, ¿de verdad el lobo es un asesino de hombres? Los relatos de la antigüedad contrastan con las historias más cercanas a nuestro tiempo, en las cuales vemos a un animal que busca alimentarse. Por eso, las historias que vas a leer ahora son una excepción, debida precisamente a situaciones provocadas por el propio ser humano. Y no son lobos individuales con nombres propios, son manadas con nombre propio.

MANADAS

Durante la década de 1940 y principios de la de 1950, una serie de ataques de lobos azotaron nueve distritos del Óblast de Kirov, en Rusia. El episodio se conoce como los «ataques de lobos de Kirov». Estos lobos causaron la muerte de veintidós niños y adolescentes en un período de trece años. Los ataques se produjeron principalmente entre abril y diciembre, coincidiendo con la temporada de cría de los lobos. Los lobos, que aumentaron en número durante la Segunda Guerra Mundial debido a la disminución de la población de ganado y la ausencia de cazadores en la región, se volvieron cada vez más audaces hacia los humanos. Los ataques se intensificaron, con incidentes donde los lobos emboscaban a niños cerca de sus hogares o mientras realizaban actividades al aire libre. La caza intensiva de lobos llevada a cabo por los lugareños y los cazadores de otras regiones finalmente logró controlar la situación, aunque algunos ataques continuaron hasta mediados de la década de 1950, marcando el fin de esta trágica serie de eventos.

Vayamos ahora a la India. Los «Lobos de Hazaribagh» fueron una manada de cinco lobos indios (*Canis lupus pallipes*) devoradores de hombres que, entre febrero y agosto de 1981, mataron a trece niños de entre cuatro y diez años. Su área de caza era de siete kilómetros cuadrados alrededor de la ciudad de Hazaribagh, en el distrito oriental indio de Bihar. Aparentemente, fueron atraídos al área por el basurero de la ciudad, donde a menudo se enterraban cadáveres de ganado y cuerpos de la morgue local, y frecuentemente atraían a lobos, hienas rayadas, chacales dorados y perros callejeros.

Uno de los primeros ataques ocurrió el 15 de febrero de 1981, cuando un lobo entró en un patio bordeado de maleza y atacó a un niño. Los gritos del niño atrajeron a varias personas, que atacaron al lobo con palos de madera, matándolo a golpes. A lo largo de los siguientes seis meses, los lobos restantes mataron a trece niños y mutilaron a otros trece. En una noche de junio de 1981, se les vio, a través de un faro, exhumando y comiendo un cadáver humano.

Vamos a la última historia de verdaderos lobos devoradores de hombres. Los «Lobos de Ashta» representaron una manada de seis lobos indios que, entre el último cuarto de 1985 y enero de 1986, causaron la muerte de diecisiete niños en Ashta, Madhya Pradesh, ubicado en el distrito de Sehore. Esta manada, conformada por dos machos adultos, una hembra adulta, una hembra subadulta y dos cachorros, inicialmente se creyó que era un único animal solitario. El terror que generaron estos lobos

tuvo serias repercusiones en la vida de los habitantes de la zona donde cazaban. Los granjeros se vieron demasiado aterrados para salir de sus chozas, lo que llevó al abandono de los cultivos, mientras que algunos padres prohibieron a sus hijos asistir a la escuela, temerosos de que los devoradores de hombres los atacaran en el camino. Tal fue el pánico que se apoderó de la comunidad que algunos ancianos llegaron a cuestionar si los culpables eran verdaderamente lobos o si eran demonios. A excepción de los cachorros, que fueron adoptados por miembros de la tribu Pardhi, todos los lobos fueron alcanzados de muerte por cazadores y autoridades forestales.

Pero vamos a insistir en algo, los ataques de lobos son la excepción. Están más envueltos por el misterio y el mito que por la realidad. Podemos remontarnos, por ejemplo, a la leyenda de la Bestia de Gévaudan. Se trata de una historia fascinante que ha perdurado a lo largo del tiempo. Durante los años 1764-1767, una criatura desconocida sembró el pánico en la región de Gévaudan, en Francia, atacando a los habitantes locales y causando numerosas muertes y heridas. La descripción de la bestia variaba, pero se decía que tenía una cabeza grande con formidables dientes y una larga cola.

Los ataques fueron tan brutales que el Reino de Francia se vio obligado a intervenir, movilizando tropas, cazadores y recursos considerables en un afán por capturar o matar a la bestia. A pesar de estos esfuerzos, la identidad y naturaleza exacta de la criatura siguen siendo objeto de debate hasta el día de hoy. Se han propuesto varias hipótesis, que van desde un lobo de dimensiones anormales hasta un hombre lobo o incluso un asesino en serie. La caza de la bestia fue un evento destacado en la historia de Francia, que atrajo la atención de la prensa local e internacional de la época. Se ofrecieron recompensas por su captura, y se organizaron numerosas expediciones de caza en un intento por detener los ataques. Finalmente, después de varios años de terror, la bestia fue abatida, pero incluso entonces persistieron los rumores y los ataques esporádicos.

La disminución de ataques de lobos en tiempos modernos puede atribuirse a varios factores. Uno de los principales motivos es el cambio en las actitudes y políticas hacia la conservación de la vida silvestre. En muchas regiones, se han implementado medidas de protección y gestión de poblaciones de lobos, lo que ha llevado a un aumento del número de individuos y una mejor coexistencia con las comunidades humanas. Además, la educación pública sobre la ecología y el comportamiento de los lobos ha ayudado a reducir los conflictos entre humanos y animales.

Por otra parte, la fragmentación del hábitat natural debido al desarrollo humano ha llevado a una separación más clara entre áreas habitadas por humanos y territorios de lobos, lo que reduce las oportunidades de encuentros violentos. Sumemos a todo esto que las mejoras en la atención médica y el acceso a la información han permitido una respuesta más efectiva a los incidentes que puedan ocurrir, minimizando así sus consecuencias.

Miniatura que representa el martirio de Marciana de
Mauritania. Manuscrito francés, siglo xv.

SOLO UNOS GATITOS GRANDES

El martirio de Marciana de Mauritania, una santa venerada por la Iglesia católica y ortodoxa, tuvo lugar durante la Gran Persecución en el siglo III. Originaria de Rusuccur (hoy Tigzirt, Argelia), Marciana mostró un firme compromiso con su fe cristiana y se enfrentó activamente a las prácticas paganas en Cesarea. Fue arrestada por destruir una estatua de la diosa Diana y encarcelada en una escuela de gladiadores, donde tuvo que dar pruebas de su pureza. Posteriormente, continuaron los castigos colocándola en la arena, donde fue atacada por un toro y luego por un leopardo (*Panthera pardus*). El ataque de este hermoso félido fue el que acabó con su vida. Es muy común hablar de leopardos, tigres o leones como simples «gatitos». Pero hay grandes diferencias entre estas especies y los gatos domésticos. No sé si lo has pensado, pero la principal es que es muy difícil morir por el arañazo de un gato. A pesar de que un gato sea doblemente animal: es gato y araña. Lo siento, tenía que contar el chiste.

Solo hace falta pensar un poco para imaginar que uno de los lugares donde más personas han muerto por ataques de grandes félidos es el circo. Las historias que hay en el ideario popular son múltiples. Me gustaría traer a colación el «León de Macarte». Se trata de la vida y muerte de Thomas Macarte (1839-1872), un domador de leones irlandés. Uno de sus espectáculos no salió como estaba previsto, como se contaba en la prensa:

> «Anoche tuvo lugar un asunto muy impactante en Bolton... Parte de la actuación consiste en una "caza del león", durante la cual cinco grandes leones son sometidos a diversos movimientos por un hombre, vestido con un uniforme francés [sic], cuyo nombre figura en los billetes como "Massarti", pero cuyo verdadero nombre es Thomas Macarte... Anoche, sobre las diez y media, se dio la última representación en relación con la "visita de despedida" del

establecimiento, y durante su avance Macarte resbaló y cayó al suelo mientras caminaba en una gran jaula con los cinco leones adultos. Uno de los animales más grandes, un león de Berbería negro, saltó inmediatamente sobre él con un rugido terrible y rápidamente fue seguido por sus compañeros. Siguió una escena horrible. Dentro de la guarida se produjo una tragedia espantosa: los gritos del infeliz que luchaba entre los colmillos de los brutos salvajes apenas se oyeron en medio de sus rugidos. Fuera de la jaula se presenció una escena no menos espantosa. Entre la gran multitud de visitantes, hombres fornidos chillaban, las mujeres se arrancaban el cabello y se desmayaban, y muchos no pudieron volver a sus hogares hasta que transcurrió un tiempo considerable. Macarte fue rescatado de los leones lo más rápidamente posible pero antes de poder hacerlo fue terriblemente desgarrado por sus dientes y garras, sus piernas, cabeza y manos fueron laceradas a tal punto que la carne fue completamente arrancada de los huesos».

Merecía la pena reproducir textualmente el texto, por la impresionante descripción. El león que inició el ataque recibió el apodo de «El león de Macarte» y fue disecado dos años después por el taxidermista Rowland Ward. Posteriormente, sería exhibido en el escaparate de Ward and Co. en Piccadilly, Londres. Rowland Ward, más que cualquier otro taxidermista de su época, se destacó por crear objetos a partir de pieles, cuernos y cráneos que podían ser utilizados en el hogar, ya fuera con propósitos prácticos o como decoraciones. Tal vez su «obra» (por llamarlo de algún modo) más conocida sea el oso *dumbwaiter* (servicio de mesa). Se trataba de un oso disecado, de pie, que sostenía una bandeja con copas y una botella. Bastante grotesco.

Pero más terrible había sido la muerte de Ellen Eliza Blight en 1850, con solo diecisite años. Esta domadora era conocida como «La reina de los leones». Tal vez menos impactante visualmente, pero sí desde el punto de vista emocional, por la edad de la domadora. El tigre que la mató la agarró «furiosamente por el cuello, insertando los dientes de la mandíbula superior en su barbilla y cerrando la boca, infligiendo una herida espantosa en la garganta con sus colmillos». Este tigre no tiene nombre propio conocido, aunque saltó a la fama como «El animal que mató a la reina de los leones».

Pero lo de este tigre no es nada comparado con el «Tigre de Champawat», de Nepal. Está en el *Libro Guinness de los récords* por ser el tigre de bengala que más humanos ha matado: 436. Fue Jim Corbett quien le dio muerte en 1907. Este naturalista y cazador irlandés también acabó con el «Leopardo de Panar», que mató a unas cuatrocientas personas en el distrito de Kumaon en el norte de la India. Tal vez te hayas llevado una impresión equivocada de Corbett, quien ya ha aparecido varias veces. Vamos a intentar devolverle su reputación con las siguientes palabras extraídas de su libro *Las fieras cebadas de Kumaon*:

> «La función de un tigre en el esquema universal es contribuir a mantener el equilibrio en la naturaleza, y solo en raras ocasiones mata al hombre. Solo cuando es impulsado por la necesidad o cuando su alimento natural ha sido cruelmente exterminado por el hombre. Contra lo que se exagera, el tigre da muerte solo al dos por ciento del ganado cuya matanza se le atribuye. No es justo entonces que toda una especie sea calificada de "cruel" y "sedienta de sangre"».

Lo cierto es que Corbett documentó numerosas historias de animales devoradores de hombres. Una de las más conocidas fue el del tigre de bengala Chuka. A este animal se le responsabiliza del deceso de tres niños en 1937. El propio Corbett acabó con Chuka, con un disparo certero. El tigre de Chuka ha sido inmortalizado en el videojuego *Guild Wars 2*.

Y ya que la cosa va de tigres, hablemos del tigre T-24, que parece más bien el nombre de un robot de *Terminator*, proveniente de un futuro distópico. Y no es para menos, pues a T-24

Portada del libro de Jim Corbett *Man-Eaters of Kumaon*.
Publicado por Oxford University Press en 1946.

se le atribuye la muerte de cuatro humanos. Fue apodado popularmente como Ustad y se convirtió en el macho dominante del Parque Nacional Ranthambore, India. A pesar de los esfuerzos por salvarle la vida, T-24 sucumbió a un tumor óseo y falleció en diciembre de 2022. Su historia resultó inmortalizada en un documental que recibió elogios de críticos y conservacionistas, y ha sido el único tigre en aparecer en la portada de la revista *India Today* (yo tampoco sabía que existía esta revista).

Sigamos con el salto del circo a la naturaleza salvaje. Los «Devoradores de hombres de Tsavo» fueron una pareja de grandes leones macho en la región de Tsavo, Kenia, responsables de la muerte de muchos trabajadores de la construcción del ferrocarril Kenia-Uganda, entre marzo y diciembre de 1898. Se dice que la pareja de leones mató a decenas de personas, con algunas estimaciones iniciales que alcanzaron más de cien muertes. Mientras que los horrores de los leones devoradores de hombres no eran nuevos en la percepción pública británica, estos leones de Tsavo se convirtieron en uno de los casos más notorios de los peligros a los que se enfrentaron los trabajadores indios y africanos nativos del ferrocarril de Uganda. En 1898, la propagación de una enfermedad bovina devastó las poblaciones de las presas habituales de los leones, por lo que se piensa que se vieron obligados a buscar fuentes alternativas de alimentación. Finalmente, fueron abatidos por el teniente coronel John Henry Patterson, quien escribió su experiencia de caza en una biografía titulada *Los devoradores de hombres de Tsavo*. Hay varias películas inspiradas en esta espeluznante historia, como *Los asesinos del Kilimanjaro*, una cinta dirigida por Richard Thorpe en 1959.

Mas recientemente, y volviendo a los circos, podemos hacer alusión a la «tragedia del circo Vostok». Fue un suceso que conmocionó a Brasil el domingo 9 de abril de 2000, cuando un niño de apenas seis años, José Miguel dos Santos Fonseca Júnior, fue atacado y devorado por leones en el municipio de Jaboatão dos Guararapes, en la Gran Recife. Además de la trágica pérdida del pequeño Miguel, seis leones perdieron la vida, cuatro de ellos abatidos por la Policía Militar de Pernambuco. El suceso ocurrió durante un intervalo del espectáculo circense en el estacionamiento del centro comercial Guararapes, donde el león Bongo arrastró al niño hacia el túnel que conectaba las jaulas con la pista.

El incidente desencadenó una serie de repercusiones legales y sociales. La empresa circense responsable fue condenada a indemnizar a los padres del niño con una cifra económica astronómica. Además, tanto la empresa del circo como las propietarias del centro comercial fueron consideradas responsables por el Tribunal de Justicia del Estado de Pernambuco. A pesar de las acciones legales, el proceso penal prescribió debido a la ausencia de la familia Vostok, quienes se fueron a los Estados Unidos poco después de los trágicos sucesos.

Para cerrar este apartado de félidos, vamos a escribir unas palabras en memoria de Katherine Chappell, una editora de efectos visuales estadounidense. Su terrible final no fue un efecto visual, fue una triste realidad enmarcada en nuestro apartado de animales asesinos. Con solo veintinueve años realizó una visita al Lion Park de Johannesburgo (Sudáfrica). Una de las normas del parque era no bajar las ventanillas del vehículo. Pero Katherine las había bajado para tomar fotografías, lo que desencadenó un desenlace fatal. Una leona se abalanzó sobre ella y le mordió en el cuello. Al personal médico no le dio tiempo a llegar a la zona del suceso, la especialista en efectos visuales falleció en el mismo lugar. Había trabajado en *Juego de Tronos, Godzilla, Divergente, Capitán América* y *Noé*. Nota mental: si vas a un safari, sigue las normas.

EL HOMBRE DE BICHON
Y OTROS ENCUENTROS CON OSOS

En el corazón del Jura suizo se encuentra la fascinante Grotte du Bichon, una cueva kárstica que ofrece vistas panorámicas del río Doubs desde una altitud de 846 metros. Este lugar, ubicado a unos cinco kilómetros al norte de La Chaux-de-Fonds, fue testigo de un extraordinario descubrimiento que nos conecta con tiempos remotos: el hallazgo del esqueleto casi completo de un joven cazador-recolector del período Aziliense, apodado cariñosamente como el «hombre de Bichon». Este individuo, de entre veinte y veintitrés años, vivió alrededor del año 11 600 a. C., durante una etapa climática templada al final del Pleistoceno superior.

La exploración de la cueva comenzó en 1948, pero fue en 1956 cuando se hizo el descubrimiento del esqueleto, junto con los restos igualmente bien conservados de una osa parda, además de herramientas de caza de pedernal azilienses. Los indicios sugieren un dramático encuentro entre el hombre y la osa, evidenciado por astillas de pedernal incrustadas en los huesos del animal, lo cual indica un intento de caza que terminó en tragedia para ambos. ¿Es esta la primera historia que tenemos de un «oso asesino»? En cualquier caso, es más que probable que el oso solo procurase salvar la vida.

Los ataques mortales de osos a seres humanos son relativamente raros en comparación con otros tipos de incidentes naturales. Sin embargo, pueden ocurrir en áreas donde los humanos y los osos comparten hábitats, especialmente en regiones salvajes y remotas. La mayoría de los osos tienden a evitar el contacto con los humanos, pero hay situaciones en las que pueden atacar, especialmente si se sienten amenazados, sorprendidos o si perciben a los humanos como una fuente de comida.

Los factores que pueden aumentar el riesgo de ataques de incluyen la falta de acceso a alimentos naturales para los osos, la presencia de basura o alimentos humanos que los atraigan, y la interferencia en su hábitat natural. Además, las hembras con crías pueden volverse más agresivas para proteger a sus oseznos.

Un caso conocido ocurrió en 1915. En diciembre de ese año, en un remoto rincón de Hokkaido, Japón, tuvo lugar un suceso asombroso que ha quedado grabado en la memoria como el incidente del «oso pardo de Sankebetsu». Durante seis días nevados, un macho de oso pardo del Ussuri (*Ursus arctos lasiotus*) sembró el terror en la región, atacando varios hogares y dejando a su paso un rastro de tragedia. Conocido también como el ataque del oso de Rokusensawa o del oso de Tomamae, este suceso se cobró la vida de siete personas y dejó a otras tres heridas, convirtiéndose en el peor ataque animal registrado en la historia japonesa.

El incidente comenzó con la aparición del oso en la casa de la familia Ikeda en Sankebetsu Rokusen-sawa, donde, en dos ocasiones separadas, atacó y mató a varios residentes, desatando el pánico entre la población. A pesar de los esfuerzos por capturar al animal, incluidos intentos de caza fallidos y estrategias para

Recreación de uno de los ataques del oso de Sankebetsu.

atraerlo, el oso continuó su oleada de terror durante varios días más. Finalmente, el 14 de diciembre, un valiente equipo de cazadores liderado por Yamamoto Heikichi consiguió rastrear al oso hasta su guarida y, tras un enfrentamiento tenso, logró abatirlo. Este suceso marcó el fin de una pesadilla para la comunidad de Sankebetsu, aunque dejó tras de sí un legado de tragedia y miedo.

Pero tenemos historias más recientes, como la del oso JJ1, también conocido como Bruno en la prensa alemana. Fue un oso pardo cuyas travesías y hazañas en Austria y Alemania en la primera mitad de 2006 atrajeron la atención internacional. Se cree que JJ1 fue el primer oso pardo en suelo alemán en 170 años. Originario de un proyecto de conservación financiado por la Unión Europea en Italia, JJ1 cruzó a Austria y luego a Alemania, sin que este último país fuera informado previamente por las autoridades correspondientes.

En un principio, JJ1 fue recibido como un visitante bienvenido y un símbolo del éxito de los programas de reintroducción de especies en peligro de extinción. Sin embargo, sus preferencias alimenticias por ovejas, pollos y colmenas de abejas llevaron a las autoridades gubernamentales a considerarlo una posible amenaza para los humanos, ordenando su captura o abatimiento. A pesar de la oposición pública, el gobierno alemán intentó inicialmente sedar y capturar al oso utilizando métodos no letales.

A JJ1 lo describieron como sanguinario, astuto y rápido, con el ministro-presidente bávaro Edmund Stoiber refiriéndose a él como un «oso problemático». Sin embargo, los intentos de captura fallaron y JJ1 fue abatido en la madrugada del 26 de junio de 2006 en la montaña Rotwand, en Baviera. Su muerte desencadenó una disputa diplomática entre Italia y Alemania sobre la propiedad del oso, que finalmente fue disecado y exhibido en el Museo de Hombre y Naturaleza en Múnich. Tal vez otra muerte que se podría haber evitado.

El último caso que traemos es el del oso perezoso de Mysore, una especie también llamada oso labiado (*Melursus ursinus*). Fue un ejemplar poco común que se volvió extremadamente agresivo en 1957, causando la muerte de al menos doce personas y dejando heridas a otras dos docenas. Kenneth Anderson, famoso cazador y escritor, lo describió en sus memorias como un «asesino deliberado». Las razones detrás de su comportamiento inusual son diversas: algunos creían que buscaba venganza por la pérdida de sus crías, mientras que otros pensaban que estaba enfurecido por un incidente anterior con los aldeanos.

Los ataques del oso de Mysore comenzaron en las colinas de Nagvara, donde solía bajar a buscar comida en los campos y, con el tiempo, comenzó a acosar a las personas tanto de día como de noche. Utilizaba sus garras y dientes para atacar a sus víctimas, causando graves lesiones e incluso la muerte. Anderson, después de ser alertado sobre los ataques, emprendió varias expediciones para cazar al oso, enfrentándose a desafíos y peligros en su búsqueda por detener al animal. Finalmente, tras varios intentos, Anderson pudo abatir al oso en un enfrentamiento nocturno.

El oso bezudo (*Melursus ursinus*), también conocido como oso perezoso, es una especie de oso mirmecófago nativo del subcontinente indio. Se alimenta de frutas, hormigas y termitas. Está catalogado como vulnerable en la Lista Roja de la UICN, principalmente debido a la pérdida y degradación de su hábitat. Tiene pelaje largo y desgreñado, una melena alrededor de la cara y garras en forma de hoz. Se le ha llamado «oso labiado» por su labio inferior y paladar largo usados para succionar insectos [Brian Upton].

ELEFANTES: ¿AMIGOS O CRIMINALES?

En un capítulo de animales asesinos no pueden faltar los elefantes. Y de nuevo nos surge la duda: ¿en qué ocasiones matan los elefantes a seres humanos? Pues vamos a ver algunos casos que nos ha dejado la historia.

Empezamos por las exuberantes tierras de Kerala, India, donde una figura imponente y enigmática dejó una marca indeleble en la región. Se trata de Arikomban, un elefante indio macho (*Elephas maximus indicus*) de origen salvaje, nacido entre 1986 y 1987, cuyas travesuras y desafíos a la autoridad humana capturaron la atención del mundo entero.

Desde su juventud, Arikomban fue conocido por su tendencia a irrumpir en tiendas locales en busca de arroz, dejando a su paso un rastro de destrucción y alarma. Su nombre, una combinación de las palabras malayalam «ari», que significa «arroz», y «komban», que se refiere a un elefante macho, encapsula perfectamente su comportamiento y su reputación como un *tusker* (elefante en inglés) indomable.

Los relatos de Arikomban se remontan al inicio de la década de 2010, cuando sus incursiones en la zona de Chinnakanal, en Munnar, comenzaron a causar estragos entre los residentes locales. Se estima que causó la muerte de al menos diez personas y dejó a muchos más heridos, además de destruir más de 75 edificios desde 2005.

Su historia está marcada por intentos fallidos de captura por parte de las autoridades. En 2017, a pesar de los esfuerzos del Departamento Forestal de Kerala, liderados por el experimentado adiestrador de elefantes Anamalai Kaleem, Arikomban logró escapar y continuar su imperio del terror. En marzo de 2023, tras intensos debates y protestas, el gobierno de Kerala decidió tomar medidas decisivas para controlar a Arikomban. Sin embargo, las opiniones divergentes sobre el destino del elefante provocaron tensiones y desafíos legales. Finalmente, bajo

Arikomban cuenta la vida del rebelde elefante comedor de arroz
que aterrorizaba a los residentes de Chinnakanal.

la supervisión de expertos y con la participación de más de ciento cincuenta personas, Arikomban fue capturado y trasladado al Parque Nacional Periyar el 29 de abril de 2023, en un operativo que duró dos días.

Esta historia tal vez contraste con el final de Jacques Boxberger, un destacado atleta especializado en la prueba de los 1500 metros, nacido el 16 de abril de 1949 en Châtel-sur-Moselle, Francia. Trágicamente, en agosto de 2001, durante unas vacaciones en Kenia con su familia, Boxberger sufrió un fatal accidente. Mientras intentaba filmar un elefante durante un safari, el animal lo agarró con la trompa, lo arrojó contra un árbol y lo pisoteó hasta causarle la muerte. Volvemos a la pregunta que no nos hicimos de manera explícita con la especialista en efectos visuales, pero que estaba en el aire: ¿son seguros los safaris?

Osama bin Laden fue un elefante asiático macho que durante un periodo de dos años, desde 2004 hasta 2006, causó al menos veintisiete muertes y la destrucción de propiedades en el distrito selvático de Sonitpur, en el estado indio de Assam. A pesar de sus ataques, la correcta identificación del animal abatido suscitó dudas. Dos elefantes asesinos adicionales, que también recibieron el nombre de Osama bin Laden o Laden, continuaron causando estragos después de 2006.

Fue apodado así por su comportamiento violento. Se estimaba que tenía entre 45 y 50 años y medía entre 2,7 y 3 metros de altura. Después de que su cifra de víctimas alcanzara los dos dígitos, se le clasificó como elefante «descontrolado». En diciembre de 2006, las autoridades indias emitieron una orden de «disparar a matar» contra él. El 18 de diciembre, fue rastreado hasta una plantación de té cerca de Behali, donde fue acorralado por aldeanos locales. Al aproximarse el cazador Dipen Phukan, el elefante cargó y fue abatido antes de que pudiera alcanzarlo. A pesar de la identificación del elefante sin colmillos como Osama bin Laden, persistieron las dudas sobre si era realmente el elefante responsable, ya que la muerte ocurrió a una distancia considerable de donde se le había visto anteriormente.

Finalizamos con la historia de Kolakolli, un elefante salvaje indio que se encontraba en el Santuario de Vida Silvestre de Peppara, cerca de Thiruvananthapuram. Fue acusado de haber matado a doce personas en los alrededores de Peppara a lo largo de siete u ocho años. Debido a estos incidentes, se organizó una cacería para capturarlo, y Kolakolli falleció mientras estaba en cautiverio.

Inicialmente, fue apodado Chakkamadan (Loco de Jackfruit) por su tendencia a destrozar jackfruits (*Artocarpus heterophyllus*) y visitar frecuentemente las explotaciones durante la temporada de esta fruta. Posteriormente, los medios de comunicación le dieron el apodo de Kolakolli, derivado de las palabras malayalam «kola» (que significa «asesinato» y se usa también como superlativo en un sentido notorio) y «kolli» (que significa «asesino»).

Un tendero corta un jugoso y maduro jackfruit en un mercado urbano de Port Louis, Mauricio [Lobachad].

MENUDOS DIENTES

La batalla de la isla Ramree, un enfrentamiento crucial durante la Segunda Guerra Mundial, se desplegó en los pantanos de la isla birmana entre enero y febrero de 1945. Esta contienda formó parte de la campaña de Birmania, donde las fuerzas aliadas buscaban recuperar territorios ocupados por las tropas japonesas. Además de su relevancia histórica, esta batalla se distingue por las dramáticas historias que rodean la supuesta embestida de miles de cocodrilos contra los soldados japoneses.

El conflicto inició con la operación Matador, un asalto para asegurar el puerto estratégico de Kyaukpyu y un aeródromo crucial en la isla. A pesar de la resistencia japonesa, las tropas aliadas lograron establecer una cabeza de playa. Sin embargo, el verdadero horror llegó cuando cientos de soldados japoneses intentaron atravesar los pantanos de la isla. Allí, se enfrentaron no solo a enfermedades tropicales y a la escasez de alimentos, sino también al acecho de cocodrilos de agua salada, cuya presencia ha dado lugar a relatos de ataques mortales.

La narrativa sobre las agresiones de cocodrilos ha sido objeto de controversia. Y algunos historiadores incluso han cuestionado su veracidad. Aunque se han documentado testimonios sobre estos incidentes, la versión oficial sostiene que la mayoría de las bajas japonesas fueron causadas por otros factores, como enfermedades y acciones militares. A pesar de las incertidumbres, la batalla de la isla Ramree perdura en la memoria colectiva como un evento emblemático de la guerra en el escenario del sudeste asiático. Y, lo que no es menos importante, los cocodrilos son uno de los más conocidos y temidos devoradores de hombres. Otro asunto es que les hayamos puesto nombres propios a cocodrilos que han acabado con personas. Nos quedamos con un par de ellos.

Gustave, un enorme cocodrilo del Nilo (*Crocodylus niloticus*) originario de Burundi, se ganó una siniestra reputación como devorador de hombres. Fue acusado de haber matado a entre doscientas y trescientas personas a lo largo de la ribera del río Ruzizi y las costas norteñas del lago Tanganica, entre las cuales deambulaba. Aunque el número exacto de víctimas es difícil de verificar, Gustave alcanzó un estatus casi mítico y era temido profundamente por la población de la región. Su nombre fue otorgado por Patrice Faye, un herpetólogo que ha estado estudiándolo desde finales de la década de 1990.

Gustave, cuya longitud y peso exactos son desconocidos debido a que nunca fue capturado, se cree que podía medir más de seis metros de largo y pesar más de 910 kg. Se estima que pudo llegar hasta los cien años, aunque observaciones más detalladas revelaron que poseía un juego completo de dientes, lo que sugiere que podría haber sido más joven. Una de las características más distintivas de Gustave son las tres cicatrices de bala en su cuerpo, así como una herida profunda en su hombro derecho, cuyo origen sigue siendo un misterio.

Imagen de *Gustave: The Killer Crocodile of Burundi* [Nature's Reality].

En 2009, se avistó a Gustave en el río Ruzizi cerca del lago Tanganica. Sin embargo, en un artículo de 2019 sobre viajes en Burundi, se informó que Gustave había sido abatido, aunque no se proporcionaron detalles sobre cómo ni por quién, y no ha surgido evidencia fotográfica que respalde estas afirmaciones, dejando estas noticias en duda hasta que se presente evidencia más concreta. Además de su impacto en la realidad, Gustave inspiró la película *Primeval*.

En otra parte del mundo, Sweetheart fue el nombre dado a un cocodrilo de agua salada macho (*Crocodylus porosus*) de cinco metros de longitud que, según la leyenda popular del Territorio del Norte, fue responsable de una serie de ataques a barcos en Australia en la década de 1970.

Sweetheart saltó a la fama alrededor de 1974 y fue apodado por los lugareños como el «campeón peso pesado» de Sweets Billabong, en el río Finniss, al suroeste de Darwin, de donde proviene su nombre. Frecuentemente atacaba motores fuera de borda, botes inflables y embarcaciones de pesca, pero no hay ningún caso conocido de que haya atacado a humanos. En julio de 1979, Sweetheart fue capturado vivo por un equipo de la Comisión de Parques y Vida Silvestre debido a los temores por la seguridad humana. Sin embargo, murió mientras lo transportaban, al quedar atrapado con un tronco. La causa de su muerte fue atribuida posteriormente a la asfixia, probablemente debido a la administración del relajante muscular Flaxedil.

El cuerpo montado del cocodrilo se preparó para una gira por Australia por Ian Archibald y se colocó en exhibición permanente en el Museo y Galería de Arte del Territorio del Norte. La historia de Sweetheart fue interpretada con considerable licencia artística por el cineasta Greg McLean en su película *Rogue* de 2007, protagonizada por Michael Vartan, Sam Worthington y Radha Mitchell. Las dimensiones de Sweetheart se ampliaron en dos metros en la película, que contó con el diseñador de criaturas ganador del Premio de la Academia, John Cox, quien ganó un Premio AFI por la construcción del cocodrilo utilizado en la pantalla.

Cartel promocional de *Jaws*, de 1975 [Universal Pictures].

LOS ASESINOS DEL MAR Y OTROS
ANIMALES TERRORÍFICOS

Los ataques de tiburón en la costa de Nueva Jersey entre el 1 y el 12 de julio de 1916 ocasionaron la muerte de cuatro personas. Aunque los estudiosos han debatido sobre la especie de tiburón responsable y el número de animales involucrados, se cree que el gran tiburón blanco (*Carcharodon carcharias*) y el tiburón toro (*Carcharias taurus*) fueron los más probables. Estos sucesos ocurrieron durante una ola de calor —coincidiendo además con una epidemia mortal de poliomielitis en el noreste de Estados Unidos—, atrayendo a multitudes a las playas de Jersey. Los ataques de tiburón en la costa este eran raros fuera de los estados semitropicales del sur, pero la mayor presencia de tiburones y humanos en el agua probablemente contribuyó a las agresiones.

La respuesta local y nacional a las agresiones causaron un pánico generalizado que llevó a la caza de tiburones para proteger a las comunidades costeras de Nueva Jersey. Las playas públicas fueron cerradas con redes de acero para proteger a los bañistas, y los conocimientos científicos sobre los tiburones fueron reevaluados debido a estos eventos. Los ataques se convirtieron en parte de la cultura popular estadounidense, inspirando películas, documentales y obras de ficción, incluida la famosa novela y película *Tiburón*, de Peter Benchley y Steven Spielberg, respectivamente.

Los ataques se dividieron en dos categorías: en el mar y en agua dulce. Los primeros ocurrieron en la bahía de Beach Haven, Spring Lake y Asbury Park, mientras que los últimos tuvieron lugar en el río Matawan. Estos sucesos desencadenaron una caza masiva del «devorador de hombres» y provocaron una crisis económica en las ciudades costeras. Aunque se capturaron varios tiburones, el misterio sobre el responsable de los ataques persistió, y la identificación de los restos humanos encontrados en los tiburones capturados fue objeto de debate y especulación.

¿Volvemos al caso del lobo y su mala prensa? Es cierto que los tiburones pueden atacar y, en algunos casos, matar a seres humanos. Sin embargo, estos ataques son bastante puntuales en comparación con la cantidad de tiempo que las personas pasan en el agua y la presencia de tiburones en los océanos. La mayoría de los encuentros entre tiburones y humanos resultan en poca o ninguna lesión. Somos bastante ignorados por los tiburones.

Una historia que perdura en la memoria es la del USS Indianapolis, un crucero pesado de clase Portland de la Armada de los Estados Unidos. Fue famoso por su papel en el transporte del material fisionable para la primera bomba atómica lanzada sobre Hiroshima. Tuvo un trágico final, siendo torpedeado por el submarino I-58 y, posteriormente, hundiéndose en aguas del Pacífico. Dejó a muchos de sus tripulantes a la deriva, inermes ante ataques de tiburones y condiciones extremas de supervivencia.

Pero centrémonos. Cuando un tiburón ataca a un humano, no necesariamente lo hace con la intención de comerlo. Los tiburones suelen investigar sus alrededores mordiendo objetos para determinar si son presas comestibles. En ocasiones, pueden confundir a un humano con una presa natural, como un pez o una foca, especialmente si hay poca visibilidad en el agua o si el humano está realizando movimientos bruscos que puedan llamar la atención del tiburón. Dicho de otro modo: le dan un bocado a una persona, no les gusta y lo sueltan. Lo que viene siendo una «arcada» en toda regla.

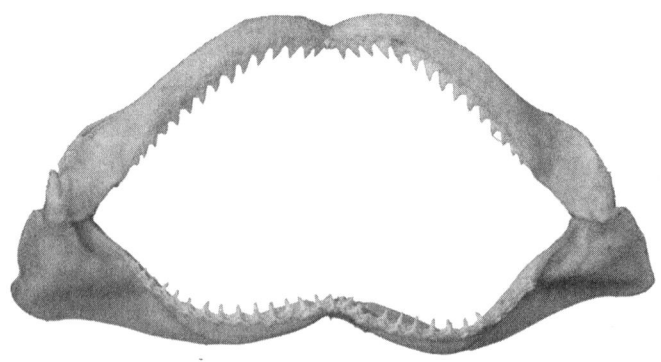

Ahora salgamos del agua para comprobar que hay individuos de muchas otras especies que, de un modo u otro, han acabado con la vida de personas. Algunos ni siquiera han matado, sino que han sido un peligro público. Encontramos una gran diversidad de simios peligrosos en este sentido. He vivido muchos años en La Línea de la Concepción, así que conozco de primera persona el peligro que suponen los monos de Gibraltar para los visitantes, también llamado macaco de Berbería (*Macaca sylvanus*). Pero vayamos a otra especie. Fred, el babuino (*Papio ursinus*) que se hizo famoso en Ciudad del Cabo, Sudáfrica, por liderar una «banda» de babuinos que causaban estragos en hogares y automóviles. A mí me recuerda a *Wide Side Story*. Lamentablemente aquello tuvo un final trágico. Durante aproximadamente tres años, Fred fue perseguido por fotógrafos y la policía local debido a sus incursiones en busca de comida y sus ataques a residentes locales y turistas. En 2010, durante uno de sus ataques, Fred causó lesiones a tres personas mientras buscaba comida en Ciudad del Cabo, y dos de ellas necesitaron atención médica. Cuando los monitores de babuinos se movilizaron para detener las actividades de Fred, este inició también una campaña violenta contra ellos.

A pesar de los intentos de algunos residentes locales y organizaciones de conservación de babuinos por salvar a Fred, las autoridades finalmente tomaron la decisión de sacrificarlo. Esta decisión no se tomó a la ligera y fue resultado de extensas discusiones entre todas las partes involucradas. El grupo operativo de babuinos de Ciudad del Cabo declaró que la agresividad de Fred había llegado a un punto en el que se amenazaba la seguridad de turistas, automovilistas y otros viajeros.

Después de su sacrificio, Fred fue objeto de interés en programas de televisión británicos. Además, la disección gráfica del cuerpo de Fred se mostró en un episodio de *Gigantes de la Naturaleza*. Los rayos X revelaron numerosos perdigones de escopeta en el cuerpo de Fred, lo que indicaba que había sido blanco de disparos en múltiples ocasiones.

De todos los casos de animales asesinos, el que más pena me da es el de los perros. No podemos demonizar al mejor amigo del hombre por casos aislados que tienen detrás todo tipo de variables a tener en cuenta.

En la antigua mitología griega, Acteón era un renombrado cazador instruido por el centauro Quirón, también mentor de Aquiles. Hijo de Aristeo y Autónoe de Beocia, provocó la ira de Artemisa según diversas narraciones clásicas, como las de Ovidio, Higino y Eurípides, entre otros. La historia cuenta que Artemisa, consagrada a la castidad, se encontraba bañándose desnuda en los bosques cerca de Orcómeno, cuando Acteón la descubrió accidentalmente. Fascinado por su belleza, Acteón quedó petrificado. En castigo por haberla visto en su estado de pureza, Artemisa lo transformó en un ciervo y envió a sus propios perros de caza a que lo destrozasen. Los perros, fieles a su amo, lo despedazaron mientras buscaban a Acteón por el bosque, lamentando su trágico destino.

La moraleja en forma de pregunta: ¿son los perros los culpables o su dueña Artemisa? Vamos a ver algunos sucesos que saltaron a la opinión pública y que encendieron los debates en los bares y en las redes sociales.

Comencemos por la trágica muerte de Volkan Kaya, un niño de seis años, que sacudió a la ciudad de Hamburgo el 26 de junio de 2000. Volkan fue atacado por dos perros de combate en un parque infantil. Este incidente desencadenó una intensa polémica en toda Alemania sobre la necesidad de regular los perros potencialmente peligrosos, y puso en tela de juicio la efectividad de las autoridades en la aplicación de las leyes existentes.

La mañana del fatídico día, mientras Volkan jugaba al fútbol con otros niños cerca de su escuela, dos perros cruzados de pitbull, Zeus y Gipsy, propiedad de Ibrahim Külünk y su novia, irrumpieron en el lugar. Los perros se lanzaron sobre Volkan, causándole graves heridas en la cara, la cabeza y el cuello, mientras intentaba desesperadamente defenderse. A pesar de los esfuerzos de varios testigos por detener el ataque, incluido el propio Ibrahim Külünk, el daño ya estaba hecho y era irreparable.

No leas la siguiente frase si puede producirte demasiada sensibilidad, salta al próximo párrafo. En serio. La investigación forense reveló la horrenda magnitud del ataque: partes del cuerpo de Volkan fueron encontradas en el interior del estómago de Zeus. Este trágico evento puso de manifiesto la negligencia de las autoridades, que estaban al tanto de la peligrosidad de los perros y de su dueño, pero no tomaron medidas efectivas para prevenir tragedias como esta.

Como resultado de la presión pública y del clamor por justicia, se implementaron leyes más estrictas sobre los perros peligrosos en toda Alemania, con regulaciones más rigurosas y restricciones en su importación y movimiento. Ibrahim Külünk y su novia fueron juzgados por homicidio y condenados, aunque las sentencias fueron consideradas por algunos como demasiado indulgentes, dada la gravedad del incidente.

Al año siguiente se produjo otro caso, esta vez en EE. UU. La inesperada muerte de Diane Whipple, una destacada jugadora de *lacrosse* (un deporte poco conocido) y entrenadora universitaria, conmocionó a San Francisco el 26 de enero de 2001, cuando fue atacada por dos perros de raza presa canario, propiedad de los abogados Marjorie Knoller y Robert Noel. El ataque ocurrió en el pasillo de su edificio de apartamentos mientras Whipple regresaba a casa. Los perros, que estaban bajo el cuidado de Knoller y Noel, escaparon y la atacaron, causándole múltiples heridas mortales.

Knoller y Noel fueron acusados y condenados por homicidio involuntario y posesión de un animal peligroso que causó la muerte de un ser humano. El caso generó un intenso debate sobre la responsabilidad de los dueños de mascotas y llevó a cambios en la legislación sobre los perros peligrosos en California. Por otra parte, la pareja de Whipple, Sharon Smith, presentó una demanda por daños civiles contra Knoller y Noel, y parte del dinero obtenido se destinó al financiamiento del equipo femenino de *lacrosse* en el Saint Mary's College de California.

El último suceso perruno que traemos es el caso Elisa Pilarski, que golpeó a Francia en noviembre de 2019. Elisa Pilarski, una mujer embarazada de seis meses, fue encontrada muerta en el bosque de Retz, en Aisne, Francia, tras sufrir múltiples mordeduras de perro. En el momento de su muerte, Pilarski paseaba a su perro Curtis, un *pitbull* propiedad de su pareja, Christophe Ellul.

Inicialmente, Ellul atribuyó el ataque mortal a los perros de una partida de caza cercana, sin embargo, los informes periciales revelaron que las mordeduras que causaron la muerte de Pilarski eran compatibles con la mandíbula de Curtis, y no con la de los perros de caza. Además, se encontró ADN de Curtis en el cuerpo de Pilarski, lo que confirmó su responsabilidad en el ataque. Curtis, un perro importado ilegalmente y no declarado, había sido entrenado para morder en concursos de mordidas deportivas, una actividad que, por cierto, está prohibida en Francia.

A pesar de estas pruebas, Ellul continuó negando la culpabilidad de su perro e incluso afirmó que era imposible que Curtis fuera responsable de la muerte de Pilarski. Sin embargo, el proceso judicial avanzó y Ellul fue acusado de homicidio involuntario y puesto bajo control judicial.

La investigación también reveló que el perro no llevaba bozal en el momento del ataque, a pesar de las afirmaciones de Ellul de que sí lo llevaba. Además, se encontró un bozal que no pertenecía a Curtis en el bosque cerca del lugar del ataque, lo que sugería la posibilidad de que Ellul lo hubiera dejado allí deliberadamente para encubrir la verdad.

Invitamos al lector a la reflexión: ¿quiénes son los responsables de los ataques de perros?, ¿pueden evitarse? ¿Y qué pasa con el resto de animales? Lo cierto es que la naturaleza es más cruel y salvaje de lo que a veces pintamos. Si en ocasiones nos decepcionamos con las reacciones que vemos, tal vez la culpa sea nuestra, por romantizar la naturaleza.

MING, LA ALMEJA DE QUINIENTOS AÑOS Y OTROS RÉCORDS ANIMALES

«Caballo grande, ande o no ande».
Refrán popular.

En el reino animal, la naturaleza nos sorprende constantemente con su diversidad y capacidad extraordinaria. Desde las criaturas más diminutas hasta las majestuosas bestias que habitan en las profundidades del océano o las vastas llanuras, cada especie posee habilidades únicas que desafían nuestra comprensión y nos dejan maravillados.

En este capítulo, nos sumergiremos en el fascinante mundo de los récords del reino animal, explorando hazañas asombrosas registradas en el célebre *Libro Guinness de los Récords*, aunque también recogeremos los que están fuera de estas páginas. Pero, ¿qué es exactamente este libro y qué relación tiene con los animales?

El *Libro Guinness de los Récords*, una autoridad mundial en la catalogación de logros excepcionales, nació de la idea de Sir Hugh Beaver en 1955. Después de una discusión sobre el ave más rápida de Europa durante una cacería, Beaver se dio cuenta de que no existía una referencia confiable que proporcionara respuestas a preguntas sobre récords mundiales. Motivado por llenar este vacío, fundó el libro Guinness, que rápidamente se convirtió en una fuente fidedigna de información sobre logros extraordinarios en una amplia gama de campos, incluida, por supuesto, la increíble diversidad del mundo animal.

A lo largo de las décadas, el *Libro Guinness de los Récords* ha documentado una asombrosa variedad de récords relacionados con los animales. Desde los más rápidos y ágiles hasta los más grandes y longevos, este compendio celebra las asombrosas proezas que muchos animales logran en su búsqueda por sobrevivir y prosperar en entornos a menudo desafiantes.

LONGEVIDAD ANIMAL

Una almeja de Islandia (*Arctica islandica*) llamada Ming es la que le da título a este capítulo. Es el animal más longevo del que se tiene registro. No te lo vas a creer. Se encontró a unos diez kilómetros al oeste del sur del islote Grimesey, a ochenta y ocho metros de profundidad. Fue recolectada en 2006 y al año siguiente se determinó que tenía entre 405 y 410 años. Había nacido, por tanto, durante la dinastía china Ming, de ahí el nombre que usaron los científicos para referirse a ella. Sus dimensiones eran de 87 mm x 73 mm.

Lo triste de la historia es que este bivalvo medio milenario perdió la vida en el propio proceso de determinación de su edad. Hablamos del proceso de la «esclerocronología», una disciplina científica que se dedica al estudio de los anillos de crecimiento de estructuras duras en organismos vivos, como los anillos de crecimiento en los árboles (dendrología), los otolitos en los peces o los corales. Estos anillos de crecimiento proporcionan información valiosa sobre la edad del organismo y las condiciones ambientales a lo largo de su vida. La palabra «esclerocronología» proviene de la combinación de «esclero», que se refiere a estructuras duras, y «cronología», que se refiere al estudio del tiempo. Por lo tanto, la esclerocronología se centra en la interpretación del tiempo a través de estructuras duras.

Esta disciplina aplicada a las almejas se basa en el estudio de los anillos de crecimiento en sus conchas. Las almejas, al igual que muchos otros moluscos bivalvos, tienen una concha compuesta principalmente de carbonato de calcio. Estas conchas crecen en capas concéntricas a lo largo del tiempo, dejando cada año un registro de crecimiento similar a los anillos de crecimiento en los árboles. Estos anillos pueden ser identificados y contados mediante técnicas especializadas, determinando así la edad de la almeja y reconstruir su historia de vida.

Pues bien, el estudio inicial de la edad de Ming lo realizaron científicos de la Universidad Bangor de Gales, en Reino Unido. En el proceso de datación le produjeron la muerte a la almeja, aunque de forma accidental, como más tarde afirmaron los responsables. No obstante, en 2013 se repitió el análisis y se estableció que Ming era aún más longeva: había nacido en torno al año 1499. Así que tendría 507 años cuando murió. Si se hubiese sabido antes, igual a Ming la habrían llamado Colón. En cualquier caso, los miembros de la especie *Arctica islandica* son particularmente longevos. De hecho, el anterior récord lo ostentaba otro espécimen de 220 años, descubierto en 1982. Los científicos no descartan que haya individuos mucho más longevos. Por lo que cuidado con las almejas que te comes, que igual te estás zampando a un abuelito del mar.

Por cierto, Ming se queda en un simple bebé al lado de Gran Abuelo, un ciprés patagónico (*Fitzroya cupressoides*) cuya edad de estima en 5485 años. Lo descubrió un guardabosques de manera casual en 1972, en un bosque al sur de Chile. Tiene cuatro metros de diámetro y veintiocho metros de altura, un verdadero gigante.

Fitzroya cupressoides [Jan Jerman].

TORTUGAS VIEJUNAS

Si hay un animal cuyos individuos lleguen a una edad avanzada, ese es la tortuga. Tenemos numerosos ejemplos de tortugas longevas. En 2022, la tortuga Jonathan fue reconocida por el *Libro Guinness de los Récords* como el animal terrestre más longevo del mundo, cuando tenía 191 años. Jonathan es una tortuga gigante de Seychelles (*Aldabrachelys gigantea hololissa*). Las he tocado en persona y he jugueteado con ellas, son irresistiblemente adorables. Vienen como un perrito si las llamas. Recomiendo ver la entrada en la página oficial de los Récord Guinness, haciendo referencia a algunos sucesos históricos que ha vivido Jonathan:

— 1838. Se toma la primera fotografía de una persona.
— 1876. Se realiza la primera llamada telefónica.
— 1878. Se inventa la primera bombilla incandescente.
— 1887. Se completa la Torre Eiffel, la estructura de hierro más alta del mundo
— 1903. Los hermanos Wright (EE. UU.) realizan el primer vuelo con motor.
— 1969. Neil Armstrong y Buzz Aldrin (ambos de EE. UU.) se convierten en las primeras personas en pisar la Luna.
— 1976. Nace el autor de *El último latido de Laika* (bueno, este no viene en la página).

En 1882, Jonathan fue trasladado desde la isla de las Seychelles hasta la remota isla de Santa Elena, en compañía de otras tres tortugas, cuando ya tenía alrededor de cincuenta años. No fue hasta 1930 que recibió su nombre por parte del gobernador de la época, Sir Spencer Davis. Desde entonces, Jonathan ha sido una presencia notable en los terrenos de la residencia oficial del gobernador de Santa Elena, Ascensión y Tristán de Acuña, perteneciendo oficialmente al Gobierno local.

La posible longevidad de Jonathan se estimó gracias a una fotografía descubierta en una colección de imágenes de la Guerra Bóer, donde se muestra una tortuga junto a un prisionero de guerra alrededor del año 1900. Fue el 5 de diciembre de 2008 cuando el periódico *Daily Mail* publicó un artículo afirmando que Jonathan es, de hecho, la misma tortuga que aparece en esa fotografía, lo que la convierte en la tortuga más anciana del mundo que aún vive. Jonathan es tan querida que aparece en la moneda local de cinco céntimos de Santa Elena.

A pesar de que Jonathan se conoce como la tortuga certificada más longeva de la historia, hay casos de tortugas que han llegado a más edad. Por el momento, porque Jonathan sigue viva cuando he mandado este libro a imprenta. Hablamos, en concreto, de Adwaita, también una tortuga gigante de las Seychelles. Adwaita («uno y solo» en sánscrito) vivió en el jardín zoológico de Alipore, Kolkata, India. Murió en 2006 y se estima que nació en 1750, lo que haría estimar su edad en 255 años. Tenía un peso de 250 kg.

Esta fotografía, tomada a fines del XIX, muestra a la tortuga Jonathan, a la izquierda [Joe Hollins].

Antes que Jonathan, la tortuga más longeva de la que se tenía constancia fue Tu'i Malila, una tortuga radiada o tortuga estrellada de Madagascar (*Astrochelys radiata*). Tu'i Malila vivió entre 1777 y 1965. Fue el mítico capitán James Cook el que se la regaló a la familia real de Tonga, y permaneció en los jardines del palacio real del reino. Su nombre significa «rey de los Malila». Tal importancia tenía Tu'i Malila que fue lo primero que le mostró la familia real de Tonga a la reina Isabel II durante su visita de 1953. Tal vez, el dato pop más interesante es su mención al principio de la desternillante novela *¿Sueñan los androides con ovejas eléctricas?* (1968), de Philip K. Dick:

> «Auckland (REUTERS, 1966). Ayer murió una tortuga que el capitán Cook había regalado en 1777 al rey de Tonga. Tenía casi 200 años. El animal, llamado Tu'Imalila, murió en el parque del palacio real de la capital tongana de Nuku, Alofa. El pueblo de Tonga daba a la tortuga las consideraciones de un jefe; tenía guardias especiales y hace pocos años había quedado ciega durante un incendio forestal. Radio Tonga anunció que los restos de Tu'Imalila serían enviados al museo de Auckland, en Nueva Zelandia».

Otras tortugas conocidas por su longevidad son Harriet, Timothy y Solitario George. Harriet fue una tortuga hembra de las Galápagos (*Chelonoidis porteri*) que vivió entre los años 1830 y 2006. Por tanto, se estima que su edad en el momento de la muerte era de 176 años. Durante un siglo se le llamó Harry, pues se pensaba que era un macho. Con 175 años entró en el *Libro Guinness de los Récords*. Pero no solo la edad hace interesante a esta tortuga, sino quién se supone que la capturó. Se piensa que fue el propio Charles Darwin el que la trajo de las islas Galápagos en 1835. Sus últimos años los pasó en el zoo de Australia, propiedad del cazador de cocodrilos Steve Irwin. Este arriesgado aventurero murió en 2006 debido a la picadura de un pez raya.

Timothy fue una tortuga mora (*Testudo graeca*) que alcanzó menos longevidad, aunque no se queda corta: 160 años. Lo que la hace especial es que se convirtió en la residente más antigua de Reino Unido, aunque Isabel II casi la alcanza. Tras sufrir un periplo por un par de buques de guerra, Timothy se retiró a la residencia del conde Devon, el castillo de Powderham.

Vamos con la última tortuga longeva de la que quería hablar. Solitario George fue una tortuga gigante de Pinta (*Chelonoidis abingdonii*). Era natural de la isla de Pinta y vivió 102 años. Pero a Solitario George lo conoceremos con más profundidad en otro capítulo. Ya desvelaremos la razón.

Pero no es el único George longevo. Hay otro George de récord, un bogavante americano (*Homarus americanus*) nacido aproximadamente en 1869 y que fue propiedad del restaurante *City Crab and Seafood*, en la ciudad de Nueva York. Fue capturado en diciembre de 2008, frente a la costa de Terranova. George pesaba 9,1 kg y en ese momento se estimaba que tenía 140 años. Después de que el restaurante fuera presionado por un grupo de derechos animalistas, George fue liberado de vuelta al océano en enero de 2009. Este noble acto fue elogiado por defensores de los animales, quienes destacaron la importancia de permitir que criaturas como George vivan en libertad en lugar de estar confinadas en tanques. La liberación de George también generó discusiones sobre la longevidad de los bogavantes, ya que algunos científicos creen que no pueden vivir mucho más de cien años, mientras que otros afirman lo contrario.

UNA ARAÑA CUARENTONA, UN CABALLO SESENTÓN Y OTROS ANIMALES DOMÉSTICOS

Número 16 fue una araña hembra de la especie *Gaius villosus*. La estudió la aracnóloga Barbara York Main, junto con un grupo de unas cien arañas. Se trata de la araña más longeva conocida, pues alcanzó la edad de 43 años. Las arañas de su especie viven entre 5 y 20 años. Número 16 murió posiblemente devorada por una avispa de las arañas, de la familia de los pompílidos. Se dedujo esto porque el tapón de seda de la madriguera había sido perforado.

El que llegó a los 62 años fue Old Billy, el caballo más longevo registrado. Billy, nacido en 1760 en Woolston, Cheshire, Inglaterra, inició su vida trabajando en los canales, tirando de barcazas con destreza por las vías acuáticas. Tenía pelaje marrón y una distintiva estrella blanca en la frente. Falleció el 27 de noviembre de 1822 en la finca de William Earle en Everton, Liverpool. El cráneo de Billy se encuentra ahora exhibido en el Museo de Manchester.

El viejo Billy, por Charles Towne, 1823 [Yale Center for British Art].

Otro sesentón fue Gregoire, un chimpancé (*Pan troglodytes*) que tenía cumplidos los 66 años cuando murió en 2008. Llegó a ser portada de *National Geographic* en 1995. Pero hay más monos sesentones, como Ozzie, un gorila de llanura occidental africano (*Gorilla gorilla gorilla*) que murió con 61 años. Esto lo convierte en el gorila más anciano en cautiverio y un dato curioso es que dio positivo en COVID-19 en septiembre de 2021. Pasó gran parte de su vida en el zoológico de Atlanta, Estados Unidos.

En el ámbito doméstico nos encontramos a Bluey, reconocido en su día como el perro más longevo de la historia, según el *Libro Guinness de los Récords*. En el momento de su muerte contaba con la sorprendente edad de 29 años. Bluey era un pastor ganadero australiano y falleció a causa de la eutanasia practicada debido a su avanzada edad. También está el caso de Chilla, un cruce de labrador *retriever* y pastor australiano, cuya edad se reportó en 32 años, aunque no se confirmó de forma oficial. Un estudio reveló que la vida media del pastor australiano es de 13,41 años con una desviación estándar de 2,36. Por tanto, el caso de Bluey se sale de la norma. Por cierto, hay una serie animada infantil que se llama *Bluey*, también un pastor ganadero australiano.

Sin embargo, Bobi, un ejemplar de la raza rafeiro do Alentejo, es el que ostenta el premio gordo a fecha de 2 de febrero de 2023, con nada menos que 31 años. Bluey había tenido el título en su poder durante 83 años.

En el mundo gatuno, la edad asciende considerablemente. Creme Puff es la gata que murió con más edad y está registrada en la edición de 2010 del *Libro Guinness de los Récords*. Vivió durante 38 años. Lo más curioso es que Creme Puff vivía con el anterior gato más longevo, Granpa, que alcanzó los 34 años. Ambos felinos fueron propiedad de un fontanero parisino llamado Jake Perry. Granpa llegó a ser nombrado «gato del año» por la revista *Cats & Kittens* en 1999. Se ha especulado que las causas de la larga vida de Creme Puff y Granpa podrían deberse a la dieta que preparaba su dueño. Hemos llegado a una conclusión: si quieres vivir más, déjate aconsejar por un fontanero.

OTROS ANIMALES LONGEVOS

La vaca Big Bertha ostentan dos récords registrados: alcanzó casi los 49 años y fue la que más se reprodujo durante toda su vida. Llegó a tener treinta y nueve terneros. Sus apariciones mediáticas ayudaron a recaudar nada menos que setenta y cinco mil dólares para investigación contra el cáncer. Parece ser que el dueño le daba güisqui para calmarla en las presentaciones públicas, pues el estrés podía llegar a ser considerable.

La que no debía vivir estresada es Cookie, una cacatúa abanderada macho (*Lophochroa leadbeateri*) que murió nada menos que con 82 años. Su residencia estaba fijada en el Zoológico de Brookfield, Illinois, Estados Unidos. También fue reconocida por el *Libro Guinness de los Récords*. Hay que tener en cuenta que su edad superó todas las expectativas, pues la longevidad promedio de su especie es de 40-60 años.

Debby no murió tan mayor, pero 41 años para un oso polar (*Ursus maritimus*) son muchos años. Fue una hembra que vivió en el zoológico Assiniboine Park en Winnipeg, Canadá. Su certificación como oso más longevo fue acreditada en 2008.

Un caso sorprendente es el de Granny, una orca (*Orcinus orca*) cuya edad en el momento de su muerte se estimó entre 65 y 80 años. Y aún más sorprendente es la estimación que se da al flamenco común (*Phoenicopterus roseus*) Greater: 83-95 años. También conocido como Flamenco 1, residió en el zoológico de Adelaide en Australia.

Nos vamos volando con el último individuo, un albatros de Laysan (*Phoebastria immutabilis*) llamado Wisdom (z333). Se trata del ave salvaje más longeva conocida de la historia, con 73 años de edad. También ostenta el título de ser la primera ave anillada, siendo marcada por primera vez en 1950, por el Servicio Geológico de los Estados Unidos. Se estima que, a lo largo de su vida, voló unos 4 800 000 km, lo que equivale a 120 veces la circunferencia de la Tierra.

EL CORONEL MIAU Y OTROS RÉCORDS INUSUALES

El ilustre Coronel Miau (Colonel Meow), nacido el 11 de octubre de 2011 y fallecido el 29 de enero de 2014, destacó como un singular felino mestizo, resultado del cruce entre las nobles razas himalaya y persa. Su imponente presencia y su distintivo pelaje, que alcanzaba la impresionante longitud de 23 cm, le valieron el reconocimiento en el *Libro Guinness de los Récords* del año 2014 como el gato con la melena más larga. El récord ha sido superado, pero Coronel Miau sigue vivo en el ideario popular, tal vez lo hayas visto en algún meme.

Colonel Meow.

Fue su peculiar expresión, plasmada en fotografías comparti-das por sus cuidadores en las redes sociales, lo que lo catapultó a la fama digital. Con su ceño fruncido y su gesto adusto, con-quistó el corazón de cientos de miles de seguidores en platafor-mas como Facebook e Instagram. En las redes lo apodaron con cariño como un «adorable dictador temible», un «consumado bebedor de güisqui escocés» o «el gato más enojado del mundo».

El legado del Coronel Miau perdura incluso después de su partida. En julio de 2014, la marca Friskies honró su memoria con un anuncio titulado «Verano de gatos», comprometiéndose a donar, en su nombre, una comida a gatos necesitados por cada visualización del video. Una muestra más del impacto largo y duradero de este emblemático felino en el mundo digital.

Para largo, el rabo más largo de perro lo tiene Keon, un lebrel irlandés, a fecha de marzo de 2024. La longitud de su cola es de 76,8 cm, se podría jugar a la comba con ella. Más grande que un niño de un año. Vive en Bélgica, con su dueño Jef Thys, quien dijo una vez: «Keon es un nombre irlandés, y significa "valiente guerrero". Keon es un gran perro, pero no es ningún guerrero». En el *Libro Guinness de los Récords* hay marcas de lo más vario-pintas: El caballo que recorre más distancia sobre sus patas tra-seras; los perros que más pelotas paran en una portería de fút-bol; la tortuga más rápida; el buey con los cuernos más largos; el perro con la lengua más larga; el conejo con el pelo de mayor longitud; la vaca más grande; la vaca más pequeña; el loro que más bebidas enlatadas abre en un minuto; el salto más largo realizado por un gato; el huevo más grande; o el número de pelotas de tenis que un perro puede contener en su boca.

El problema es que los récords van cambiando muy a menudo. De hecho, en la propia página www.guinnessworldrecords.es puede leerse el siguiente comentario: «Los récords cambian dia-riamente, pero no todos son automáticamente publicados en la web. Puede acceder a su cuenta para saber el estado del récord que intenta romper. Los comentarios abajo pueden referirse a antiguos recordistas de este mismo récord».

La vida está llena de récords que se dan a especies completas. No hablamos, por tanto, de individuos con nombre propio. No obstante, parece interesante nombrar algunos ejemplos dado el capítulo en el que estamos.

En el límite superior de individuos vivos más longevos están «los inmortales». No, no hablamos de la peli. ¿Acaso hay seres vivos inmortales? En el reino de la biología, la inmortalidad toma una forma fascinante: ciertas células u organismos luchan contra el proceso de envejecimiento o incluso lo revierten por completo, lo que les permite potencialmente vivir de manera indefinida sin sucumbir a la muerte natural. Este estado, conocido como «inmortalidad biológica», implica que la tasa de mortalidad debido al envejecimiento celular permanezca estable o disminuya, liberando así a los organismos de la limitación impuesta por la edad cronológica.

Numerosas especies unicelulares y pluricelulares han demostrado la capacidad de alcanzar este estado, ya sea en algún momento de su vida o después de haber existido durante períodos prolongados. Sin embargo, es importante destacar que, a pesar de esta habilidad para desafiar el envejecimiento, los seres vivos biológicamente inmortales aún pueden sucumbir a otras causas de muerte, como lesiones, intoxicaciones, enfermedades, depredación, escasez de recursos o cambios ambientales.

Los biólogos también utilizan el término «inmortalidad» para describir células que no se ven afectadas por el límite de Hayflick, que es el número de divisiones celulares que una célula eucariota puede experimentar antes de entrar en senescencia.

Si bien no son inmortales, algunos endolitos tienen vidas increíblemente prolongadas. Un endolito es un organismo microscópico capaz de vivir dentro de las rocas, suelos u otros sustratos sólidos. En agosto de 2013, se informó que unos investigadores habían descubierto endolitos en el lecho marino, con, posiblemente, millones de años de antigüedad, y con un tiempo generacional de diez mil años. Estos organismos tienen un metabolismo extremadamente lento y no se encuentran en estado de latencia. Se estima que algunos Actinomycetota encontrados en Siberia tienen alrededor de medio millón de años.

Por otra parte, en julio de 2020, un estudio publicado en la revista *Nature Communications*, mostró el descubrimiento de microorganismos aeróbicos, en su mayoría, en sedimentos orgánicamente empobrecidos en el lecho marino del Giro del Pacífico Sur, ubicado a sesenta y nueve metros de profundidad. Su antigüedad llegaba hasta 101,5 millones de años. Estos microorganismos, que parecen estar en un estado de «casi suspensión», podrían ser los seres vivos de vida más larga jamás encontrados, lo que desafía nuestra comprensión previa de los límites de la vida y tiene implicaciones significativas para la astrobiología y nuestra visión de la vida en otros mundos.

Vamos a dar un salto a las colonias. Al igual que sucede con otras especies vegetales y fúngicas de gran longevidad, cada elemento individual de una colonia clonal no posee un ciclo de vida activo (con metabolismo activo) que supere una mínima porción de la existencia total de la colonia. Algunas colonias clonales pueden estar completamente conectadas a través de sus sistemas de raíces, mientras que la mayoría no están interconectadas, aunque son, no obstante, clones genéticamente idénticos que poblaron un área a través de la reproducción vegetativa. Las edades de las colonias clonales son estimaciones, a menudo basadas en tasas de crecimiento actuales.

Una enorme colonia de la planta acuática *Posidonia oceanica* en el mar Mediterráneo cerca de Ibiza, España, se estima que tiene entre doce mil y doscientos mil años de antigüedad. La edad máxima es teórica, ya que la región que ahora ocupa estuvo en tierra seca en algún momento hace entre diez mil y ochenta mil años. En otro punto, en Tasmania, la única colonia clonal sobreviviente del arbusto *Lomatia tasmanica* se estima que tiene al menos 43 600 años de antigüedad.

La colonia Jurupa Oak, de árboles *Quercus palmeri,* en el condado de Riverside, California, Estados Unidos, se estima en trece mil años de antigüedad. Otras estimaciones la sitúan entre cinco mil y treinta mil años. Pero es que los ejemplos de colonias clonales de gran edad son numerosos: Los *Eucalyptus recurva* en Australia tienen 13 000 años; el arbusto de *Gaylussacia brachycera* en el condado de Perry, Pensilvania, Estados Unidos, podría tener alrededor de 13 000 años; o el anillo de arbustos de creosota King Clone (*Larrea tridentata*) en el desierto de Mojave en el sur de California, Estados Unidos, tiene una edad estimada de 11 700 años.

Larrea tridentata florece en el desierto del Valle de la Muerte en primavera [Bufo].

UN MAR MUY LONGEVO

Si nos adentramos en especímenes individuales, no clones, en el mar tenemos el asilo del mundo. Hay varias especies y familias completas de esponjas que baten todos los récords. Las esponjas vítreas (Hexactinellida) en el mar de la China Oriental y en el océano Antártico pueden alcanzar los diez mil años de antigüedad. Probablemente sea el animal más longevo de la Tierra y tal vez haya individuos que vivieron el nacimiento del Neolítico en Mesopotamia. Supongo que Bob Esponja verá coches voladores, los viajes interestelares y centrales de energía de fusión nuclear.

La esponja barril (*Xestospongia testudinaria*) sería su compañero en el centro de mayores. Viven en el Caribe y se ha estimado que las más viejunas tienen 2300 años. Un poco más joven, aunque también en el asilo, es la esponja del oceáno Antártico *Cinachyra antarctica*, que puede llegar a los 1550 años.

Echando papeles para la residencia de ancianos de la Tierra tenemos al gusano tubícola *Escarpia laminata*, que en el fondo de México llega a los doscientos años y, algunos especímenes, podrían alcanzar los trescientos años. La clave es que tienen baja tasa de mortalidad y pocas amenazas naturales.

Pero no solo son longevos los animales pequeños. En nuestro elenco de opositores añosos nos encontramos con el tiburón de Groenlandia (*Somniosus microcephalus*), que puede llegar a cumplir unos doscientos años. Incluso un estudio publicado en 2016 habla de un espécimen que podría tener entre 272 y 512 años. El pez roca (*Sebastes aleutianus*), por otra parte, puede alcanzar los 205 años, mientras que los peces llamados oreos (Oreosomatidae) alcanzarían los 170 años. ¿Y el mamífero más longevo? Tal vez las ballenas boreales, que han vivido, al menos, 211 años.

En el mar no solo destaca la longevidad, sino también el tamaño. El *Registro mundial de conchas de tamaño récord* es una obra que enumera los especímenes de conchas más grandes, y en algunos casos más pequeños. Sucesor de un regis-

Antilocapra americana [Natures Momentsuk].

tro anterior de Robert J. L. Wagner y R. Tucker Abbott, ha sido publicado de forma semirregular desde 1997, cambiando de propietario y editor en varias ocasiones. Originalmente planeado para ser lanzado cada dos años, las nuevas ediciones ahora se publican anualmente. Desde 2008, todo el registro está disponible en línea en forma de base de datos interactiva. El registro se amplía continuamente y ahora contiene más de 24 000 listados e imágenes de apoyo de más de 85 000 conchas.

ANIMALES VELOCES

Uno de los récords que más llaman la atención son los animales más veloces. Aquí compartimos el top 10 de animales veloces del reino animal:

1. Halcón peregrino (*Falco peregrinus*). Puede alcanzar velocidades de hasta 360 km/h.
2. Águila Real (*Aquila chrysaetos*). Consigue volar a velocidades de hasta 320 km/h.
3. Guepardo (*Acinonyx jubatus*). Puede alcanzar velocidades de hasta 130 km/h en carreras cortas.
4. Tiburón mako (*Isurus oxyrinchus*). Puede nadar a velocidades de hasta 110 km/h.
5. Colibrí de Ana (*Calypte anna*). Alcanza hasta los 100 km/h.
6. Pez espada (*Xiphias gladius*). Llega a nadar a 100 km/h.
7. Tigre siberiano (*Panthera tigris altaica*). Sobre la nieve es capaz de alcanzar los 90 km/h.
8. Ardilla de las Carolinas (*Sciurus carolinensis*). Este simpático animalito se puede desplazar a 90 km/h.
9. Berrendo (*Antilocapra americana*). El también llamado antílope americano logra velocidades de 80 km/h.
10. Gacela de Thomson (*Eudorcas thomsonii*). Capaz de alcanzar velocidades de hasta 80 km/h en distancias cortas.

SERES VIVOS ENORMES

También podemos hacer referencia a los seres vivos más grandes que hay en la Tierra. Algunos son difíciles de medir, como es el caso del asombroso fenómeno de Pando, un árbol de álamo temblón (*Populus tremuloides*) en Utah, EE. UU., que se extiende sobre cuarenta y tres hectáreas y tiene alrededor de cuarenta y siete mil brotes vivos. Un solo árbol, has leído bien. Pando es un organismo clonal, lo que significa que todos los brotes son genéticamente idénticos y provienen de la misma raíz. A pesar de su gran extensión, Pando es un único individuo genético. Obviando este tipo de seres vivos singulares, podemos compartir aquí un top 5 de seres vivos gigantescos. Y no, el más grande no es la ballena:

1. La madre de todos los récords animales se lo lleva el hongo de la miel (*Armillaria ostoyae*). Hay uno en el bosque nacional Malheur en las montañas Blue de Oregón, en Estados Unidos, que mide nada menos que 965 hectáreas. Dicho así igual no nos hacemos una idea. ¿Y si te digo que equivale a 1350 campos de fútbol? Enorme, nueve kilómetros cuadrados. Pesa entre 6800 y 31 750 toneladas y tiene una edad estimada de 2400 años.

Armillaria ostoyae, República Checa [Jaroslav Machacek].

2. Hay muchos árboles que ostentan el título de seres vivos más grandes, por detrás de los hongos. Son tantos que los metemos todos en el segundo lugar. Algunos ejemplos:
   — Hyperion, una secuoya (*Sequoia sempervirens*) de 115,85 metros. Más alto que la Giralda de Sevilla.
   — Helios, otra secuoya de 114,58 metros.
   — Ícaro, el tercer árbol más grande del mundo, una secuoya de 113 metros
   — Pero no son todos secuoyas, Centurión es el eucalipto negro (*Eucalyptus largiflorens*) más grande conocido, con 100 metros de altura. Un eucalipto igual de grande que el Saturno V, el cohete que nos llevó a la Luna.

3. El gusano cordón de bota (*Lineus longissimus*), con 55 metros, ocupa el primer lugar entre los animales. Aunque en realidad es grande solo en longitud, pues su diámetro está entre cinco y diez milímetros.

4. La medusa melena de león ártica (*Cyanea capillata*) alcanza los 36,5 metros.

5. La ballena azul (*Balaenoptera musculus*) ocupa el quinto lugar, con 33 metros. Aunque también ostenta el título de animal más pesado.

Vamos a cerrar el capítulo con mitología nórdica: el kraken. Es una criatura de tamaño colosal que se asemejaría a un calamar gigante. Pero lo cierto es que, más allá de un mito, el calamar gigante (*Architeuthis*) existe y hay registros de haber capturado ejemplares de más de veinte metros. En 2023 se estrenó la película de animación *Ruby, aventuras de un kraken adolescente*, una simpática y colorida historia en la que estas mitológicas criaturas marinas, presentadas habitualmente como seres terroríficos, cambian a una versión más amable, protegiendo incluso a los humanos contra un terrible enemigo, las sirenas.

LOS CABALLOS DE NAPOLEÓN Y OTRAS MASCOTAS DISTINGUIDAS

«Si pasas tiempo con los animales, corres el riesgo de volverte una mejor persona».

OSCAR WILDE

Adentrémonos en el fascinante mundo de los personajes célebres de la historia acompañados de sus inseparables compañeros de cuatro patas, plumas o escamas. Detrás de las figuras icónicas que han dejado huella en la humanidad, se esconden historias entrañables y vínculos únicos con sus mascotas, que han sido testigos silenciosos de momentos trascendentales y han compartido tanto la gloria como las desdichas de sus famosos dueños. Desde reyes y reinas hasta artistas, científicos y líderes políticos, descubriremos la estrecha relación entre estos grandes personajes y sus leales compañeros, explorando la influencia mutua que han ejercido en sus vidas y en la historia misma. Prepárate para disfrutar de un viaje lleno de anécdotas, curiosidades y emociones, donde las mascotas se convierten en parte indispensable del legado de aquellos que han dejado una marca indeleble en la humanidad.

Una adolescente observa el retrato ecuestre de Napoleón en una
exposición itinerante del Louvre en Abu Dhabi [Elena Bee].

LOS CABALLOS DE NAPOLEÓN

En la antigua Grecia, la leyenda de Pegaso cautivaba a todos con su imagen atlética: un caballo alado que surcaba los cielos con armonía y poder. Según cuentan las historias, nació de la sangre derramada de la gorgona Medusa cuando Perseo le cortó la cabeza. Pegaso no solo era el caballo de Zeus, también se asociaba con héroes como Belerofonte, quien montado en él derrotó a la temible quimera y a las feroces amazonas. Sin embargo, su destino se torció cuando Belerofonte, impulsado por la ambición, intentó ascender al Olimpo montado en Pegaso, lo que desató la ira de Zeus y su caída a la tierra, marcando así su trágico final.

El mito de Pegaso ha surcado culturas y tiempos, convirtiéndose en una criatura emblemática que ha inspirado a artistas y escritores a lo largo de la historia. Desde las antiguas epopeyas griegas hasta las modernas películas de Hollywood, Pegaso ha volado con gracia en la imaginación humana, simbolizando la libertad, la fuerza y la conexión entre el cielo y la tierra.

Los caballos (*Equus ferus caballus*), con su elegancia, fuerza y lealtad, han ocupado un lugar especial en la historia de la humanidad. A menudo los corceles han sido símbolos de poder, libertad y conexión con la naturaleza. ¿Qué motiva a los humanos a dar nombres personales a sus caballos? Esta costumbre arraigada en numerosas culturas de todos los tiempos no es simplemente una formalidad, sino un acto cargado de significado. Los nombres individuales otorgan identidad y personalidad a estos magníficos animales, reconociéndolos como individuos únicos y valorados. Más allá de ser simples monturas o herramientas de trabajo, los caballos son seres con quienes se forja una conexión profunda y emocional, merecedores de un nombre que refleje su carácter y su papel en la vida de sus dueños.

La estrecha relación entre los humanos y los caballos se remonta a tiempos inmemoriales, cuando estos equinos fueron

Pintura al óleo de 1845 de Napoleón en su caballo árabe Marengo [1stdibs].

domesticados y se convirtieron en compañeros indispensables en la vida cotidiana y en la batalla. Pero esta relación va más allá de la mera utilidad; es una conexión basada en la confianza mutua, el respeto y el afecto, que ha inspirado obras de arte, literatura y mitología a lo largo de los siglos.

Si hablamos de una figura histórica cuya relación con los caballos fue especial, nos tenemos que remontar inevitablemente a Napoleón. Ya hemos hablado de él, llegó a tener 130 caballos, tan solo para su uso personal. Y a cada uno les ponía nombre. El más famoso de todos fue el mencionado Marengo, un caballo de raza árabe importado desde Egipto. No parece buena idea escribir toda una lista con los nombres de los caballos de Napoleón, pero sí está bien recordar que al emperador le gustaba ponerles nombres clásicos o mitológicos. Algunos ejemplos son Ciro, Tauro y Nerón. Aunque, igual que ocurrió con Marengo, también les daba nombres de lugares geográficos o victorias, como su caballo Córdoba.

Es curioso señalar que Napoleón tenía fama de mal jinete. Esta fama la alentaban sus numerosas caídas, muchas de las cuales están documentadas por escrito. De hecho, en su conocido exilio en Santa Elena se le permitió llevar un solo caballo, el elegido fue Vizir. Pero pronto le prohibieron incluso cabalgar su amado corcel, por lo que llegó a decir: «Me habéis encerrado entre cuatro paredes con un aire malsano. ¡A mí, que he recorrido a caballo toda Europa! ¡Qué lejanos parecían entonces aquellos tiempos pasados a lomos de Roitelet, Emir, Intendent o Marengo!».

La relación de los caballos con reyes, emperadores y dirigentes viene de largo. La lista es interminable. La reina Isabel II, por ejemplo, contaba con una buena lista de caballos, el más famoso de ellos fue la yegua Burmese. Se trató de un regalo de la Real Policía Montada de Canadá. Otro caballo que ha escrito una página en la historia es El Viejo Bob, un corcel usado por Abraham Lincoln cuando trabajaba como abogado, antes de ser presidente de los Estados Unidos. El Viejo Bob incluso participó en el funeral del presidente.

LOS PERROS DE HITLER

Hay un hecho sorprendente en la vida de Adolf Hitler: tenía una especial predilección y sensibilidad por los perros. Cuando luchaba como soldado en la batalla de Ypres (Primera Guerra Mundial) adoptó a Fuchsl («zorrito»), un perro callejero que se encontraba en mitad de la contienda, de la raza *fox terrier*. Tras la Gran Guerra, en 1921, adoptó a otro perro, esta vez a un pastor alemán llamado Prinz (príncipe). Pero dada la miseria en la que vivía, tuvo que regalarlo, pues no podía mantenerlo. Sin embargo, ocurrió algo que marcaría a Hitler como amante perruno: Prinz se escapó y logró encontrar de nuevo a su dueño original, es decir, a Hitler. Tal vez este episodio le hizo encontrar en los perros algo que no vio nunca en las personas.

De entre todos los canes que acompañaron a Hitler a lo largo de su vida destaca Blondi (rubia), una perra pastor alemán que vivió entre 1941 y 1945. Fue un regalo de Martin Bormann, secretario del dirigente. Blondi fue compañero de búnker de Hitler, con quien llegó a dormir, algo que no aceptaba de buen grado Eva Braun, su esposa. Ella tenía predilección por Negus y Stasi, sus *terriers* escoceses. Lo cierto es que Eva Braun y Hitler estuvieron casados un día, pues al día siguiente la pareja se suicidó. Hitler dio la orden de que se envenenara a Blondi en la mañana del 30 de abril de 1945, para poner a prueba las cápsulas de cianuro que luego usaría junto a Eva Braun.

Putin también parece atesorar la incoherencia de despreciar en ocasiones la vida humana y amar la perruna (lo coherente es amar los dos tipos de existencia). Koni fue una hembra de labrador *retriever* que ha aparecido más de una vez en los medios acompañándolo en reuniones con otros líderes políticos. Su nombre completo era Connie Paulgrave y falleció en 2014. Desde 2010 Putin comparte su vida con Buffy, un pastor búlgaro (Karakachan) con el que el primer ministro búlgaro Boyko Borisov le obsequió en una visita a Bulgaria. El nombre fue elegido en una votación popular, se lo dio un niño de cinco años. Otro perro que recibió Putin como regalo fue Yume (sueño en japonés), de la raza akita, como agradecimiento por su ayuda tras el terremoto de Japón, en 2011.

El presidente de la República de Turkmenistán, Gurbanguly Berdimuhamedow, no podía ser menos. Como presente por su 65 cumpleaños, obsequió a Putin con Verni (fiel), un perro pastor de Asia central. Y el presidente serbio Aleksandar Vučić también le regaló un perro, en 2019. En este caso se trata de Pasha, de la raza serbia Šarplaninac.

El Primer Ministro ruso, Vladimir Putin, abraza a un cachorro de perro pastor búlgaro llamado Buffy, en la oficina del Consejo de Ministros de Bulgaria en Sofía, Bulgaria, el 13 de noviembre de 2010 [Valentina Petrova].

¿Cuántos perros famosos hay a lo largo de la historia? Literalmente imposible calcularlo. Una consulta en Internet en abril de 2024 arroja una cifra de unos novecientos millones de perros a lo largo de todo el mundo. Solo en España se acerca a diez millones. Esos son los vivos en la actualidad, ¿y cuántos han existido a lo largo de su relación con el ser humano? Como es imposible hacer una lista, vamos a seguir acercándonos a los más carismáticos o conocidos.

Barney fue el *terrier* escocés de George Bush y Laura Bush. Este simpático perrito negro tenía su propia página web. Junto con Miss Beazley, la otra perrita de la Casablanca, apareció en muchos vídeos de forma pública. Es el momento de volver a Putin, que llegó a criticar a Bush porque un líder mundial debería tener perros grandes y robustos, no razas pequeñas. El mandatario ruso se define solo, no le hacen falta apelativos. Sin embargo, Barney era «chiquitito, pero matón»w. Resulta que se le conocía por sus

El *Memorial a Franklin Delano Roosevelt* es un monumento presidencial en Washington D. C., dedicado a la memoria de Franklin Roosevelt, el 32º presidente de los Estados Unidos, y a la era que representa. El monumento es uno de los dos en Washington que honran a Roosevelt. La obra escultórica la realizó Neil Estern y está inspirada en una fotografía junto a su perro *terrier* escocés Fala. Fala fue un regalo de Navidad a Eleanor Roosevelt de la prima de Franklin, Margaret «Daisy» Suckley [Andrey Yushkov].

mordiscos. Mordió un dedo del periodista Reuters Jon Decker, en 2008. En el mismo año probó suerte con Heather Walker, relaciones públicas de los Boston Celtics.

Son muchos los presidentes de Estados Unidos que han tenido perros conocidos: George Washington, John Adams, Abraham Lincoln, Theodore Roosevelt o Dwight D. Eisenhower, entre otros. Pero lo curioso no son los perros, sino la diversidad de mascotas poco habituales que han pasado por la Casablanca. Lo vamos a ver en otro apartado. Antes de terminar este epígrafe sobre perros, dejemos un texto para honrar a todos los perros que han acompañado a los seres humanos desde tiempos pasados. Se trata de *Epitafio a un perro*, de Lord Byron, quien lo escribió en honor a su perro Boatswain de raza *landseer*, que había fallecido a causa de la rabia. Es un poema que está inscrito en la tumba de Boatswain, en la propia finca de Byron, del que hemos escogido los versos finales:

«¡Oh hombre!, tú, frágil inquilino de una hora, / Debatido por la esclavitud, o corrompido por el poder, / quien te conoce bien, debe dejarte con disgusto, / ¡Masa degradada de polvo animado! / Tu amor es lujuria, tu amistad toda una estafa, / tu lengua hipocresía, tu corazón engaño. / Por naturaleza vil, ennobleciendo solo por el nombre, / cada bruto afín podría hacerte ruborizar de vergüenza. / ¡Vosotros!, que tal vez contempléis esta simple urna, / pasad, no honra a ninguno de los que deseáis lamentar. / Para marcar los restos de un amigo se levantan estas piedras; / nunca conocí más que a uno, y aquí yace».

BUBBLES, EL CHIMPANCÉ DE MICHAEL JACKSON

Desde que tengo uso de razón he sentido un interés especial por Michael Jackson. El videoclip de *Thriller* se lanzó en diciembre de 1983 y, desde entonces, no he podido dejar de escuchar al rey del pop. Pero mi inquietud en la infancia y la adolescencia iba más allá de la música, pues quise saber todo sobre su vida. Y hubo algo que me fascinó: tenía un chimpancé por mascota. Bubbles nació en abril de 1983, en Texas. En su rancho de Neverland, Michael Jackson le daba todo tipo de mimos y cuidados. Dormía en una cuna en el propio dormitorio del cantante y usaba su baño. En el juicio de 2005, su dueño afirmó que lo ayudaba con las tareas domésticas. En torno a Bubbles había muchos rumores: Michael Jackson le enseñó a bailar el *moonwalk*, tenía su propio guardaespaldas y arrojaba sus excrementos a la pared.

A finales de los 90, Michael Jackson lanzó su colosal álbum *Bad*. Pues bien, Bubbles tuvo una aparición en el videoclip del tema «Liberian Girl». Para el adolescente que yo era entonces, todo aquello me parecía simpático. Me obsesioné de alguna manera con los chimpancés y quería tener uno a toda costa, como mi héroe del pop. Incluso conservo una foto de la Feria de Sevilla en mi más tierna infancia en la que aparezco sosteniendo a un chimpancé. Porque, en los 80, los chimpancés iban de feria en feria para ser fotografiados. Todo estaba normalizado y naturalizado. No conocía la otra cara de la moneda: el sacar al animal de su hábitat, separarlo de su familia, someterlo a un estrés innecesario, etc. Pero es que hay más. No sé si te lo has planteado, pero los chimpancés crecen. En 2003, Bubbles se había convertido en un chimpancé adulto, grande y agresivo. Ya no hacía tanta gracia tenerlo como mascota, pues se había transformado en un peligro. Por esta razón, fue enviado a un entrenador de animales de California y, posteriormente, al Centro para Grandes Simios, un santuario en Wauchula, Florida.

Para mí fue una decepción enterarme de que los chimpancés en España estaban prohibidos como mascota. No obstante, durante mi adolescencia me dio por la primatología y mi concepción cambió por completo. Empecé a ver la vida animal de otro modo. Hoy me deleito leyendo las crónicas de James Goodall, que ya ha aparecido en otra parte de este libro. Debemos luchar para que este tipo de especies no tengan que sufrir los caprichos de un dueño excéntrico, aunque sea mi preciado rey del pop.

¿Hasta qué punto llegó la relación de Michael Jackson con Bubbles? Esto que te voy a contar parece fantasía, aunque solo es el relato de David Wigg, un escritor. La colaboración musical entre Freddie Mercury y Michael Jackson se vio obstaculizada por la presencia constante de Bubbles en el estudio. Wigg relata cómo Jackson interactuaba con el chimpancé entre tomas, preguntándole su opinión y buscando su aprobación. Esta situación llevó a Mercury a un punto de desesperación, por lo que expresó su frustración ante la idea de trabajar con un simio presente en cada sesión de grabación. Finalmente, Mercury decidió lanzar la canción en solitario en 1985. Su título es *There Must Be More to Life Than This*. Años después, el dueto entre Jackson y Mercury vio la luz gracias a la iniciativa de los integrantes de Queen, Brian May y Roger Taylor, quienes lo rescataron y lo incluyeron en el álbum *Queen Forever* en 2014.

Si hablamos de personajes famosos y mascotas poco habituales, Salvador Dalí se lleva la palma. Curiosamente otro de mis referentes de infancia. Me fascinaba su capa y barretina, también verlo levantar el bastón y oír cómo decía frases sin aparente sentido. Lo decimos rápido: Salvador Dalí tenía como mascota un oso hormiguero gigante (*Myrmecophaga tridactyla*). Creo que es lo más extravagante que he leído respecto a las mascotas. Hay una fotografía que es todo un icono, tomada en París en 1969, cuando tenía 65 años. Dalí, no el oso. Salía de una boca de metro con su oso hormiguero atado con una correa, cual perrito. Algunas personas allí congregadas miran con asombro, incredulidad o sorpresa. No sé bien describir la situación. En 1970 apareció en el programa de televisión de Dik Cavett con su oso hormiguero, una escena que puede verse en YouTube. Es probable que la inclinación de Dalí por los osos hormigueros proviniese de su admiración por André Bretón, al que se le conocía como «le tamanoir» (oso hormiguero). Sea cual sea la razón, se puso de moda la tenencia de osos hormigueros entre la aristocracia parisina, dado el carácter dócil de estas adorables criaturas.

¿No creerás que Dalí se conformó con un oso hormiguero? Para nada. Su mascota inseparable en los viajes era Babou, un hermoso ocelote (*Leopardus pardalis*) que le había regalado el jefe de Estado de Colombia, según afirmaba el propio artista. Dalí era amante de los gatos, así que aseguraba que Babou no era más que un gato al que «había pintado con un diseño *pop-art*». En fin.

Pero lo que es una auténtica locura es el caso del narco Pablo Escobar. Tuvo tal obsesión por los hipopótamos que ha llegado a crear un problema ecológico en Colombia: hay hasta 160 animales que están sueltos por el río Magdalena.

MASCOTAS CIENTÍFICAS Y CULTURALES

Como físico, me siento especialmente cautivado por la historia de Diamond, el perro favorito de Sir Isaac Newton; del que llegó a afirmar que había sido responsable del descubrimiento de dos teoremas en una mañana. Sin embargo, Diamond también se vio involucrado en un suceso que desquició al genio británico. Al parecer, volcó una vela y prendió fuego a varias de las notas que había recogido durante años. Newton exclamó: «Oh Diamond, Diamond, tú poco sabes del daño que has causado».

El caso de Diamond es una simple anécdota que puede haber sido adornada con el paso de los siglos; para nada comparable con el caso de Chester, un gato siamés que vivió entre 1968 y 1982. Era propiedad de Jack H. Hetherington, un físico que, sin duda alguna, ganaría en un concurso de excentricidades. El alias de Chester era F. D. C. Willard y ha pasado a la historia por algo sorprendente: ha sido el autor principal o coautor de varios artículos científicos en revistas internacionales. Sobre todo, de física de bajas temperaturas, campo en el que era experto Hetherington. La razón fue que le recomendaron no firmar él solo sus artículos. Así que usó el nombre de su gato para emplear el plural, pero claro, tuneó dicho nombre para que no pareciera un gato. La primera vez que apareció F. D. C. Willard fue en un artículo de noviembre de 1975.

VOLUME 35, NUMBER 21   PHYSICAL REVIEW LETTERS   24 NOVEMBER 1975

Two-, Three-, and Four-Atom Exchange Effects in bcc ³He

J. H. Hetherington and F. D. C. Willard
Physics Department, Michigan State University, East Lansing, Michigan 48824
(Received 22 September 1975)

We have made mean-field calculations with a Hamiltonian obtained from two-, three-, and four-atom exchange in bcc solid ³He. We are able to fit the high-temperature experiments as well as the phase diagram of Kummer et al. at low temperatures. We find two kinds of antiferromagnetic phases as suggested by Kummer's experiments.

Nikola Tesla pone a prueba su «transmisor de aumento»
en el laboratorio de Colorado Springs, 1899.

Hay otro gato menos conocido, llamado Macak. Se trata de la mascota que tuvo Nikola Tesla en la infancia. Según él mismo contó, sirvió de inspiración en sus investigaciones futuras. Al parecer, percibía algo extraño al acariciarlo (posiblemente electricidad estática), lo cual le sirvió para entender mejor el tratamiento de la energía eléctrica. Así lo contaba Tesla:

«Mientras acariciaba el lomo de Macak, vi un milagro que me dejó sin palabras. La espalda de Macak se había convertido en una sábana de luz y el roce de mi mano producía una lluvia de chispas cuyo ruido se oía por toda la casa. Mi padre era un hombre muy sabio, y tenía una respuesta para cualquier pregunta, pero el fenómeno era nuevo para él. "Bueno, no es más que electricidad", acabó por contestar, "lo mismo que se ve entre los árboles en una tormenta"».

La ciencia es cultura, y, entre las distintas disciplinas culturales, también encontramos la paleontología. Modesto Cubillas Pérez (1820-1881) era un tejero asturiano que, como tantos, tenía un perro por mascota. El nombre y raza de su perro no aparece en los registros, pero fue el principal promotor de un descubrimiento magistral. Modesto andaba buscando a su perro un día de 1868, pues se había extraviado. Lo encontró en una cueva que hasta el momento no había sido descubierta y pudo liberarla con éxito. Comunicó su hallazgo a Marcelino Sanz de Sautuola, un naturalista español que ofrecía diversos trabajos a Modesto. Y así es como Marcelino ha pasado a la historia como el descubridor de la cueva de Altamira. Es una pena que no conozcamos el nombre del perro de Modesto, pues fue el verdadero precursor del descubrimiento.

Vayamos a un último caso de mascota cultural, la del estornino de Mozart. Se trata de un estornino de especie desconocida que acompañó al prolífico compositor durante un periodo de tres años. Al parecer, Mozart enseñó al estornino una melodía que pudo imitar casi perfectamente, pues incluyó un calderón en el último tiempo del primer compás. Transcribió en su libro de contabilidad la partitura que interpretaba el estornino y guarda relación con el tema inicial del tercer movimiento de su *Concierto para piano n.º 17 en sol mayor, K. 453.*

¿Sabías que existe la zoomusicología? Se trata de una disciplina que se centra en la música producida por animales no humanos. Surgió como una rama de la musicología y la zoología, específicamente de la zoosemiótica, que estudia la comunicación sonora en animales. Los orígenes de la zoomusicología se remontan a investigaciones que datan de 1941, cuando el etnomusicólogo George Herzog planteó la pregunta sobre si los animales producen música. Sin embargo, no fue hasta 1983 cuando François-Bernard Mâche publicó una obra pionera que incluía un estudio sobre la ornito-musicología, que mostraba cómo los cantos de aves se organizan según principios musicales de repetición y transformación. Mozart no estaba equivocado.

En este campo, se han observado similitudes entre los sonidos animales y la música humana. Por ejemplo, Marcello Sorce Keller ha destacado las cualidades musicales en los cantos de ballenas y pájaros, sugiriendo que las variaciones regionales de estos sonidos pueden reflejar rasgos culturales similares a los encontrados en la música humana.

Es un buen momento para hablarte de Nipper (1884–1895), también conocido como el perro de RCA Victor. Fue un canino originario de Bristol, Inglaterra, criado como un mestizo de *terrier*. Nipper sirvió como modelo para una pintura de 1898 del pintor británico Francis Barraud, titulada *La voz de su amo*. Esta imagen se convirtió en una de las marcas más reconocidas del mundo, la famosa combinación de perro y gramófono utilizada por varias compañías discográficas y sus marcas asociadas.

Nipper no cantaba, que sepamos. Los que sí cantaron fueron «Los Perros Cantantes» de Weismann. Se trata de un proyecto musical danés de la década de 1950 creado por el ingeniero de grabación y ornitólogo Carl Weismann, junto con el productor discográfico Don Charles, basado en grabaciones manipuladas de ladridos de perros. Carl Weismann, mientras grababa los sonidos de aves para otros proyectos, se encontró con muchas grabaciones arruinadas por ladridos de perros. Weismann descubrió un nuevo uso para estas tomas estropeadas al unir los tonos de los ladridos de perros en el patrón de canciones. Utilizó grabaciones de cinco perros ladrando: Dolly, Pearl, Pussy, Caesar y King. Las cortó en cinta de carrete a carrete y organizó los tonos al ritmo de la canción de Stephen Foster *Oh! Susanna*. Charles proporcionó el acompañamiento musical. Esto fue lanzado por RCA Victor en 1955 como cara A de un sencillo, con un popurrí de *Pat-a-Cake, Three Blind Mice* y *Jingle Bells* en la cara B. El disco de novedades se convirtió en un éxito, vendió más de un millón de copias. En 1956, el grupo de perros fue grabado nuevamente. Si tienes curiosidad, puedes encontrar algo por YouTube.

MASCOTAS EN LA CASABLANCA Y ELEFANTES PAPALES

En el año 2004, el diario *Daily Mirror* publicó un artículo del que tengo mis reservas. Pero me apetece contarlo, porque tiene su gracia. Peter Oram es el propietario de Charlie, un guacamayo azul y amarillo (*Ara ararauna*). Afirma que tiene más de cien años. No sé yo. El asunto va a más. Oram defiende que el pajarito fue propiedad de Winston Churchill, mientras fue primer ministro de Reino Unido, en mitad de la Segunda Guerra Mundial. Supuestamente, Churchill enseñó a Charlie a proferir insultos para Hitler, lo cual, si fuera verdad, no estaría nada mal. Obviamente, esta historia no está confirmada.

¿Y qué pasa al otro lado del charco? Los dirigentes de todo tipo de países, como personas humanas que son, han tenido mascotas. El colmo de la variedad «mascotil» se la llevan los presidentes de los Estados Unidos. Vamos a hacer un repaso por los casos más extraños. Empezamos por George Washington (1732-1799), quien tuvo varios perros de caza de zorros americano, como Sweetlips, Scentwell y Vulcan. Esto no es ninguna excentricidad, pues su actividad de ocio favorita era la caza del zorro. No solo fue propietario de esta raza, también de varios *black and tan coonhound* (Drunkard, Taster, Tipler y Tipsy), que son asistentes en la caza de mapaches. Otro perro con el que compartió vivencias fue Cornwallis, un galgo inglés. A su vez, tenía caballos, nada que extrañar, aunque me resulta particularmente curioso que tuviera un burro andaluz, regalo de Carlos III de España.

Thomas Jefferson (1743-1826) tuvo pájaros, perros, caballos, ovejas y ¡hasta un oso gris! Nada comparable con los dos caimanes que mantuvo Benjamin Harrison (1833-1901) en la Casablanca. Y menos aún con Theodore Roosevelt (1858-1919), que se lleva el premio gordo al poseedor de mascotas variadas. Terminamos antes haciendo una lista, de paso podemos aprender especies animales que desconocíamos:

El gallo con una sola pata, mascota de Theodore Roosevelt (ca. 1910-1920) [National Photo Company Collection / Library of Congress].

- Varios conejillos de indias (*Cavia porcellus*) llamados Admiral Dewey, Bishop Doane, Dr. Johnson, Father O'Grady y Fighting Bob Evans.
- Un poni de las islas Shetland llamado Algonquin.
- Una gallina (*Gallus gallus domesticus*) de nombre Barón Spreckle.
- Un lagarto cornudo (*Phrynosoma sp.*) referido como Bill el Lagarto.
- Blackjack, un perro de raza Manchester *terrier*.
- Un guacamayo jacinto o guacamayo azul (*Anodorhynchus hyacinthinus*) llamado Eli Yale (en honor al patrocinador de la universidad).
- Una serpiente del género *Thamnophis*, llamada Emily Espinaca en honor de Alice, su hija, pues «era tan verde como la espinaca y tan delgada como mi tía Emily».
- Fedelity, un poni.
- Los *terrier* Jack y Pete, además de otros perros de raza desconocida, como Skip, Gem y Susan.
- Un San Bernardo llamado Rollo y un *retriever* de Chesapeake de nombre Sailor boy.
- Un oso negro americano (*Ursus americanus*) que sería luego enviado al zoo del Bronx. Su nombre era un homenaje al líder religioso Jonathan Edwards, pues se llamaba exactamente igual que él.
- Un tejón (*Meles Meles*) de nombre Josiah.
- Manchu, su perro pekinés.
- El cerdo (*Sus scrofa domesticus*) Maude.
- El conejo (*Orictolagus cuniculus*) Peter Rabbit.
- Los gatos Tom Quartz and Slippers, nombrados así por la historia de Mark Twain.
- ¡Una hiena manchada o hiena moteada (*Crocuta crocuta*)! Fue un regalo de Menelik II, emperador de Etiopía.
- Una lechuza común (*Tyto alba*) de nombre desconocido.
- Un león, gallinas y seguramente muchos más animales que no han quedado en los registros escritos.

Después de este zoológico casero de Roosevelt no sorprenderá Pete, la ardilla de Warren G. Harding (1865-1923) o Smoky, el lince rojo (*Lynx rufus*) de Calvin Coolidge (1872-1933). Aunque Coolidge también tuvo a Billy, un hipopótamo pigmeo (*Choeropsis liberiensis*) y un ualabí, entre otros animales poco usuales. Incluso su esposa Grace Coolidge fue dueña de un mapache llamado Rebeca. Se cuenta que Eisenhower y Jimmy Carter tuvieron un elefante, pero en realidad lo enviaron al zoo nacional. Ya que hablamos de elefantes, también los hay que han pasado a la historia por ser «mascotas» de dirigentes y personajes importantes.

El presidente Harding con su inquieta Laddie, siendo fotografiado frente a la Casa Blanca en junio de 1922 [National Photo Company Collection / Library of Congress].

El elefante más interesante, para mí, fue Hanno (1510-1516), un elefante blanco propiedad del papa Leon X. Se trató de un regalo de Manuel I de Portugal, por la coronación del papa. Viajó en barco desde Portugal hasta Roma. Se hizo muy popular en el Vaticano, participaba de eventos públicos y se convirtió en toda una atracción. Su muerte fue prematura y se cuenta que el papa estuvo a su lado hasta el último momento.

Se sabe que Carlomagno usó elefantes en su imperio, uno de ellos recibía el nombre de Abul-Abbas (770-810). Está registrado que Abul-Abbas fue el primer elefante asiático que estuvo en el norte de Europa. Como viene siendo habitual, también fue un regalo, en este caso del califa de Bagdad Harún al-Rashid, en 798. Otro regalo fue el que hizo el rey de Portugal a Luis XIV. En este caso no tiene nombre propio, se conoce como «elefante de Luis XIV» (1664-1681), qué original. Se trataba de un elefante africano y su esqueleto puede contemplarse en la Galería de Anatomía Comparada del Museo Nacional de Historia Natural. Se cree que, tras la muerte de este ejemplar, no llegó otro elefante africano a África hasta la presencia de Jumbo en París.

Hay más casos de grandes mamíferos. Uno de ellos es la hembra de rinoceronte india (*Rhinoceros unicornis*) Abada. Estuvo a cargo de los reyes portugueses Sebastián I y Enrique I desde 1577 hasta 1580, pasando más tarde al cuidado de Felipe II de España, desde 1580 hasta 1588. Este rinoceronte fue inmortalizado como el famoso *Rinoceronte de Durero*, un grabado creado por el alemán Alberto Durero. Otro animal grande muy célebre en su momento fue la «jirafa Medici», un obsequio del sultán de Egipto al-Ashraf Qaitbay a Lorenzo de Médici en 1486. También ha ocupado un lugar en el arte, pues aparece en *La caída del Maná* (1540), un cuadro de Francesco Bacchiacca.

¿CUÁL ES TU MASCOTA?

A lo largo de mi vida he tenido numerosas y variadas mascotas. Seis perros: Tana (*cocker* canela), Blanqui (mestizo), Becquer (cruce de podenco andaluz), Lorca (*cocker* negro y blanco), Eka (mestiza) y Chico (*yorkshire terrier*). Todos me han dado alegrías y tristezas. Cada cual tenía su personalidad. Adoro a los perros, pero mi forma de subsistir en el mundo me impide ser un adulto con perro en casa. He tenido tortugas (una se llamaba Primitivo), hámster, hormigas, pollitos (qué pena cuando se coloreaban), gusanos de seda y más especies que seguro estuvieron, aunque ahora no las recuerde.

Me gustaría sentirme especial por tener a mis mascotas, como se sentía el Principito con su rosa. Pero luego pienso en el perro egipcio Abuatiu. Se trata del animal doméstico más antiguo del que se tiene constancia, se estima que murió en torno al año 2280 a. C. Es muy posible que fuera un perro guardián que vivió durante la dinastía VI. No somos especiales por tener mascotas hoy, ya había seres humanos hace siglos que las tenían antes que nosotros.

Somos muchas las personas sensibilizadas con el mundo animal. Me viene a la cabeza el caso de Frida Kahlo, tan concienciada que llevó a sus animales al arte. Como en el caso de Granizo, un venado que dejó inmortalizado en 1946 en su maravilloso cuadro *El venado herido*. Frida Kahlo se representa a sí misma como una criatura híbrida, parte humana y parte venado. Su cuerpo toma la forma de un venado, con cuernos que brotan de su cabeza humana, como en una fusión con su amigo Granizo. El venado está de pie, con las patas extendidas, mostrando una pata delantera derecha suspendida en el aire, posiblemente herida o en movimiento. Nueve flechas atraviesan su cuerpo, causándole heridas que sangran. El entorno es un bosque, con nueve árboles a la izquierda. Una rama cortada destaca en el suelo frente al venado, lo que podría simbolizar la pierna amputada de la artista. Frida mira directamente al espectador, con una expresión estoica, mientras las orejas del venado se elevan sobre las suyas. Al fondo, un río (o un mar o lago) y un relámpago en una nube se ven bajo la luz del sol. Tal vez no sepas pintar un cuadro así, yo no sé. Pero tú también puedes inmortalizar a tu mascota.

Este final de capítulo es un llamamiento: ¿compartirías fotos de tus mascotas en redes? Puedes citarme en las redes y usar el *hashtag* #LaikaMascotas. En X soy @EugenioManuel, en Instagram @eugeniomafeag y en Facebook búscame por mi nombre completo.

EL PULPO PAUL Y OTRAS
HISTORIAS DE REGALO

«El animal no discute la vida, vive. No tiene otra razón
de vivir que la vida. Ama la vida y disfruta de la vida».

RAY BRADBURY

En los capítulos anteriores ya habrás entendido que recoger en un libro todos los nombres de animales conocidos por alguna razón es una tarea, sin duda, casi imposible. Has leído once capítulos con temáticas organizadas por distintas categorías: espacio, animales albinos, inteligencia animal, animales de combate, ingeniería genética, mundo pop, récord, asesinados, asesinos y mascotas. Con el fin de no convertir este libro en una enciclopedia, decidí reunir varias categorías aún sin comentar en este capítulo final. Se trata de una miscelánea con seres vivos que no han aparecido antes y que, a mi juicio, deberían estar aquí. Como cada lector, cada escritor y cada persona tiene unos criterios de selección y valoración, posiblemente me saltaré algún animal que para el lector sea importante. Aquí van mis disculpas por adelantado.

No te asustes con lo que viene, ya que no hay hilo conductor, son epígrafes independientes que nada tienen que ver unos con otros.

SIR JOHN GRAHAM DALYELL

Knight and Baronet of Binns

W. SMELLIE WATSON R.S.A.   T. G. FLOWERS

Retrato de John Graham Dalyell, grabado por T. G. Flowers según un retrato de
W. Smellie Watson, frontis de la obra *The Powers of the Creator*, vol. 3, 1858.

EN EL LABORATORIO

Una de las imágenes que más me han impresionado en la vida ha sido la de un ratón llamado Vacanti. Este ratón de laboratorio, allá por 1996, tenía una curiosa estructura creciendo en su espalda. Parecía ser una oreja humana. Sin embargo, esta «oreja» era en realidad una estructura de cartílago cultivada a partir de células de cartílago de vaca en un molde degradable en forma de oreja, luego implantada bajo la piel del ratón. Fue creado por un equipo de científicos liderado por Charles A. Vacanti en Massachusetts. La fotografía del ratón Vacanti (*earmouse*, como se conocía) se difundió por internet, generando controversia y protestas contra la manipulación genética y desencadenó un debate sobre la ingeniería genética y la ética en la investigación, aunque en realidad no se realizó manipulación genética en este caso. Yo mismo me lo tragué. Los animales que se han usado en los laboratorios se cuentan por millares. No obstante, solo unos pocos han pasado a la historia con un nombre propio. Se podría escribir un libro solo con estos animales.

En la historia de los descubrimientos del medio natural, destaca una figura singular: Granny, una anémona de mar (*Actinia equina*) encontrada en 1828 por el naturalista aficionado John Dalyell, en las costas rocosas de North Berwick en Escocia. Su singularidad reside en que, durante su larga vida, cuidada por una sucesión de naturalistas de Edimburgo, esta anémona solitaria dio a luz en un frasco a varios cientos de crías antes de su fallecimiento en 1887. Su longevidad y la peculiaridad de su reproducción intrigaron a generaciones de científicos y visitantes, un hecho que la convirtió en una celebridad científica y social de la época victoriana. Granny, como se le denominó cariñosamente, contribuyó al conocimiento de la biología marina en un momento de creciente interés por la naturaleza.

Hay más seres blanditos de los que nos podemos acordar. La historia de Jeremy, el caracol que nos hizo repensar la propia naturaleza y capturó la imaginación del mundo entero. Este molusco poco común, de la especie *Cornu aspersum*, nació en Londres, con una condición rara que lo hizo único entre sus compañeros: su caparazón se enroscaba hacia la izquierda, contrario a la mayoría de los caracoles que lo hacen hacia la derecha. Nombrado Jeremy Corbyn en honor al político británico de izquierda, se convirtió en una figura emblemática tras un llamado público para encontrarle una pareja. Fue estudiado por biólogos de la Universidad de Nottingham y representó mucho más que un simple caracol, ya que, gracias a Jeremy, se descubrió el gen que hace que una concha gire en sentido horario o antihorario. Este caracol disidente murió en octubre de 2017.

Un último apunte de laboratorio para los monos de Silver Spring. Fueron diecisiete macacos nacidos en libertad en Filipinas y se mantuvieron en el Instituto de Investigación del Comportamiento en Silver Spring, Maryland. Desde 1981 hasta 1991, se convirtieron en lo que un escritor llamó los «animales de laboratorio más famosos de la historia», como resultado de una batalla entre investigadores de animales, defensores de los animales, políticos y los tribunales sobre si utilizarlos en investigaciones o liberarlos en un santuario. En la comunidad científica, los monos se hicieron conocidos por su uso en experimentos sobre neuroplasticidad: la capacidad del cerebro de primates adultos para reorganizarse a sí mismo, estructural y funcionalmente.

Los monos de Silver Spring habían sido utilizados como sujetos de investigación por Edward Taub, un neurocientífico del comportamiento, quien había cortado los ganglios aferentes que suministraban sensación al cerebro desde sus brazos, y luego usó cabestrillos para restringir el brazo bueno para entrenarlos a usar los miembros que no podían sentir. En mayo de 1981, Alex Pacheco del grupo de derechos de los animales People for the Ethical Treatment of Animals (PETA) comenzó a trabajar de incógnito en el laboratorio y alertó a la policía sobre lo que PETA consideraba condiciones de vida inaceptables para los monos. En lo que fue la primera redada policial en EE. UU. contra un investigador de animales, la policía ingresó al instituto y retiró a los monos, acusando a Taub de diecisiete cargos de crueldad animal y de no proporcionar atención veterinaria adecuada. Fue condenado por seis cargos, cinco fueron revocados durante un segundo juicio y la última condena fue anulada en apelación en 1983, cuando el tribunal dictaminó que la legislación de crueldad animal de Maryland no se aplicaba a los laboratorios financiados por el gobierno federal.

Eran dieciséis macacos cangrejeros macho (*Macaca fascicularis*) y un macaco Rhesus hembra (*Macaca mulatta*). Como homenaje, dejemos aquí los nombres de cada uno de ellos: Chester, Paul, Billy, Hard Times, Domitian, Nero, Titus, Big Boy, Augustus, Allen, Montaigne, Sisyphus, Charlie, Brooks, Hayden, Adidas y Sarah.

Hay que destacar que en la actualidad hay muchas leyes que regulan el uso de animales en el laboratorio, en todo tipo de países. En general, se explicita el número de veces que se puede usar un mismo animal y la cantidad de dolor que se le puede producir sin la intervención de anestesias.

ANIMALES DE AYUDA

Como hemos visto, al hablar de laboratorio estamos considerando cualquier contexto en el que haya investigación. ¿No es acaso nuestra propia vida un laboratorio constante? Veamos un caso que está a caballo entre la ciencia y la pseudociencia. Aunque duela. Hablamos de Freud y su perra. Jofi, una *chow chow* que vivió entre 1928 y 1937, se convirtió en una figura valiosa en la vida de Sigmund Freud, el padre del psicoanálisis. Fue muy reconocida por su cercanía emocional con Freud y destacó por el potencial terapéutico de esta relación. Su presencia cotidiana en la vida de Freud, especialmente durante sus años finales, hace patente la importancia de los animales en el bienestar psicológico y su papel en la comprensión de la comunicación no verbal en entornos terapéuticos.

La historia de Jofi refleja la transformación personal de Freud hacia los animales, un cambio que cuestionó las normas cultu-

Freud con dos cachorros de la primera camada de Yofi: Tattoun (llamado así en honor al chow de Marie Bonaparte) y Fo. La fotografía es del verano de 1933 en Hohe Wart.

rales y familiares de su época. Desde su tardía conexión con los perros en la década de 1920 hasta la estrecha relación con Jofi, Freud encontró en los animales una fuente de consuelo y apoyo emocional. La muerte de Jofi en 1937 dejó una marca indeleble en Freud.

De nuevo llegamos a una evidencia aplastante: los animales nos ayudan desde tiempos inmemoriales en nuestra vida cotidiana. Sirvan como ejemplo de actualidad los animales de asistencia, desde perros hasta gatos y caballos. Son animales anónimos que no suelen trascender en los medios. No ocurre lo mismo con los perros de rescate, que alguna vez han escrito una página en la historia, pero estos no se ponen tan de moda.

La historia de Barry (1800-1814), el famoso perro rescatista de los Alpes, es una verdadera epopeya que se entrelaza con la evolución de la raza del San Bernardo y el desarrollo de las técnicas de rescate en las montañas. Su legado perdura no solo en la memoria colectiva, sino también en la preservación de su cuerpo en el Museo de Historia Natural de Berna, donde su figura se erige como un símbolo de valentía y altruismo animal.

Barry, cuyo nombre completo es Barry der Menschenretter (Barry el salvador de personas), fue más que un simple perro; fue un héroe canino cuya dedicación y coraje salvaron innumerables vidas en los peligrosos pasos alpinos. Su trabajo como perro de rescate en el Hospicio del Gran San Bernardo, entre Suiza e Italia, lo convirtió en una figura legendaria en la región, siendo venerado por generaciones posteriores como el epítome del espíritu de sacrificio. Pertenecía a una estirpe de perros conocidos como *küherhund*, o perros boyeros, que se utilizaban como guardianes y pastores en las montañas.

A lo largo de su vida, Barry demostró ser excepcionalmente valiente y habilidoso en la búsqueda y rescate de personas atrapadas por avalanchas o perdidas en la nieve. Se estima que salvó más de cuarenta vidas durante su carrera, aunque algunas fuentes discrepan en cuanto al número exacto. Uno de los rescates más famosos atribuidos a Barry fue el de un niño que se encontró dormido en una caverna de hielo. Con ternura y determinación, Barry logró rescatar al niño y llevarlo de vuelta al hospicio, donde fue devuelto sano y salvo a sus padres.

Aunque la leyenda que rodea a Barry sugiere que murió en acto de servicio, la verdad es menos épica. Después de doce años de servicio, Barry se retiró y pasó el resto de sus días en Berna, donde finalmente falleció a la edad de catorce años.

Los rescates perrunos, a veces, se mezclan con las emociones suscitadas en momentos difíciles para el ser humano. La historia de Rigel puede ser uno de estos ejemplos. Rigel se conoce como el perro rescatista del RMS Titanic. Según la leyenda, Rigel pertenecía al primer oficial William McMaster Murdoch y jugó un papel crucial en el rescate de algunos supervivientes del naufragio.

Se dice que Rigel, un gran perro negro de la raza terranova, nadó hasta uno de los botes salvavidas tras el hundimiento del Titanic y se mantuvo cerca de él hasta que llegó el RMS Carpathia en busca de supervivientes. Cuando el Carpathia se acercó al bote número 4, donde se encontraba Rigel, el perro comenzó a ladrar, alertando así al capitán Arthur Rostron sobre la presencia de los náufragos. Gracias a los ladridos de Rigel, se detuvieron los motores del Carpathia y se inició la búsqueda y rescate de los supervivientes.

Según algunas versiones, Rigel fue rescatado después de pasar tres horas en el agua helada, siendo izado a bordo del Carpathia. Sin embargo, esta historia ha sido objeto de controversia y escepticismo, ya que no hay registros verificables de la presencia de un perro en el bote número 4 ni de un tripulante llamado Jonas Briggs, quien supuestamente lo rescató. La historia de Rigel, como la del Titanic, hace aguas.

Otra versión sugiere que el perro fue adoptado por John Brown, el maestro de armas del Carpathia, después del rescate, y que vivió el resto de sus días en Escocia. Sin embargo, esta afirmación también carece de pruebas concretas y se basa en relatos anecdóticos sin confirmar. El sitio web www.williammurdoch.net, dedicado a la vida de Murdoch, rechaza la historia como un mito, argumentando la falta de evidencia sobre la propiedad del perro por parte de Murdoch y la ausencia de testimonios de otros supervivientes o tripulantes que respalden la narrativa. Pero claro, la emoción y lo bonito de la historia hace que nos apetezca creerla.

El relato de Rip sí es verdadero y está bien documentado. Rip, un *terrier* de raza mixta, fue un perro de búsqueda y rescate de la Segunda Guerra Mundial que recibió la medalla Dickin a la valentía en 1945. Podríamos haber hablado de él en el capítulo de animales de combate, pero es que en realidad su servicio no fue la lucha. Fue encontrado en Poplar, Londres, en 1940 por un guardia de defensa aérea. Inmediatamente se convirtió en el primer perro de búsqueda y rescate del servicio. A pesar de no haber sido entrenado específicamente para este trabajo, Rip demostró un instinto natural para el rastreo y las labores de salvamento. De hecho, se le atribuye haber salvado la vida de más de cien personas.

Por su valentía y servicio destacado, Rip fue galardonado con la medalla Dickin en 1945, en concreto, por «localizar a muchas víctimas de bombardeos durante el Blitz de 1940». Rip llevó la medalla en su collar hasta el día de su muerte. En una subasta en Londres en 2009, su medalla se vendió por más de veinticuatro mil libras.

Los perros han sido héroes de muchas maneras, no solo en los desastres naturales y en las guerras. Es el caso de Togo, un humilde perro de trineo, que se convirtió en una leyenda de la carrera del suero de 1925 en Alaska. Lideró un equipo humano a través de los terrenos más arduos y peligrosos. Aunque sus orígenes parecían modestos, su dueño, Leonhard Seppala, pronto descubrió su excepcional inteligencia y valentía. Desde sus primeros días, Togo demostró una devoción inquebrantable hacia su equipo y una habilidad innata para liderar en las condiciones más adversas.

A lo largo de su carrera, Togo se enfrentó a situaciones mortales y demostró una resistencia impresionante, surcando peligro-

Leonhard Seppala posando con seis de sus perros de trineo, alrededor de
1924. Los nombres de los perros, de izquierda a derecha: Togo, Karinsky, Jafet,
Pete, perro desconocido y Fritz [Museo Carrie McLain / AlaskaStock].

sos terrenos y salvando vidas en condiciones climáticas extremas. Pero, ¿qué es eso de la carrera del suero? La carrera del suero a Nome de 1925, también conocida como la Gran Carrera de la Misericordia, fue un evento épico que tuvo lugar en Alaska, donde 20 *mushers* y unos ciento cincuenta perros de trineo se unieron en un esfuerzo heroico para transportar antitoxina diftérica a través de 1085 km en cinco días y medio. Los *mushers* son las personas que conducen trineos tirados por perros, ya sea en competiciones deportivas o como medio de transporte. Este esfuerzo extraordinario salvó al pueblo de Nome y su comarca de una incipiente epidemia de difteria. Aunque Balto, otro perro de trineo, se convirtió en la celebridad canina más famosa de la época después de liderar el equipo en el último tramo de la travesía, fue Leonhard Seppala y su perro líder, Togo, quienes enfrentaron la parte más larga y difícil del camino, demostrando una resistencia y valentía impresionantes.

ANIMALES EN EL DEPORTE

Si has leído lo anterior, tendrás claro que un perro de raza *husky* es un verdadero deportista. Los animales están presentes en el deporte de muchas maneras. Caballos de carrera y galgos son algunos ejemplos muy populares. Y han sido, a menudo, centro de la atención mediática por influir en las apuestas. Un ejemplo que, con sorpresa, saltó a la fama fue el del pulpo Paul. Nacido en el Centro de Vida Marina en Weymouth, Inglaterra, Paul era un pulpo común (*Octopus vulgaris*) que fue trasladado a Oberhausen, Alemania. Allí captó la atención de todo el mundo como un oráculo del fútbol durante la Copa Mundial de la FIFA 2010. Su método para predecir los resultados de los partidos era ridículamente simple: elegía entre dos cajas con comida marcadas con las banderas de los equipos competidores. Esta chorrada lo convirtió en una sensación mundial. Obviamente, el pulpo no tenía ni idea de la interpretación humana de sus actos.

Curiosamente, durante el torneo, Paul mostró una sorprendente precisión al predecir correctamente los resultados de los partidos en los que la selección alemana participaba. Sus aciertos no solo le valieron admiradores, sino también críticos, algunos de los cuales cuestionaban la validez de sus predicciones y sugerían que su éxito era mera casualidad. Obvio. Sin embargo, su popularidad creció rápidamente y lo convirtió en un símbolo cultural y un tema recurrente en los medios de comunicación de todo el mundo. A pesar de su muerte en octubre de 2010, Paul sigue siendo recordado como una figura singular en la historia del deporte.

Paul no es el único que en ese mundial se lanzó a las predicciones deportivas. Por desgracia. El erizo León de Australia, Petty la hipopótama pigmeo, Jimmy el conejillo de Indias, Anton el tamarino o Mani la cotorra son algunos ejemplos. Un caso curioso ocurrió al año siguiente de la Copa Mundial de la FIFA 2010: el pulpo Iker fue utilizado para pronosticar los resultados de los partidos entre el F.C. Barcelona y el Real Madrid. Su nombre había sido tomado de Iker Casillas. En todas las partes del mundo se han usado oráculos deportivos, pero ninguno ha tenido el éxito de Paul. Así, Lazdeika el Cangrejo fue usado por el portal web Delfi.lt para predecir los resultados de los partidos de baloncesto en Lituania en 2011 e, incluso, en los Juegos Olímpicos de Verano en 2012. Lazdeika era un cangrejo arcoíris (*Cardisoma armatum*) y «decidía» el resultado eligiendo para esconderse entre dos cáscaras de coco con las banderas de los países que competían. Creo que se escondía de la vergüenza humana. Afortunadamente, esta moda sin sentido parece que ha pasado.

MIKE, EL POLLO SIN CABEZA

Vamos a dejar volar los disparates para acercarnos a nuestros amigos con alas. Aquí se podría escribir otro libro con aves que han sido famosas. Solo fijarnos en la cetrería ya nos da para un volumen. Como en otras ocasiones, nos vemos en la tesitura de seleccionar. Voy a hacer trampa, porque en mi primera historia no me voy a referir a un solo pájaro, sino a un colectivo. Y es que el relato de los cuervos de la Torre de Londres siempre me ha fascinado.

Los cuervos de la Torre de Londres son un grupo de al menos seis cuervos (*Corvus corax*) que viven allí cautivos. Su presencia se debe a la tradicional creencia relacionada con la protección de la Corona. Se dice que «si la Torre de Londres pierde sus cuervos o vuelan lejos, la Corona caerá y Reino Unido con ella». Históricamente, los cuervos salvajes eran comunes en todas las zonas de Gran Bretaña, incluso en las ciudades. Cuando fueron exterminados de muchas de sus residencias habituales, incluido Londres, quedaron solo algunos en cautividad en la Torre.

Un cuervo se posa sobre una pared de cubierta de líquenes en la Torre de Londres, Inglaterra, Reino Unido [Vicky Jirayu].

El origen de la población de estos cuervos cautivos se remonta al reinado de Carlos II de Inglaterra (1660-1685). Según el folclore, los cuervos salvajes habitaron la torre durante muchos siglos, atraídos al lugar por el olor de los cadáveres de los enemigos ejecutados por la Corona.

Otra leyenda atribuye la presencia de los cuervos en la torre al gran incendio de Londres en 1666, cuando diversas aves carroñeras, incluidos los cuervos, huyeron del fuego. Durante la Segunda Guerra Mundial, los cuervos de la Torre de Londres fueron considerados soldados del reino y se les emitieron tarjetas de certificación como las de los soldados humanos. Hoy en día, los cuervos de la torre son una atracción turística en Londres y se les cuida meticulosamente, recibiendo una dieta variada que incluye carne fresca, fruta y queso.

Tucán de pico castaño (*Ramphastos swainsonii*), Panamá [Brian Lasenby].

Me cautiva ver cómo, en distintas partes del mundo, cuidamos nuestras aves. Hay casos agridulces que te separan del ser humano y, al momento, te unen. Grecia fue un tucán de pico castaño macho (*Ramphastos swainsonii*), originario de Costa Rica. A la edad de nueve meses, fue víctima de un acto de vandalismo que le hizo perder su hermoso y característico pico. Este incidente ocurrió a principios de 2015, pero, por suerte, Grecia fue rescatado de la calle en el Cantón de Grecia por funcionarios del Ministerio de Medio Ambiente costarricense y trasladado al Rescate Wildlife Rescue Center.

Para remediar la lesión de Grecia, se ideó un proceso innovador: un pájaro recibiría, por primera vez en la historia, una prótesis de pico. Aunque no sería una prótesis convencional. Varios grupos y empresas se unieron para diseñar y fabricar esta prótesis. Utilizando tecnología de escaneo 3D de alta resolución, se obtuvo información precisa para confeccionar la prótesis adecuada. La primera etapa del proceso involucró el uso del pico de otro tucán para comenzar el diseño. La prótesis fue creada utilizando impresoras 3D y fabricada con nailon, un material ligero. Mariela Fonseca, de la empresa costarricense Elementos 3D, lideró una campaña de recaudación de fondos para financiar el diseño y la impresión tridimensional de la prótesis. Después de varios meses de pruebas, en septiembre de 2015, Grecia recibió su prótesis. Aunque el proceso de recuperación fue largo y requirió cuidados intensivos, Grecia finalmente pudo alimentarse por sí mismo.

Este incidente generó repercusiones significativas en Costa Rica. El presidente de la república, Luis Guillermo Solís, instó a los diputados de la Asamblea Legislativa a avanzar en la discusión del Proyecto de Ley de Bienestar Animal para proteger a la fauna silvestre y los animales domésticos de futuros ataques. En respuesta al maltrato animal, cientos de personas marcharon en la ciudad de San José protestando contra estos actos y exigiendo medidas más estrictas de protección animal.

En contraste, me permito contarte una historia macabra. Mike, también conocido como Miracle Mike (Mike el Milagroso), fue un pollo de la raza *wyandotte* que ganó fama mundial por su sorprendente capacidad para sobrevivir durante dieciocho meses después de que su dueño le cortara la cabeza. Dieciocho meses. Sin cabeza. Más que una cucaracha, que dicen que puede sobrevivir una semana sin cabeza. El incidente ocurrió el 10 de septiembre de 1945, cuando el agricultor Lloyd Olsen Zweedijk de Fruita, Colorado, seleccionó a Mike como cena y le cortó la cabeza con un hacha. Sin embargo, el hacha no alcanzó la vena yugular, dejando gran parte del tronco encefálico intacto.

A pesar de su decapitación, Mike continuó mostrando signos de vida, incluso mantenía el equilibrio sobre una percha y caminando torpemente. Olsen, sorprendido por la persistencia de Mike, decidió cuidarlo, alimentándolo con una mezcla de leche y agua a través de un gotero y proporcionándole pequeños granos de maíz. A medida que Mike se acostumbraba a su nueva y tétrica situación, pudo adaptarse y llevar una vida relativamente normal. Eso sí, ya no funcionaba como despertador, pues era incapaz de cantar al amanecer.

La fama de Mike creció rápidamente, por lo que fue exhibido en público junto con otras criaturas curiosas y fotografiado por numerosos periódicos y revistas. Su dueño llegó a ganar una considerable suma de dinero con estas espeluznantes exhibiciones. Sin embargo, la vida de Mike llegó a su fin en marzo de 1947, cuando comenzó a asfixiarse en un motel en Phoenix, Arizona, durante una parada en el viaje de vuelta a casa. Debido a la falta de equipo para alimentarlo adecuadamente, Mike falleció.

Aunque la muerte de Mike puso fin a su asombrosa historia, su recuerdo perdura en Fruita, Colorado, donde se celebra anualmente el «Mike the Headless Chicken Day» en su honor. Esta fiesta consta de varias actividades divertidas, que van desde carreras hasta juegos temáticos, para mantener viva la memoria de este peculiar pollo que rompió todos los estándares de sostenimiento vital.

Os he hablado de mi fijación con Michael Jackson. Creo que hay otra fijación que ha quedado clara a estas alturas del libro: los animales. Detrás de mí, en el despacho de casa, tengo varias estanterías con libros y revistas. Me he dado la vuelta para localizar algo que tengo guardado desde hace casi cuarenta años. Se trata de un álbum de cromos titulado *Adena WWF. Animales en peligro*, comercializado por una empresa que me ha dado muchas horas de entretenimiento: Panini —Lo que sí perdí en una mudanza fueron las míticas fichas de *Safari Club*—. El caso es que hacía años que no abría mi álbum de Adena, pero tenía grabado a fuego una imagen: el dodo de Mauricio. Está en la página 42, en el apartado de «Animales desaparecidos». Es la estampa número 304 y reza así:

«304. Dodo de Mauricio (*Raphus cucullatus*). Extinguido en 1.685 [sic], pocos años después de ser descubierto, esta gran ave, incapaz de volar, vivía en la Isla Mauricio (Océano Índico). Era cazado por su carne y los animales domésticos introducidos devoraban sus huevos y polluelos».

No obstante, el último avistamiento registrado es de 1662, de un marino naufragado. Las últimas estimaciones dan una fecha para la extinción: 1693. ¿Cuál es el nombre del último dodo? No lo sabremos nunca, es más, no creo que tuviera nombre. No solemos ponerle nombre a la comida, que es como lo trataron durante años. Pero hay un individuo que sí tiene nombre, o más bien apellido, el dodo de Oxford. La peculiaridad de este espécimen es que se trata de la única cabeza de dodo con tejido blando y, por tanto, con ADN disponible. Se encuentra en el Museo de Historia Natural de la Universidad de Oxford y sabemos que murió por un disparo en la cabeza.

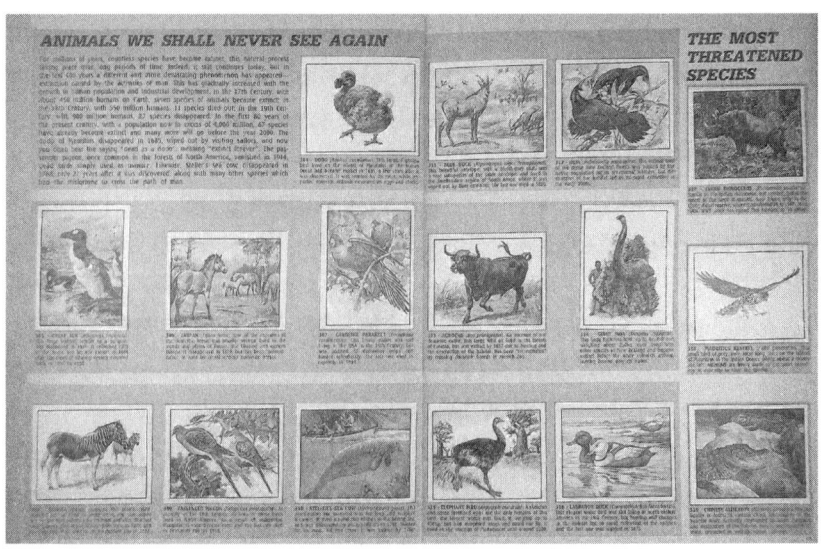

Detalle del mítico álbum de Panini WWF.

Hay individuos de otras especies que han pasado a la historia por ser el último de su especie o ser el representante de una especie extinta. Así tenemos, por ejemplo, a Toughie, la última rana de árbol de Rabb (*Ecnomiohyla rabborum*). Fue capturada como adulto en Panamá en 2005 durante una misión de conservación para rescatar especies del hongo *Batrachochytrium dendrobatidis*, mortal para los anfibios. Se trasladó a los Estados Unidos y vivió en el Atlanta Botanical Garden en Georgia, donde se le ubicó en un área de contención especial llamada frogPOD, un recinto bioseguro. Aunque Toughie se reprodujo con una hembra, ninguno de los renacuajos sobrevivió. Tras la muerte de la hembra, Toughie fue el único ejemplar conocido en el mundo, sin opciones de reproducirse debido a que el otro macho conocido, que vivía en el zoológico de Atlanta, fue sacrificado por problemas de salud en 2012. Se estima que Toughie tenía al menos doce años en el momento de su muerte en 2016. Era conocido por su personalidad única y su resistencia a ser manipulado.

Vamos a otra parte del mundo con Zenobia, una hembra de ibis eremita (*Geronticus eremita*). Es una de las últimas supervivientes en Siria. Además, se cree que es la única que conoce la ruta migratoria crucial hasta Etiopía. Esta migración anual es vital para la supervivencia de la especie, que se encuentra al borde de la extinción en la naturaleza.

Geronticus eremita [Eric Isselee].

Otra ave singular es Incas, un macho de cotorra de Carolina (*Conuropsis carolinensis*). Se trata del último miembro de su especie conocido con certeza. Aunque los avistamientos probables de cotorras carolinas salvajes continuaron hasta la década de 1930, y la Unión Americana de Ornitólogos aceptó un avistamiento en 1920, no se recolectaron especímenes después de 1904, así que Incas es citado a menudo como el último individuo en existencia. Murió en el zoológico de Cincinnati en 1918, en el mismo recinto que Martha, la última paloma migratoria (*Ectopistes migratorius*), que murió en 1914.

Vamos a cerrar con una tortuga que ya habíamos nombrado, el Solitario George. Resulta que se trata del último individuo de su especie del que se tiene constancia, *Chelonoidis abingdonii*. Para preservar sus genes, la encerraron con dos hembras de otras especies con la que podía cruzarse, *Chelonoidis becki* (tortuga gigante del volcán Wolf). Pero el amor no hizo acto de presencia y su especie desapareció oficialmente en 2012. En el año 2017, su cuerpo disecado fue declarado patrimonio cultural de la nación por el Ministerio de Cultura y Patrimonio de Ecuador.

Solitario George, fotografía tomada en 2008 [Mark Kostich].

CON LA MIRADA EN EL PASADO

Tenemos ejemplos de individuos con miles, cientos de miles de años e, incluso, millones de años. Baby Yingliang (YLSNHM01266) es uno de ellos, aunque se trata de un embrión descubierto en el sur de China. Se estima que Baby Yingliang tiene entre 66 y 72 millones de años, y es nada menos que el primer embrión de dinosaurio que se descubrió.

En el mundo de los dinosaurios es muy común poner nombre a los especímenes descubiertos. Big John, un esqueleto fosilizado de *Triceratops horridus*, descubierto en la formación geológica Hell Creek de Dakota del Sur en 2014, se convirtió en el esqueleto más grande y caro de su especie tras su subasta en 2021 por 6,6 millones de euros. Este hallazgo, realizado por el paleontólogo Walter W. Stein en un rancho privado, evidenció la creciente demanda de fósiles de dinosaurios entre coleccionistas privados. Big John presentaba una lesión traumática en su hueso escamosal derecho, posiblemente producto de una pelea con otro Triceratops. Aunque esta lesión parcialmente curada no causó su muerte, su presencia sugiere un fascinante pasado de luchas entre estos dinosaurios.

Hay varios *Tyrannosaurus rex* con nombres propios. Titus debe su nombre al protagonista de *Tito Andrónico*, de Shakespeare. También mostraba heridas, como Big John. Otro *Tyrannosaurus* conocido es Sue, cuyo nombre hace honor a la paleontóloga estadounidense Sue Hendrickson, quien lo descubrió. Y hay más: Trix, Stan o Scotty.

Pero tal vez el esqueleto de dinosaurio más famoso del mundo sea el de Dippy, un *Diplodocus carnegii* que se conserva en el Museo de Historia Natural de Carnegie en Pittsburgh y que fue descubierto en 1899. El hallazgo y distribución del esqueleto hicieron que la palabra «dinosaurio» se convirtiera en una palabra familiar; para millones de personas, Dippy era el primer dinosaurio que veían. También fue responsable de la posterior popularidad de todo el género Diplodocus, ya que el esqueleto ha estado en exhibición en más lugares que cualquier otro dinosaurio saurópodo.

Pero de los dinosaurios no solo tenemos los huesos. El espécimen NDGS 2000, conocido como Dakota, es un fósil de *Edmontosaurus* descubierto en la formación Hell Creek, en Dakota del Norte. Con una edad aproximada de 67 millones de años, pertenece al Maastrichtiano, la última etapa del período Cretácico. Este ejemplar medía alrededor de doce metros de longitud y tenía un peso estimado de ocho toneladas. Lo notable y científicamente valioso de este fósil radica en la preservación de tejidos blandos, incluida piel y músculo, lo que proporciona a la comunidad científica una oportunidad única para la investigación.

Y no solo dinosaurios, también tenemos ejemplares fósiles de mamíferos con nombre propio. Armley Hippo es un esqueleto parcial de un hipopótamo común (*Hippopotamus amphibius*) compuesto por 122 huesos, de los cuales veinticinco fueron montados en taxidermia en 2008 por James Dickinson para su exhibición en el Museo de la Ciudad de Leeds, Yorkshire del Oeste, Inglaterra. El esqueleto data del último interglacial (Eemiense) hace aproximadamente 130 000 a 115 000 años. Los huesos fueron descubiertos entre 1851 y 1852 por trabajadores que excavaban arcilla en Longley's brickfield en Wortley, Leeds.

Sigamos con mastodontes. Boaz es un mastodonte descubierto cerca de Boaz, Wisconsin, EE. UU., en 1897. Actualmente se exhibe en el Museo de Geología de la Universidad de Wisconsin. Este espécimen muestra evidencia de la caza de mastodontes por parte de los humanos, como lo sugiere el hallazgo de un punto de lanza de cuarcita acanalada cerca del sitio del descubrimiento. Pero hay una curiosidad que lo convierte en un mastodonte Frankenstein. Aunque se creía que el esqueleto en el museo representaba un individuo completo, investigaciones recientes han revelado que contiene huesos de otro mastodonte, el mastodonte Anderson Mills.

Si hay un mamífero del pasado que despierte entusiasmo, ese es el mamut. Lier es el esqueleto de un mamut encontrado en 1860 cerca de la Dungelhoeffkazerne, en Lier, en la provincia de Amberes, Bélgica. Ocurrió mientras se excavaba el canal de desviación del río Nete. Su importancia fue reconocida por un médico militar destacado en Lier, François-Joseph Scohy, y se procedió a la excavación, al montaje del esqueleto y a su exhibición al público por primera vez en 1869. Lier fue el primer esqueleto de mamut en Europa Occidental, ya que hasta entonces solo el museo de San Petersburgo poseía uno. Dado que el esqueleto no está completo, algunos huesos fueron recreados en madera. Se conserva en el Museo del Real Instituto Belga de Ciencias Naturales en Bruselas. Desde 2018, una réplica impresa en 3D está presente en el Museo de la ciudad de Lier.

De mamut también tenemos infantes. Lyuba, una cría de mamut lanudo (*Mammuthus primigenius*), fue descubierta en mayo de 2007 en la península de Yamal, Rusia, por un criador y cazador de renos llamado Yuri Khudi y sus tres hijos. Este hallazgo atrajo la atención de los medios locales y se ha conver-

Lyuba, la cría de mamut lanudo (*Mammuthus primigenius*).

tido en uno de los especímenes de mamut mejor conservados del mundo. A pesar de su estado de conservación excepcional, Lyuba sufrió algunos daños menores antes de ser rescatada y transportada al Museo Shemanovsky, en Salekhard.

Lyuba, que murió hace aproximadamente 41 800 años a la edad de 30 a 35 días, ha sido objeto de intensos estudios desde su descubrimiento. Su cuerpo prácticamente intacto ha proporcionado información valiosa sobre la biología y el comportamiento de los mamuts lanudos. Se cree que Lyuba murió al quedar atrapada en lodo profundo mientras luchaba en un río. Su piel y órganos bien conservados han revelado detalles sorprendentes, como la presencia de leche materna en su estómago y materia fecal en sus intestinos.

Por supuesto que en este epígrafe no podían faltar los perros, vamos a hablar de uno que «casi» lo es. Dogor es un cachorro canino que se descubrió en 2018 y que estaba preservado en el permafrost de Sakha, Siberia. El nombre «Dogor», que significa «amigo» en el idioma yakuto local, fue otorgado a este espécimen por los científicos que lo descubrieron. Dogor, un macho de dos meses, se encontraba notablemente bien conservado, con restos de pelaje y bigotes. Se cree que tiene 18 000 años de antigüedad. En realidad, la secuenciación de su ADN no pudo determinar en un inicio si se trataba de un perro o un lobo. Sin embargo, análisis posteriores lo identificaron como un antiguo lobo, aunque no pertenecía a la población ancestral de lobos que dio origen a los perros, lo que sugiere la posibilidad de un origen dual para los caninos domésticos.

Esta última historia recuerda a *Parque Jurásico*. Beverly the Bug es el único ópalo conocido que contiene una inclusión de insecto. Esta piedra preciosa encierra el exoesqueleto de un insecto ninfal perteneciente al orden Hemiptera. Fue descubierto en Java en 2015 y el gemólogo Brian T. Berger adquirió la gema en 2018, el cual la nombró Beverly the Bug. Igual te ha surgido la duda de qué es un ópalo. Se trata de un mineraloide, es decir, un mineral de origen orgánico. Algo parecido al ámbar donde se encontró el mosquito de la novela de Michael Crichton.

Pero hay casos de animales que... ¡han venido de otro planeta! Has leído bien, así que presta atención a esta última historia de animales extintos. En 1953, en Atlanta, Georgia, se gestó una farsa que pasaría a la historia como el incidente del «Mono Marciano». Edward Watters, Tom Wilson y Arnold Payne, tres jóvenes de la localidad, urdieron un engaño que sacudió la ciudad. Utilizando un mono Rhesus muerto, manipularon su apariencia al retirarle la cola, aplicarle crema depilatoria y teñirlo de verde, para luego colocarlo junto a un círculo quemado en el pavimento. El 8 de julio de ese año, el oficial Sherley Brown se topó con la escena por casualidad, y fue engañado por los bromistas, quienes afirmaban haber tenido un encuentro con criaturas similares.

La broma fue ejecutada en medio de una atmósfera de histeria provocada por avistamientos de ovnis en Estados Unidos. Tras la divulgación de la noticia, el Departamento de Policía de Atlanta fue inundado con llamadas de residentes que aseguraban haber visto la supuesta nave espacial descrita por los bromistas. La situación alcanzó mayor notoriedad cuando un veterinario local afirmó que el animal no pertenecía a la Tierra, lo que atrajo la atención de la Fuerza Aérea de los Estados Unidos para investigar el caso. ¿Serían los últimos individuos de una especie alienígena extinta?

Sin embargo, la verdad detrás del engaño salió a la luz horas después, cuando Herman Jones y el profesor de anatomía Marion Hines, de la Universidad Emory, descubrieron que la criatura en cuestión era un simple mono, común y corriente. Ante la evidencia, Wilson, Payne y Watters finalmente confesaron su farsa. Watters fue multado por obstruir la vía pública. Hoy en día, el «Mono Marciano» es exhibido en el minimuseo de la Oficina de Investigación de Georgia, junto con otros artefactos célebres de la región.

Iglesia de la Virgen del Peregrino y escultura del loro del Ravachol en la ciudad de Pontevedra, Pontevedra, 16 de septiembre de 2023 [Ricardo Algar].

MIRANDO HACIA EL FUTURO

Tras cientos de miles de años conviviendo con la naturaleza, el ser humano está más concienciado que nunca para poder respetarla. Nos queda un camino muy largo para lograr una convivencia pacífica y respetuosa, pero cada vez se van viendo más acciones que van por buen camino. Traigo la historia de Karen, una orangutana de Sumatra nacida el 11 de junio de 1992 en el zoológico de San Diego. En un hito médico, Karen se sometió a una cirugía a corazón abierto el 27 de agosto de 1994, convirtiéndose así en la primera orangutana en pasar por este procedimiento. Esta operación histórica, realizada en colaboración con el UC San Diego Health, fue necesaria para reparar un gran agujero en el corazón cuando Karen tenía tan solo dos años. Aunque inicialmente se temía por su vida, la operación fue un éxito gracias al esfuerzo de más de cien voluntarios, recibiendo una amplia atención mediática. Desde entonces, Karen ha sido una favorita entre los visitantes del zoológico. Más tarde, en 2021, Karen también fue una de las primeras no humanas en recibir una vacuna contra el COVID-19.

Nuestra relación con ciertos animales va más allá de considerarlos simples mascotas o individuos a los que hay que ayudar. El famoso Loro Ravachol, conocido como el loro más famoso del mundo, vivió en Pontevedra, España, desde 1891 hasta 1913. Fue el querido compañero del farmacéutico Perfecto Feijóo y se convirtió en un símbolo de la ciudad debido a su encanto y simpatía.

El nombre del loro, Ravachol, se inspira en un famoso revolucionario francés del siglo XIX. A pesar de que su fecha de nacimiento exacta es desconocida, se sabe que llegó a Pontevedra en 1891 como regalo del director de una banda militar. Su personalidad singular y su habilidad para el habla, combinadas con un carácter rebelde y sarcástico, lo convirtieron en una figura muy querida en la ciudad. Tras su muerte en 1913, se organizó un funeral monumental, con una gran participación de la comunidad, y sus restos fueron enterrados en la finca de Don Perfecto en Mourente. El recuerdo de Ravachol perdura en la cultura popular de Pontevedra, y es objeto de recreaciones anuales durante los carnavales y homenajes en forma de monumentos, canciones y productos conmemorativos. Incluso cuenta con un monumento en Pontevedra, erigido en 2006 por el escultor José Luis Penado, en la plaza de la Peregrina con la calle Michelena.

¿No es acaso lo que debemos incentivar para el futuro? Igual que se alaban y conmemoran hazañas humanas, debemos asentar la práctica de rendir homenaje a los logros animales. Y hablando de logros, os presento a Pigcasso, una cerda que ha pasado a la historia por «pintar» cuadros. Esta pintora, nacida en abril de 2016 en una granja porcina industrializada en la región vinícola del Cabo Occidental, Sudáfrica, transformó las convenciones al convertirse en una artista reconocida mundialmente. Rescatada junto a su hermana Rosie por Joanne Lefson en mayo del mismo año, Pigcasso encontró un nuevo hogar en el Santuario de Animales SA de Franschhoek, una iniciativa sin fines de lucro de Lefson. Aunque inicialmente era solo una cerda más, su fascinación por los pinceles le llevó a una colaboración inesperada con los humanos, una situación que desencadenó una carrera artística única que superó todas las expectativas.

La relación entre Pigcasso y Lefson no solo se limitaba a la producción de obras de arte; también se convirtió en un símbolo de resistencia y conciencia sobre el bienestar animal. A través de sus pinturas abstractas, Pigcasso se convirtió en una voz silenciosa para los animales de granja en todo el mundo, lo que llegó a provocar debates sobre la creatividad animal y el propósito del arte en la sociedad moderna. Lefson, por su parte, buscaba no solo recaudar fondos para el santuario, sino también educar al público sobre las realidades de la ganadería y promover un cambio hacia un mundo más compasivo y sostenible.

Sin embargo, la vida de Pigcasso estuvo marcada por la lucha contra la enfermedad. A pesar de su éxito como artista y su impacto en el activismo animal, Pigcasso se enfrentó a inconvenientes físicos debido a una enfermedad crónica que finalmente la llevó a la inmovilidad. Su fallecimiento en marzo de 2024 conmovió a personas de todo el mundo, incluida la renombrada primatóloga Jane Goodall, quien lamentó no haber tenido la oportunidad de conocer a la cerda en persona.

Hay miles de animales que sí han sido inmortalizado en novelas, cómics, obras de teatro, poemas, pinturas o películas. Pienso en los perros de Velázquez, pues ya en el siglo XVII eran bastante común en nuestra sociedad. Los representa realizando todo tipo de actividades, pero me gustaría quedarme con la quietud y templanza del mastín español que aparece con delicadeza en *Las Meninas*. Nicolasito Pertusato, un enano al servicio de la corte durante los reinados deFelipe IV y su hijo Carlos II, hace reposar su pie sobre este mastín sereno. El grandullón mastín ni se inmuta, permanece adormecido y sin inquietarse, mostrando una nobleza admirable. La conclusión de todo este libro es que no podemos convertirnos en ese enano de la corte y seguir presionando a la naturaleza hasta límites inimaginables, porque «no parece que pase nada». El mundo puede parecer dormido, pero nos está avisando de que está a punto de despertarse. Los bostezos de la Tierra empiezan a dar miedo.

PARA SABER MÁS

Calvino, I., *Palomar*, Siruela (2012).
Caras, R., *The Custer Wolf*, Puffin Books (1969).
Cobett, J., *Las fieras cebadas de Kumaon*, De Sol (1994).
Collins, V., *Balísticas* (2008).
Fernández, E., *Eso no estaba en mi libro de Historia de la Ciencia*, Guadalmazán (2018).
Fossey, D., *Gorilas en la niebla*, Pepitas de calabaza (2019).
Galdikas, B., *Reflexiones del Edén*, Pepitas de calabaza (2013).
Goodall, J., *Reason for Hope*, Grand Central Publishing (2004).
Green, L., *Grandes misterios africanos* (1937).
Hamilton, J., *Marengo: The Myth of Napoleon's Horse*, Fourth Estate (2000).
Hoyt, M., *Toto and I: A Gorilla in the Family*, J.B. Lippincott Co (1941).
Montoliu, L., *Albinismo*, Alba (2018).
Patterson, F., *Koko Kitten*, Scholastic (1987).
Pilley, J., *Chaser, el perro más listo del mundo*, Amazon (2021).
Rowling, J.K., *Harry Potter y la Orden del Fénix*, Salamandra (2004).
Sabater, J., *Copito para siempre*, Península (2003).
Sabater, J., *Okorobikó*, La Magrana (2003).
Strauble, G., *926 Raindrops - Gift of the Wild*, Indy Pub (2021).
Vernes, H., *Le Gorille Blanc*, Ananké/Lefrancq (2019).

Este libro ha sido impreso y encuadernado con esmero en el mes de octubre de 2024, en conmemoración del 61º aniversario del histórico vuelo de Félicette, la primera gata en ser enviada al espacio exterior, el 18 de octubre de 1963. Así como Félicette ayudó a desafiar las fronteras del conocimiento, esperamos que esta lectura os inspire a explorar nuevos horizontes y descubrir lo desconocido con curiosidad y valentía.

Ilustración de Philip Harris.